Web制作者のための

Sass［サス］の教科書

改訂3版

Webデザインの現場で必須のCSSプリプロセッサ

平澤 隆（Latele）、森田 壮 著

インプレス

著者プロフィール

平澤 隆（ひらさわ たかし）

Web制作会社でフロントエンドエンジニアとして3年ほど活動。その後、フリーランスを経て、2013年1月にコーディングを得意とするWeb制作会社「株式会社ラテール」を設立。趣味は、ゲームとドライブ。犬も好きだけど、ねこ派。

●株式会社ラテール https://www.latele.co.jp/
●ブログ https://blog.latele.co.jp/

森田 壮（もりた そう）

株式会社Gaji-Laboフロントエンドグループマネージャー。プロジェクトマネージメントを軸にWebアプリケーション制作全般を担当。個人でもソウラボの屋号で活動。趣味はマンガとラーメン。猫も好きだけど、いぬ派。

●ブログ https://sou-lab.com/

謝辞

初版執筆時に翻訳などのサポートを引き受けてくれた宮内耕治さん。改訂3版執筆時に、レビューを引き受けてくれた平澤清香さん、みぞれさんに心より感謝いたします。
また、インプレスの柳沼俊宏さんには、本書の企画をいただいてから、わがままの多かった著者の意見も聞き入れていただき、最後までお付き合いいただきました。
本当にありがとうございました。

筆者による公式サポートサイト

書籍の内容に関するサポートや、書籍内で掲載されているソースコードの一覧などが提供されています。

URL **https://book3.scss.jp/**

はじめに

本書は、2013年9月に発売した「Web制作者のためのSassの教科書」の改訂3版です。

トレンドの移り変わりが激しいWeb業界において、本書で扱っているCSSプリプロセッサの「Sass（サス）」は安定した人気を保っており、もはやデファクトスタンダードといっても過言ではないほどに普及しています。
執筆当時は、Sassの人気が低迷してしまったり、開発が止まってしまうなどの心配もありましたが、こうして再び改訂版を出せる運びとなったのは非常にうれしい限りです。

初版発行から4年後に改訂2版が出て、それから実に7年も経ちました。その間も著者の二人はさまざまな案件で実際にSassを使ってきたことで、CSSを書く際にSassは必要不可欠だということをしっかりと再認識させられました。
昨今CSSの進化も凄まじく、ネストや変数などはCSSでもサポートされましたが、まだまだSassにしかできない機能も多く、SassはCSSをより便利で効率的に書くことができます。

改訂3版発行にあたり、全章に渡って大幅に見直しを行っています。特に、第2章では、Dart Sassで環境を整えられるよう全面刷新しています。当然、Sassのアップデートに合わせ、第3章、第4章も加筆・修正していますし、Sassを使った実践的な内容の第5章に関しても、AIを活用する内容など現在のトレンドに沿った内容に刷新していますので、以前本書をお読み頂いた方でも満足できる一冊に仕上がっています。

本書では、HTML＋CSSの基本的な知識は必須です。しかし、Sassに関してはまったく触れたことがない方も対象としていますので、Sassの単純な機能紹介だけではなく、Sassの概要から利用するための環境の整え方まで丁寧に解説しています。

一度Sassを使ってしまえばSassの魅力に取り憑かれ、今までのCSSには戻れなくなると思います。本書がきっかけでSassの使い方を覚え、もうCSSには戻れないカラダになっていただければ、著者としてそれ以上にうれしいことはありません。

2024年8月

平澤 隆＆森田 壮

CONTENTS 目次

著者プロフィール …… 2
はじめに …… 3

第1章 Sassのキホン 11

1-1 まずはSassって何なのかを知ろう …… 12
CSSを覚え始めたワクワク感や楽しさがよみがえるSass …… 12
Sassとは？ …… 14
Sassだけど SCSS？「.sass」と「.scss」の違い …… 15
Sassファイルではブラウザは認識できない …… 17
魅力的なSassの機能 …… 18
Sassはなぜ誕生したのか …… 20
Sassの普及率 …… 22

1-2 Sassを導入する前の疑問や不安 …… 23
Node.jsの知識は必要？黒い画面も使わないとダメなの？ …… 23
エディタやオーサリングツールはそのまま使えるの？ …… 25
コラム：著者が使っているエディタ …… 25
運用時にSassを使うのは難しいから、Sassは導入できない？ …… 26
自分以外の関係者がSassを使えないから、覚えても使えない？ …… 27

1-3 何はともあれSassを触ってみよう …… 28
コラム：Sassってなんて読むの？ …… 31
Sassに対応しているソースコード共有サービス …… 32

第2章 Sassの利用環境を整えよう 33

2-1 エディタでSassを使ってみよう …… 34
Visual Studio Code（VS Code）について …… 34
拡張機能をインストールしよう …… 35
Live Sass CompilerでSassファイルをコンパイルする …… 36

2-2 黒い画面でSassを使ってみよう …… 44
Node.jsおよびnpmについて …… 44
Node.jsをインストールしよう …… 45
コラム：Node.jsのバージョン管理について …… 46
実際に黒い画面を使ってみよう …… 47
Sassの開発環境を作成しよう …… 53
コラム：npm installコマンドの小ネタ …… 57
Sassをコンパイルしよう …… 58

コラム：npm-scriptsの予約語 …… 61
ファイルの更新を監視する …… 65

2-3 GUIコンパイラでSassを使ってみよう …… 67
インストール …… 67
プロジェクトの登録 …… 68
Sassファイルの設定 …… 68
設定項目 …… 69
コンパイルする …… 69
プロジェクトの設定 …… 70
コラム：GUIコンパイラのデメリット …… 70

第3章 これだけはマスターしたい Sassの基本機能 71

3-1 Sassで扱える文字コード …… 72
扱える文字コード …… 72
Sassファイルに@charsetは不要 …… 72
compressedの場合、@charsetは削除される …… 73
別の文字コードを指定する方法はないの？ …… 73

3-2 ルールのネスト（Nested Rules） …… 74
ネストの基本 …… 74
子孫セレクタ以外のセレクタを使うには …… 76
@mediaのネスト …… 77
ネストされたルールセットの後に宣言を書いた場合の処理について …… 78
コラム：SassはCSSの仕様にも影響を与えた？ …… 79

3-3 親セレクタの参照&（アンパサンド） …… 80

3-4 プロパティのネスト（Nested Properties） …… 83
コラム：-（ハイフン）があるプロパティはすべてネストできる …… 84

3-5 Sassで使えるコメント …… 85
1行コメント …… 85
通常のコメント …… 85

3-6 変数（Variables） …… 87
変数の基本 …… 87
変数名で使える文字と使えない文字 …… 88
ルールセット内で変数を宣言する …… 89
変数の参照範囲（スコープ） …… 89
変数を参照できる場所 …… 91

3-7 演算 …… 92
演算の基本 …… 92
別々の単位で演算する …… 93
変数と演算を同時に利用する …… 94

各演算子の注意点や条件など …… 95
色の演算（廃止） …… 96

3-8 CSSファイルを生成しないパーシャル（Partials） …… 97

3-9 Sassのインポート（@use、@forward） …… 98
@useについて …… 98
@forwardについて …… 104
@useと@forwardの使い分け …… 108
コラム：Sassの@importは廃止予定 …… 108

第4章 高度な機能を覚えてSassを使いこなそう

109

4-1 スタイルの継承ができるエクステンド（@extend） …… 110
エクステンドの基本 …… 110
同じルールセット内で、複数継承する …… 111
エクステンドの連鎖 …… 112
エクステンドが使えるセレクタ …… 113
エクステンド専用のプレースホルダーセレクタ …… 114
@media内ではエクステンドは使用できない …… 115
警告を抑止する!optionalフラグ …… 117

4-2 柔軟なスタイルの定義が可能なミックスイン（@mixin） …… 118
ミックスインの基本 …… 118
引数を使ったミックスイン …… 120
引数に初期値を定義する …… 121
引数を複数指定する …… 122
,（カンマ）を使うプロパティには可変長引数を利用する …… 123
複数の引数があるミックスインを読み込む際に可変長引数を使う …… 125
ミックスインのスコープ（利用できる範囲）を制限する …… 126
ミックスインにコンテントブロックを渡す@content …… 127
ミックスイン名で使える文字と使えない文字 …… 129

4-3 ネストしているセレクタをルートに戻せる@at-root …… 130
@at-rootの基本的な使い方 …… 130
複数のルールセットに@at-rootを適用する …… 130
@at-rootをメディアクエリ内で使った場合 …… 131
@at-rootのオプション@at-root (without: ...) …… 132
@at-rootのオプション@at-root (with: ...) …… 133

4-4 使いどころに合わせて補完（インターポレーション）してくれる#{} …… 134
インターポレーションとは …… 134
演算しないようにする …… 135
演算できない場所で演算する …… 135
プロパティ名で使う …… 136
アンクォートもしてくれるインターポレーション …… 136

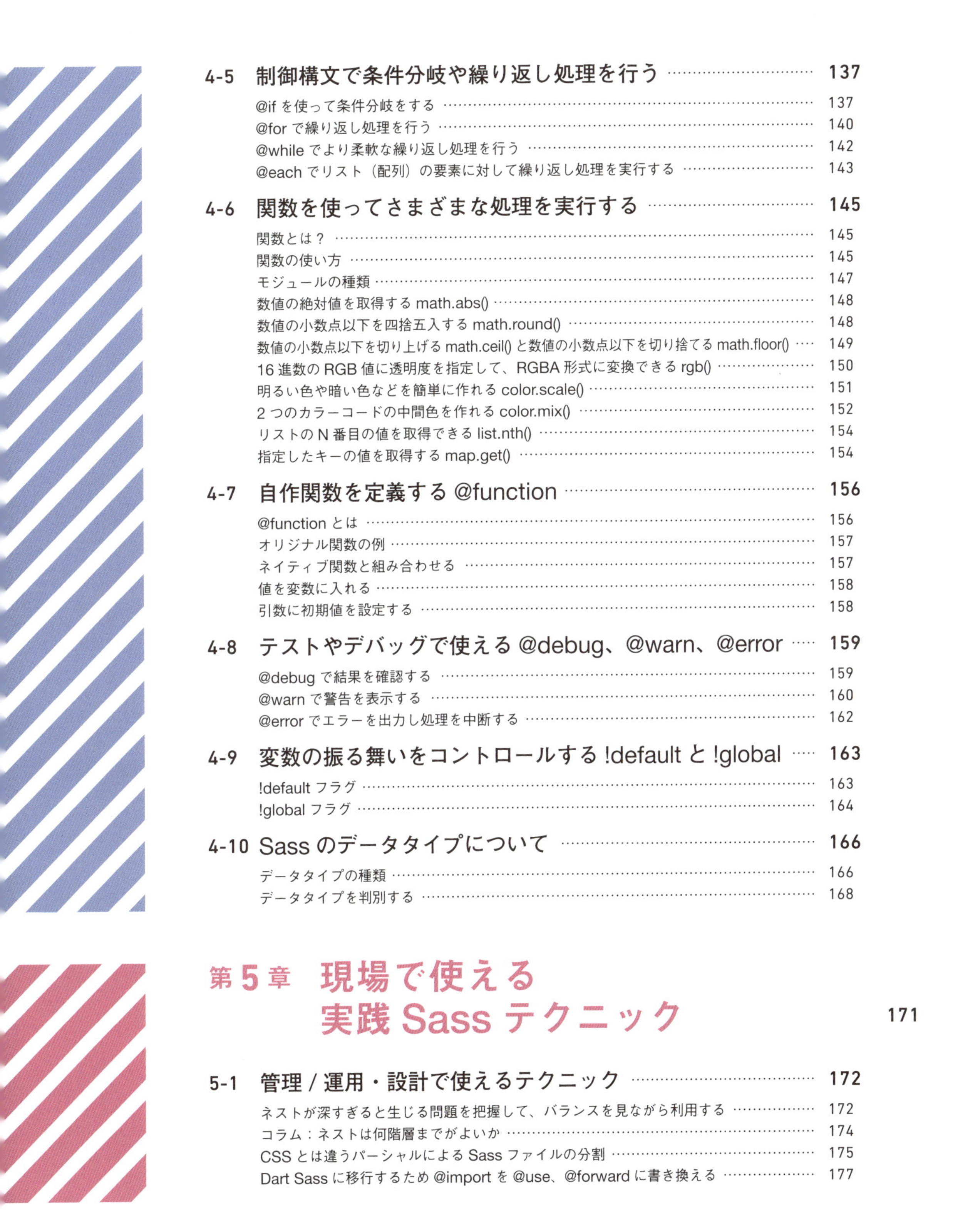

4-5 制御構文で条件分岐や繰り返し処理を行う …… 137
@if を使って条件分岐をする …… 137
@for で繰り返し処理を行う …… 140
@while でより柔軟な繰り返し処理を行う …… 142
@each でリスト（配列）の要素に対して繰り返し処理を実行する …… 143

4-6 関数を使ってさまざまな処理を実行する …… 145
関数とは？ …… 145
関数の使い方 …… 145
モジュールの種類 …… 147
数値の絶対値を取得する math.abs() …… 148
数値の小数点以下を四捨五入する math.round() …… 148
数値の小数点以下を切り上げる math.ceil() と数値の小数点以下を切り捨てる math.floor() …… 149
16 進数の RGB 値に透明度を指定して、RGBA 形式に変換できる rgb() …… 150
明るい色や暗い色などを簡単に作れる color.scale() …… 151
2 つのカラーコードの中間色を作れる color.mix() …… 152
リストの N 番目の値を取得できる list.nth() …… 154
指定したキーの値を取得する map.get() …… 154

4-7 自作関数を定義する @function …… 156
@function とは …… 156
オリジナル関数の例 …… 157
ネイティブ関数と組み合わせる …… 157
値を変数に入れる …… 158
引数に初期値を設定する …… 158

4-8 テストやデバッグで使える @debug、@warn、@error …… 159
@debug で結果を確認する …… 159
@warn で警告を表示する …… 160
@error でエラーを出力し処理を中断する …… 162

4-9 変数の振る舞いをコントロールする !default と !global …… 163
!default フラグ …… 163
!global フラグ …… 164

4-10 Sass のデータタイプについて …… 166
データタイプの種類 …… 166
データタイプを判別する …… 168

第 5 章 現場で使える実践 Sass テクニック 171

5-1 管理 / 運用・設計で使えるテクニック …… 172
ネストが深すぎると生じる問題を把握して、バランスを見ながら利用する …… 172
コラム：ネストは何階層までがよいか …… 174
CSS とは違うパーシャルによる Sass ファイルの分割 …… 175
Dart Sass に移行するため @import を @use、@forward に書き換える …… 177

Migrator を使って LibSass を Dart Sass へ自動変換する …… 182
サイトの基本設定を変数にして一元管理する …… 184
Sass の変数と CSS 変数を共存させて便利に使う …… 185
コメントを活用してコードをわかりやすくする …… 186
大規模サイトで活用できる meta.load-css() のネスト …… 187
SASS 記法も使ってみよう …… 189
&（アンパサンド）を活用して BEM 的な設計を快適に …… 191
@keyframes をルールセット内に書いて関係性をわかりやすくする …… 194
エクステンドはスコープを決めて利用する …… 195
コントラスト比を計算し WCAG の達成基準かどうかチェックする …… 197
EditorConfig と stylelint でコーディングルールを統一する …… 199
stylelint でコードを解析しエラーを表示する …… 200
コラム：他の人を思いやって Sass 設計をしよう …… 201

5-2 レイアウト・パーツで使えるテクニック …… 202

clearfix をミックスインで活用する …… 202
null で簡単に条件分岐をしてレイアウトをする …… 203
calc() と Sass を組み合わせて四則演算を便利に使う …… 205
@for を使って余白調整用の class を生成する …… 207
リストマーカー用の連番を使った class 名を作成する …… 209
連番を使った class 名のゼロパディング（0 埋め）をする …… 210
文字リンクカラーのミックスインを作る …… 211
複数の値を @each でループし、ページによって背景を変更する …… 213
シンプルなグラデーションのミックスインを作る …… 215
Map 型と @each を使って SNS アイコンを管理する …… 217
値が比較しづらい z-index を Map 型で一括管理する …… 222
@function を使って px 指定する感覚でフォントサイズを rem 指定する …… 223

5-3 スマホ・マルチデバイス、ブラウザ対応で使えるテクニック …… 224

スマホサイトでよく見る、リストの矢印をミックスインで管理する …… 224
メディアクエリ用のミックスインを作成して楽々レスポンシブ対応 …… 226
マップのキーの有無を map.has-key() で判定してわかりやすいエラー表示にする …… 228
Sass と CSS の変数、双方の利点を活かして柔軟にダークモード対応する …… 230
CSS ハックをミックスインにして便利に使う …… 232

5-4 AI を活用した Sass テクニック …… 233

CSS を Sass の機能を活かした Sass に変換してもらう …… 233
コラム：AI はミスや間違いも多い …… 234
コードを書かずに Sass を書いてもらう …… 235
書いた Sass を効率的に変換してもらう …… 237
Sass のエラーを修正してもらう …… 239
処理内容に応じたコメントを追加してもらう …… 241
コラム：どの AI サービスがオススメ？ …… 242

5-5 PostCSS で Sass をさらに便利にする …… 243

PostCSS の概要と事前準備 …… 243
ベンダープレフィックスを自動付与する …… 248
CSS プロパティの記述順を自動でソートする …… 252
バラバラになったメディアクエリをまとめてコード量を削減してスッキリさせる …… 253

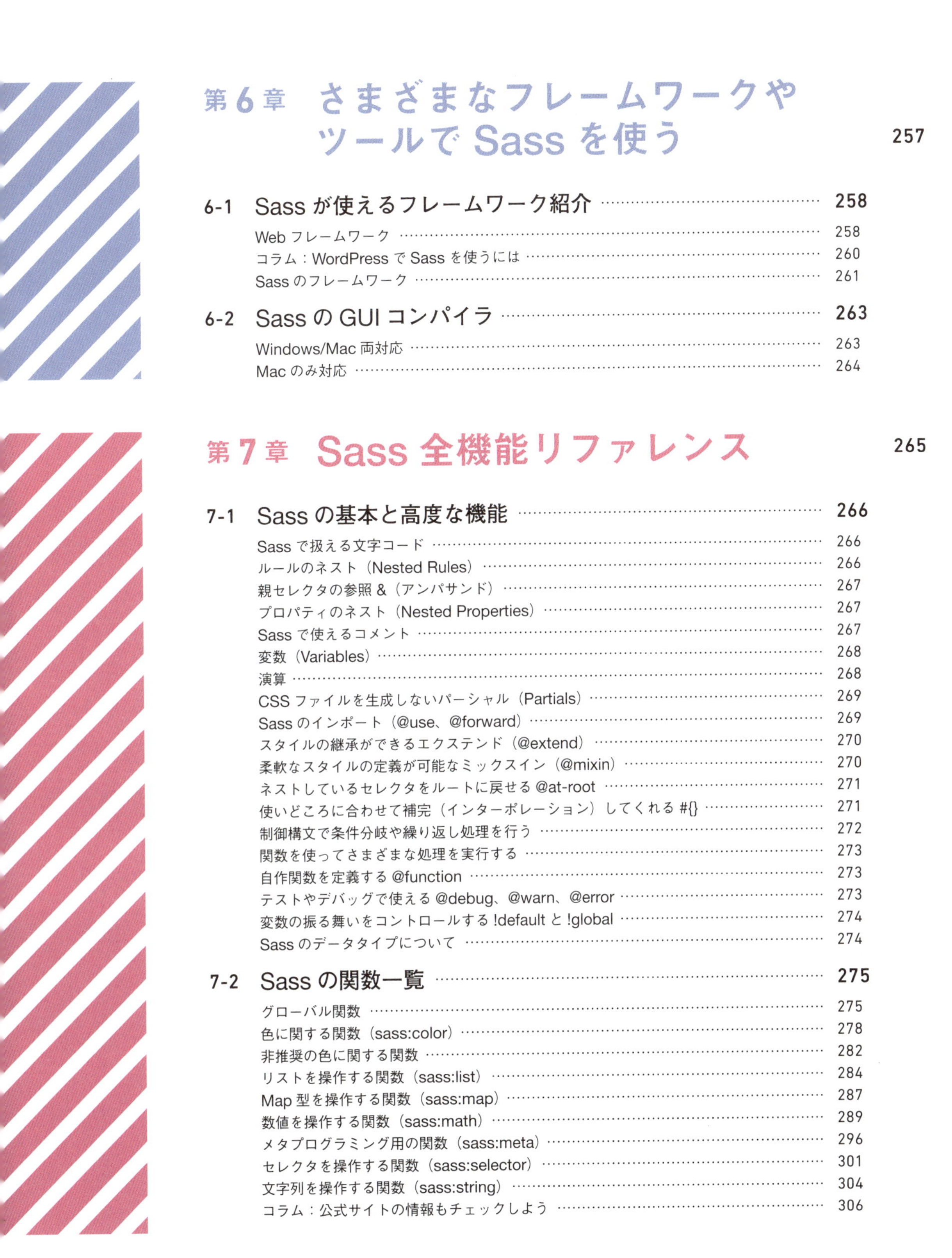

第6章 さまざまなフレームワークやツールで Sass を使う

第6章 さまざまなフレームワークやツールで Sass を使う 257

6-1 Sass が使えるフレームワーク紹介 …… 258
Web フレームワーク …… 258
コラム：WordPress で Sass を使うには …… 260
Sass のフレームワーク …… 261

6-2 Sass の GUI コンパイラ …… 263
Windows/Mac 両対応 …… 263
Mac のみ対応 …… 264

第7章 Sass 全機能リファレンス

第7章 Sass 全機能リファレンス 265

7-1 Sass の基本と高度な機能 …… 266
Sass で扱える文字コード …… 266
ルールのネスト（Nested Rules） …… 266
親セレクタの参照 &（アンパサンド） …… 267
プロパティのネスト（Nested Properties） …… 267
Sass で使えるコメント …… 267
変数（Variables） …… 268
演算 …… 268
CSS ファイルを生成しないパーシャル（Partials） …… 269
Sass のインポート（@use、@forward） …… 269
スタイルの継承ができるエクステンド（@extend） …… 270
柔軟なスタイルの定義が可能なミックスイン（@mixin） …… 270
ネストしているセレクタをルートに戻せる @at-root …… 271
使いどころに合わせて補完（インターポレーション）してくれる #{} …… 271
制御構文で条件分岐や繰り返し処理を行う …… 272
関数を使ってさまざまな処理を実行する …… 273
自作関数を定義する @function …… 273
テストやデバッグで使える @debug、@warn、@error …… 273
変数の振る舞いをコントロールする !default と !global …… 274
Sass のデータタイプについて …… 274

7-2 Sass の関数一覧 …… 275
グローバル関数 …… 275
色に関する関数（sass:color） …… 278
非推奨の色に関する関数 …… 282
リストを操作する関数（sass:list） …… 284
Map 型を操作する関数（sass:map） …… 287
数値を操作する関数（sass:math） …… 289
メタプログラミング用の関数（sass:meta） …… 296
セレクタを操作する関数（sass:selector） …… 301
文字列を操作する関数（sass:string） …… 304
コラム：公式サイトの情報もチェックしよう …… 306

7-3 Sass JavaScript API …… 307

主な機能 …… 307

基本的な使用例 …… 307

ブラウザで直接実行する …… 308

付録：コマンド一覧 …… 310

付録：用語集 …… 312

索引 …… 322

第1章

Sassのキホン

第1章では、Sassの魅力や概要などに関して説明します。まずは、Sassがどんなものかを知り、導入する前の疑問や不安などを解決しましょう。本章を読み終えるころには、Sassの魅力を知り「今すぐにでも使いたい!」と思っていただけるでしょう。

1-1 まずはSassって何なのかを知ろう …… 12
1-2 Sassを導入する前の疑問や不安 …… 23
1-3 何はともあれSassを触ってみよう …… 28

1-1 まずはSassって何なのかを知ろう

最初に「そもそもSassとはどういったもので、どんなことができるのか」といったSassの魅力をお伝えします。すでにSassのことを知っていて「早く導入したい！」と思っている方は、本章は読み飛ばして第2章（P.33）から読み始めましょう。

CSSを覚え始めたワクワク感や楽しさがよみがえるSass

Sass（サス）を利用することで、いくらCSSをより便利に効率的に書けるといっても、普段のCSSによるコーディングで問題なく業務がこなせていれば、慣れの問題や、「CSSをプログラムのように書けたら便利になる！」などとはあまり考えられず、CSSが不便だとは思わないかもしれません。実際、著者の二人もはじめてSassの存在を知ったときは、必要性をあまり感じず、すぐには導入しませんでした。

それは、主に次のような理由からでした。

導入しない理由

- 今のCSSで十分間に合っている
- そこまでCSSに不便さや手間を感じていない
- 得られるメリットより学習コストのほうが高い気がする
- プログラムが書けないとメリットが少ない、使いこなせない
- Node.jsや黒い画面を使う必要がある
- 普段、コーディングメインで作業していない
- 環境に依存するから実務では使いにくい
- 開発元が英語で、日本語の情報が少ない

…など

こういった理由から、アンテナの高い一部の人たちが導入していることは知っていても、自分たちにはあまり関係ないというイメージでした。本書を手に取っていただいている皆さんも、Sassという言葉を聞いたことがあっても、実際に試してみたことのある方は少ないのではないでしょうか？

著者の二人も、最初は簡単な機能を使うだけで、「導入コストに比べて実務レベルで使えるほどの利点があるの？」と思っていました。しかし、いまやSassの魅力に取り憑かれてしまったので、通常のCSSが不便に感じてしまうほどです。実際にSassでどんなことができるのかは、本節の「魅力的なSassの機能」（P.18）で紹介しています。

Sassは、その魅力よりも先に、導入のハードルの高さや開発環境の依存、学習コストのほうに目が行ってしまうため、ちょっと見ただけでは魅力が伝わりにくい気がしています。

確かに、決して学習コストは低いとはいえませんし、他のライブラリやツール、ソフトに比べて導入のハードルが高いのは事実です。しかし、昨今ではユーザーも増え、日本語の情報もとても増えてきたことで、導入のハードルも下がり、Sassは通常のCSSよりも多く利用されているほど普及しています。詳しくは本節最後の「Sassの普及率」（P.22）を参照してください。

中小企業に比べてガイドラインの変更が容易ではない大手企業でもSassの導入が進んでおり、Sassを扱えることで、転職や就職に有利になることは間違いないでしょう。求人情報サイトなどでSassを「必要なスキル」や「歓迎スキル」として掲載している企業も多数存在しています。

このような就職や仕事上有利になるなどのメリットもありますが、Sassが与えてくれる一番の恩恵は、「CSSを覚え始めたころの、ワクワク感や楽しさを思い出させてくれること」だと思っています。覚えることは少なくないので、最初は慣れない書き方に戸惑ったり、試行錯誤を繰り返して、効率が落ちてしまったりすることもあると思いますが、そこで諦めず、ほんの少しがんばるだけで、今までのCSSとは違った世界が見えてきます。

次項からは、そんなSassの魅力について触れていきます。まずはSassがどういったものか、どんなことができるのかを見ていきましょう。

Sassとは？

Sassは魅力的と書きましたが、そもそもSassって何？ と思われるかもしれません。Sassとは、CSSを拡張したメタ言語*1です。

メタ言語と聞いてもあまりなじみがないと思いますが、メタ言語とは「ある言語について何らかの記述をするための言語」で、Sassの場合は「CSSに対して機能を拡張した言語」ということになります。小難しい話を抜きにすれば、SassはCSSをより便利に効率的に書けるように大幅にパワーアップさせた言語です。

ヒント*1

CSSを拡張したメタ言語をCSSメタ言語と表記しています。また、「CSSプリプロセッサ」や「Alt CSS」などと呼ばれることもありますが、これらはほぼ同様の意味で扱われます。
昨今では、CSSメタ言語よりCSSプリプロセッサと呼ぶことが多くなっています。

Sassは「Syntactically Awesome Stylesheets」の略で、日本語に訳すと「構文的にイケてるスタイルシート」という意味になります。構文的にイケてるといわれても、CSSってそんなにイケてないの？ といった疑問を持つ方もいると思います。CSSは広く普及させる目的もあって、書式自体は非常にシンプルになっており、プロパティなどを1つ1つ覚えていけば誰にでも習得できるようになっています。しかし、それゆえに複雑なことができないという側面もあり、コードの再利用や、変数、演算、条件分岐などのプログラムでは当たり前のように使える機能がありませんでした*2。そのCSSの弱点を補う目的で誕生したのがSassなのです 図1。

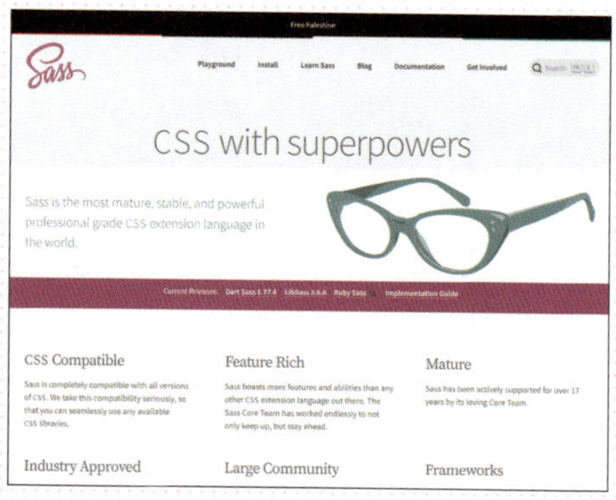

図1 Sassの公式サイト
https://sass-lang.com/

ヒント*2

Sass開発当時の話です。現在のCSSでは、変数や演算はサポートされており、CSSもかなり進化しています。

Sassの詳しい歴史に関しては追って触れていきますが、現在主流となっているSassはCSSと互換性があるので、今までのCSS＋αとして使える設計になっています。そのおかげで、はじめてSassを使っても今までのCSSと変わらない感覚で使うことができるので、無理にすべてを覚えようとせずに、必要な機能を使うだけでも十分にSassの恩恵を受けることができます。

SassだけどSCSS？「.sass」と「.scss」の違い

「構文的にイケてるスタイルシート」ということは、既存のCSSとは構文が異なっているため、CSSファイルにはSassを記述できないということになります。そのため、CSSでは拡張子が「.css」のファイルになりますが、Sassの場合、専用の「.scss」という拡張子のファイルに記述していくことになります。

Sassは、CSSと互換性があるため、CSSファイルの拡張子を「.scss」に変更するだけでも立派なSassファイルになります（Sassの機能を使わないとあまり意味はありませんが……）。

この拡張子ですが、Sassなら拡張子も「.sass」のほうがわかりやすいのに「.scss」という拡張子になっています。実はSassには記法が2つあり、最初に作られたのがSASS記法で拡張子は「.sass」、後から作られたのがSCSS記法で拡張子は「.scss」となっています。この2つの記法には大きな違いがあり、最初に作られたSASS記法は、セレクタの後の{～}（波括弧）の代わりにインデントで書き、値の後の;（セミコロン）は省略できるといった、非常に簡素化された記法でした。その反面、通常のCSSとは互換性がなく書式も異なっていたため、それがネックとなって広く普及するには至りませんでした。そこで、CSSとの互換性を高めたSCSS記法が作られました。

ちなみに、SCSSは「Sassy CSS」の略で、翻訳すると「カッコいいCSS」や「イカしたCSS」という意味になります。

2つの記法の違い

CSS

```
ul {
  margin: 0 0 1em;
}
ul li {
  margin-bottom: 5px;
}
```

このCSSを、SCSS記法とSASS記法で書いた場合、次のようになります。

SCSS記法のSass

```
ul {
  margin: 0 0 1em;
  li {
    margin-bottom: 5px;
  }
}
```

SASS記法のSass

```
ul
  margin: 0 0 1em
  li
    margin-bottom: 5px
```

SASS記法では、記述量が減って簡素化していることがわかります。しかし、SASS記法はCSSと互換性がなく、インデントの深さや改行の位置など、細かい書式が決まっており、CSSの書式で書くとエラーになってしまいます。

SCSS記法では、ネスト*3という機能を使って書いているので、書式が異なっていますが、CSSと互換性があるため、CSSと同じ書式で書いても問題ありません。現在、Sassを指す場合はSCSS記法が一般的なため、本書では特に言及がない限り、SCSS記法で説明しています。

なお、本書ではSASS記法に関してはほとんど触れていませんが、慣れればSCSS記法より早く書けるため好んで使っている人もいます。興味がある方は、第5章の「SASS記法も使ってみよう」(P.189)で、SASS記法に関して紹介していますので、あわせてご覧ください。

ヒント*3

ネストに関しては、第3章の「ルールのネスト(Nested Rules)」で詳しく説明しています。

詳しくは → P.74

Sassファイルでは ブラウザは認識できない

Sassには、SCSS記法とSASS記法の2つの記法があるという説明をしましたが、どちらの記法でもCSSとは拡張子が違うため、そのままではブラウザが認識できません。そのため、SassファイルをCSSファイルにコンパイル*4する必要があります。

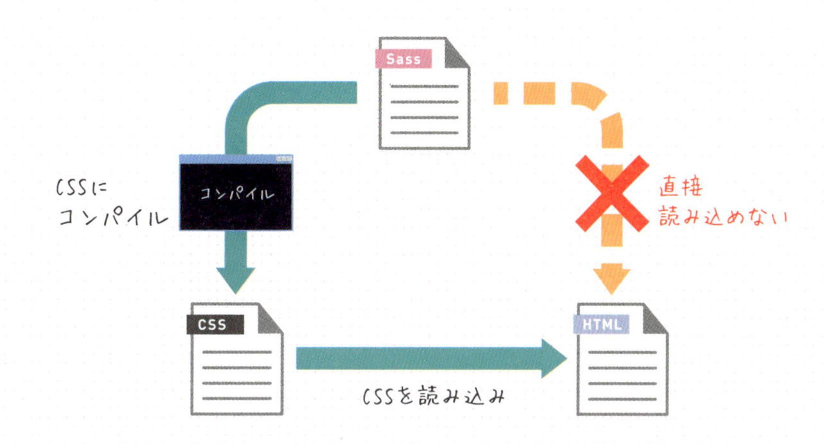

コンパイルをするには、Node.jsとSassをインストールする必要があります。Node.jsに関してはインストールするだけで、Node.jsの知識が必要になることはありません。

ソフトウェアをインストールするだけなら、通常はサイトなどからファイルを手に入れれば、後はインストーラがやってくれるのでインストールは容易ですが、Sassに関してはCUI*5を使って行う必要があります。

Sassの導入にあたってハードルが高く感じてしまう要因の1つがSassのインストール作業だと思いますので、インストールに関しては、第2章「黒い画面でSassを使ってみよう」(P.44)で詳しく説明しています。

また、コマンドプロンプトやターミナルを一切使わなくともSassが利用できるVisual Studio Codeの拡張機能やGUI*6ツールもあるので、気軽に導入することが可能となっています。

Visual Studio CodeでSassを使う方法は第2章の「エディタでSassを使ってみよう」(P.34)、GUIツールも同じ第2章の「GUIコンパイラでSassを使ってみよう」(P.67)で説明しています。

ヒント*4

コンパイルとは「変換」のことで、本書ではSassをCSSに変換することをコンパイルといっています。また「ビルド」と表記されている場合も同じ意味になります。

ヒント*5

CUI(Character User Interface)は、テキストベースでキーボードからコマンドで操作を行います。コマンドプロンプトやターミナルなどのことです。

ヒント*6

GUI(Graphical User Interface)は、表示にグラフィックを多用しマウスでの操作が可能なため、操作性に優れ視認性もいいことから、主流となっているユーザーインターフェースです。

魅力的なSassの機能

Sassは、CSSをより便利に効率的にするためのさまざまな機能があります。その分学習コストはかかりますが、一度覚えてしまえばコスト以上のメリットが得られます。ここでは、Sassによってどんなことができるようになるかを軽く紹介します。

記述の簡略化ができる

親子関係にあるセレクタを入れ子（ネスト）にして書くことができます。CSSでもネストができるようになりましたが、Sassのネストはセレクタ名の一部でも使えるなど、CSSより便利な点があります[*7]。

ヒント*7
第3章の「ルールのネスト（Nested Rules）」
詳しくは ➔ P.74

専用のコメントが使える

Sassでは、CSSのコメント（/* ～ */）の他にも、JavaScriptなどでなじみがある、1行コメント（// ～）を使うことができます[*8]。

ヒント*8
第3章の「Sassで使えるコメント」
詳しくは ➔ P.85

同じ値を使いまわすことができる

Sassでは、CSSの「変数」とは異なる方法で「変数」を使うことができます。「変数」を使うことによって同じ値を使いまわせます[*9]。

ヒント*9
第3章の「変数（Variables）」
詳しくは ➔ P.87

一度使ったセレクタを使いまわせる

エクステンドという機能を使えば、一度使ったセレクタのスタイルを、別のセレクタでも使うことができます。同じスタイルを何度も書く手間から解放され、コンパイル後のCSSはグループ化されて書き出されます[*10]。

ヒント*10
第4章の「スタイルの継承ができるエクステンド（@extend）」
詳しくは ➔ P.110

コードの再利用が可能

スタイルをまとめてテンプレートやモジュールのように定義し、それらを簡単に読み込んで使うことができます。また、引数を指定することで部分的に値を変えるといった、複雑な処理をすることも可能となっています。この機能は、ミックスインと呼ばれており、Sassの中でも最も強力な機能の1つです[*11]。

1つのCSSファイルにまとめることができる

「パーシャル」という機能を使うことで、複数のSassファイルをコンパイル時に1つのCSSファイルとしてまとめることが可能です。これにより、HTTPリクエストを減らしつつ、Sassファイルを分割して管理しやすくできます[*12]。

条件分岐などのプログラム的な処理ができる

条件分岐や繰り返し処理などの制御構文が使えます。各制御構文を使うことで、複雑な処理が可能になり、ミックスインなどと組み合わせることで、非常に強力な機能になります[*13]。

関数でさまざまな処理を実行できる

Sassにはかなり多くの関数が用意されています。これらの関数を使うことで、簡単に色を変更したり、条件分岐と組み合わせて処理が複雑なミックスインを作ったりできます[*14]。

CSSファイルを圧縮できる

Sassは、CSSファイルにコンパイルする際に、圧縮された状態にすることができます。これにより、Sassを使っているときは可読性を重視してコメントなどをしっかり使い、コンパイルされたCSSは圧縮して軽量化することが可能です[*15]。

他にも魅力がたくさん

ここで紹介した機能以外にも、さまざまなフレームワーク[*16]が開発されていたり、Sassにはまだまだ多くの魅力があります。本書を読み進めていただくことで、魅力的なこれらの機能がきっと使いこなせるようになるでしょう。

ヒント*11
第4章の「柔軟なスタイルの定義が可能なミックスイン（@mixin）」
詳しくは → P.118

ヒント*12
第3章の「CSSファイルを生成しないパーシャル（Partials）」
詳しくは → P.97

ヒント*13
第4章の「制御構文で条件分岐や繰り返し処理を行う」
詳しくは → P.137

ヒント*14
第4章の「関数を使ってさまざまな処理を実行する」
詳しくは → P.145

ヒント*15
第2章の「アウトプットスタイル（フォーマット）を指定する」
詳しくは → P.40

ヒント*16
第6章の「Sassが使えるフレームワーク紹介」
詳しくは → P.258

Sassはなぜ誕生したのか

Sassの概要や魅力について説明してきましたが、Sassはどういった経緯で誕生したのか、そんな歴史的なことにも少し触れておきたいと思います。

本章の「Sassとは？」でも軽く触れましたが、CSSは広く普及させる目的などから、できる限りシンプルな書式で、多くの人にとってわかりやすい仕様になっています。もちろん、CSSでも覚えることは多いので、習得が容易だとはいえませんが、書式だけを見ればセレクタから始まり、波括弧（}）で終わるルールセットを繰り返し書いていくだけのシンプルなものでした。これは、CSSのメリットでもありますが、同時に、複雑なことはできないというデメリットも併せ持っています。

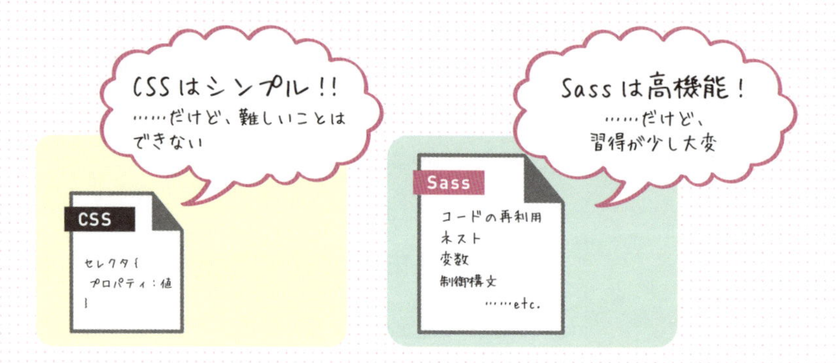

Sassの誕生

マルチデバイスの対応や、高解像度ディスプレイへの対応、レスポンシブWebデザインなど、CSSに求められる要件も日々上がっています。そういった中で、CSSの仕様にさまざまな機能が追加されるのを待っていても、実用レベルに達するには相当な年月がかかってしまいます。

Sassの開発者であるハンプトン・カトリン（Hampton Catlin）氏とネイサン・ワイゼンバウム（Nathan Weizenbaum）氏は、CSSの仕様策定やブラウザの実装を待つのではなく、サーバーやローカル環境で動作するプログラムによって、既存のCSSの仕様に合うように変換すればいいことに気付き、Sassの開発に着手しました。そして、最初にRubyで開発したSass（SASS記法）が2006年に公開されました 図2 。公開当初、SassはHaml[*17]とセットで誕生したため、インデントを使ってCSSをシンプルに書けるのが特徴でした。

ヒント*17

Haml（ハムル）はHTML/XHTMLを生成するためのマークアップ言語で、インデントや簡略構文によって簡潔な記述が行えます。

図2　HamlとSassの当時のロゴ

SCSS記法の誕生

いくらCSSがパワーアップしたといっても、既存のCSSの書き方とは異なり、互換性もなかったため、非常にハードルが高い存在でした。

そこで、Ruby Sass 3.0より、CSSの記法と似ているSassy CSS（SCSS）が誕生しました。これによりCSSと完全互換となり、既存環境からもSassの導入が簡単になったことで利用者が増え、Sassの主流はSCSS記法になりました。

Sassの開発言語

Sassは登場からすでに18年以上経っており、これまでにさまざまなアップデートが行われてきました。その過程で次の3言語を使ってSassは開発されました。

- **Ruby Sass**

Ruby Sassは、最初のSassであり、Sassの原点ともいえます。Rubyで実装されているため、Rubyの環境が必要でした。そのため、現在に比べると導入のハードルが高い状況でした。現在は、開発も停止しており非推奨となっています。

- **LibSass**

LibSassは、SassをC/C++で実装したバージョンで、高速なコンパイルを目指して開発されました。また、多くのプログラミング言語から利用できるのも特徴です。現在は、開発も停止しており非推奨となっています。

- **Dart Sass**

Dart Sassは、Dart言語を用いて実装されたSassの最新版です。現在（2024年8月）の主流となっており、最新の機能やバグ修正が随時サポートされています。

本書でも基本的にDart Sassを使用して解説しています。

Sassの普及率

毎年Web開発者のアンケートを行っているDevographicsが2024年11月に公開した「State of CSS 2024」は、2024年のCSSの利用状況についての調査結果を発表したサイトです。アンケートは全体で9,704人が回答したようです。

その中の「Pre-/Post-processors」という項目でCSSプリプロセッサの定期的な使用についてのアンケートがありました。6,897件の回答があり、1番多い回答がSass/SCSSで67%となっており、実に3分の2強の方がSassを定期的に使っている結果となりました 図3 。

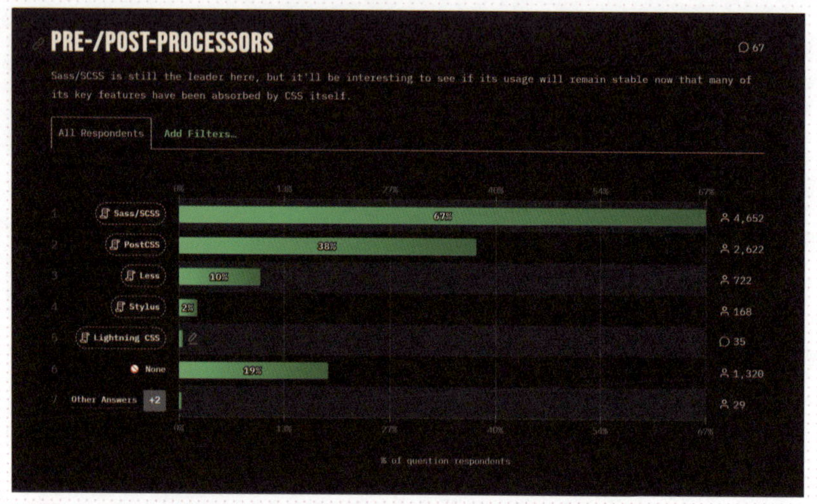

図3 State of CSS 2024: Libraries & Tools
https://2024.stateofcss.com/en-US/tools/#pre_post_processors

もちろんこれは海外も含めたアンケートですので、国内もこの割合になるとは思いません。ですが、実際に国内でもSassは広く普及しています。

著者の二人も実案件でSassを使うことが多いですし、仕様策定の段階でクライアントからSassの使用を求められることも多いです。

このように、アンケートで1番利用されているという結果や、Sassに関する情報の多さ、求人情報サイトなどでSassを「必要なスキル」や「歓迎スキル」として掲載している企業も多いことを踏まえると、Sassは、もはやCSSを書くデファクトスタンダードといっても過言ではないでしょう。

1-2

Sassを導入する前の疑問や不安

本節では、導入のハードルが高く感じられたり、「いざ導入してもその後実務では使えないのでは？」といった、導入する前の不安や疑問を解決します。

Node.jsの知識は必要？黒い画面も使わないとダメなの？

Node.jsの知識は不要です！

Sassを CSSにコンパイルするには、Node.jsとSassをインストールする必要がありますが、決まったコマンドを入力するだけなので、Node.jsの知識は不要ですし、難しいこともありません。

黒い画面を使わなくとも大丈夫です！

Visual Studio Codeの拡張機能やGUIツールを使えば、黒い画面（Windowsではコマンドプロンプトや PowerShell、Macではターミナル）を一切使わずに、Sassを利用することも可能です。これらの方法なら容易にSassの環境が整えられます。

黒い画面も難しくありません！

拡張機能やGUIツールを使わない場合は、必ず黒い画面を使う場面が出てきますが、一度環境を構築してしまえば、その後に面倒なことや難しいことはまったくありません。

黒い画面が必要となるのは、主に次の場面です。

黒い画面を使う主な場面

- Sassのインストール作業
- Sassのアンインストール作業
- Sassのアップデート
- Sassを書き始めるとき

当然、インストール作業は初回のみなので、以降は必要ありません。アップデート作業は、そこまで頻繁にやる必要はないので、数カ月に一度行えば基本的には十分ですが、可能な限り最新版を使いたい場合は、こまめにアップデートを行いましょう。

Sassを書き始めるときは、必ず黒い画面を使う必要がありますが、Sassを書き始める前にちょっとコマンドを入力するだけで、Sassファイルを監視して、保存するたびに自動的にコンパイルされ、ブラウザにもほぼリアルタイムで反映するといったことが可能になります。本書では、依存関係が少なく、異なる環境でも共有しやすいnpm-scriptsを使った方法をお勧めしています。この、npm-scriptsでは黒い画面は必須なので、最初はとっつきにくい印象がありますが、覚えてしまえば驚くほど便利で快適にSassを書く環境が整えられます。詳しくは第2章「黒い画面でSassを使ってみよう」(P.44)で説明しています。

普段から黒い画面に触れる機会はあまりないと思いますので、GUIが主流な昨今では、黒い画面には抵抗や苦手意識を感じる方も多いと思います。しかし、本書を読み進めていただければ、黒い画面に関してはほとんど覚える必要がないことがわかるでしょう。

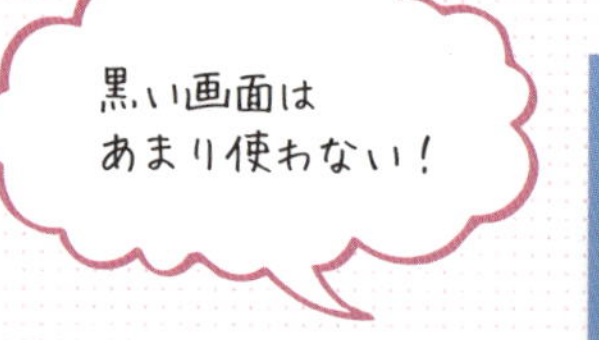

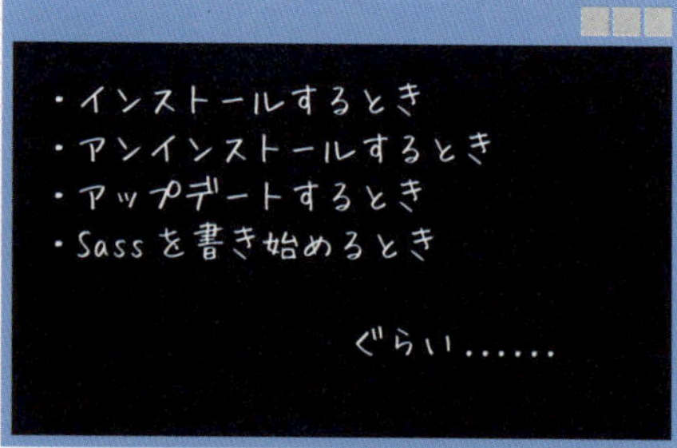

余談ですが、主にプログラマーやシステムエンジニアが使っている黒い画面は、現状フロントエンドの開発環境にも必要不可欠といえます。Sassはもちろんのこと、Node.js、Git、npm-scripts、Astro、Next.jsなど……これらのツール

は基本的に黒い画面を使います。今後も優秀なツールはたくさん出てくると思いますが、最初はCUIを使ったコマンドベースの操作がほとんどです。

Sassは、簡単なコマンドを覚えるだけで使えるので、これから始めるのにとても適しています。黒い画面が苦手で使用を敬遠していた方も、本書をきっかけに少しだけ黒い画面と仲良くなりましょう。

エディタやオーサリングツールはそのまま使えるの？

Sassは、CSSと同じテキストデータなので、使い慣れているテキストエディタやIDE（統合開発環境）*18で問題なく使うことができます。

一部のエディタでは拡張機能などをインストールする必要がありますが、現在主流の「Visual Studio Code」「Vim」「Sublime Text」「WebStorm」などは問題なく使えます。

ヒント*18

Integrated Development Environmentの略で、開発に必要な機能を1つにまとめたソフトウェアです。

Column

著者が使っているエディタ

エディタは何でもOK！ というと逆に悩んでしまう方もいるかもしれません。そこで、2024年8月現在、Sassを書くときに著者が使っているエディタを紹介します。

二人とも「Visual Studio Code」を主に使っています 図4。日本語に対応しており、初期状態でも使い勝手がよく、拡張機能を追加するとかなり便利に使えるところや、安定性が高い点が気に入っています。

現状では「Visual Studio Code」一強といえるくらい人気が高いため、悩んだら「Visual Studio Code」がオススメです。

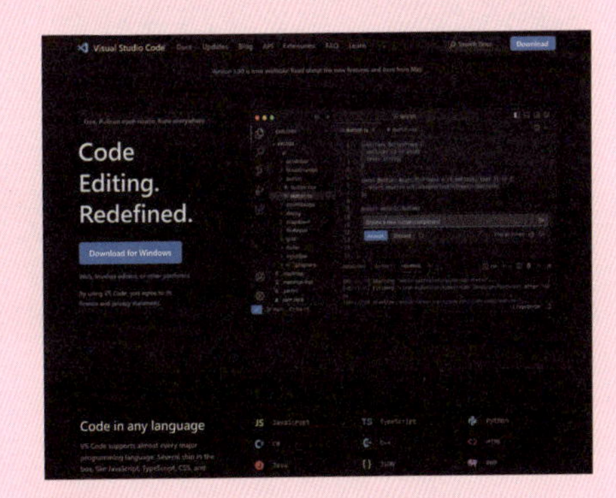

図4 Visual Studio Code 公式サイト（https://code.visualstudio.com/）

運用時にSassを使うのは難しいから、Sassは導入できない？

Sassのハードルを上げている理由として、「社内で自分だけがSassを使うことはできない」または、「フリーランスやSOHOでやっていて、Sassファイルを納品するわけにいかない」といった事情が挙げられます。確かに、社内のガイドラインが決まっている場合は、会社全体のコーディングルールから見直さなければならないケースもありますが、そこまでルールが厳しくない場合は、新規でコーディングをするときだけSassを使い、運用フェーズに入ってからは、Sassを使わないで従来通りCSSファイルを編集して使うことも可能です。

Sassはコンパイルする際に、CSSのアウトプットスタイル（フォーマット）を選ぶことができます[*19]。このアウトプットスタイルのデフォルト設定は、expandedという、可読性が高いスタイルで書き出されます。

> **ヒント*19**
> 書き出されるCSSのアウトプットスタイル（フォーマット）は2種類あり、自由に選ぶことができます。
> 詳しくは → P.40

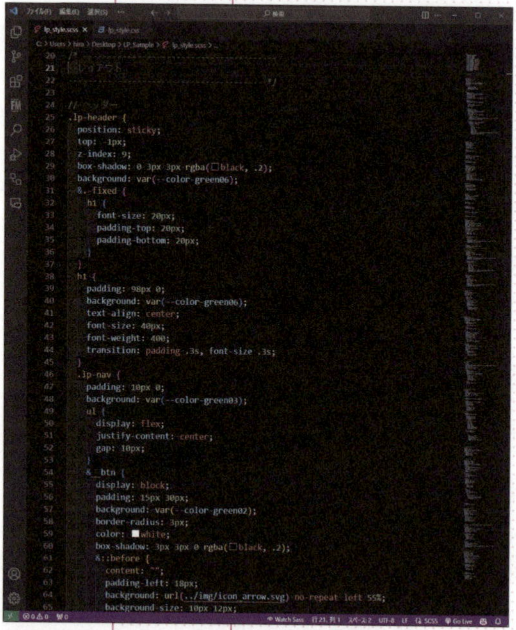

図5　コンパイル前のSassファイル

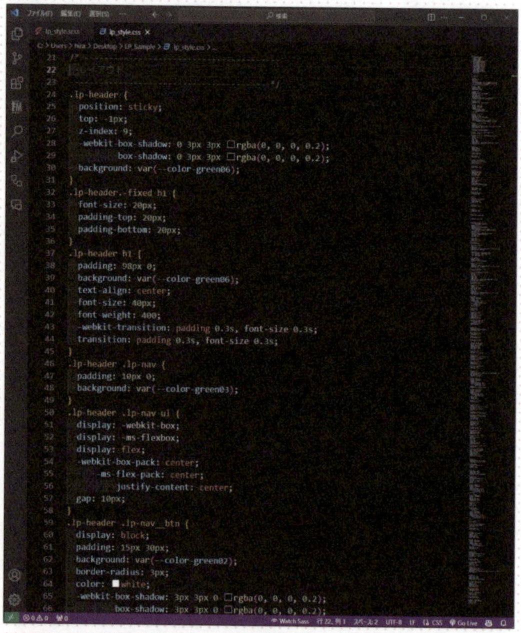

図6　expandedでコンパイルしたCSSファイル

コンパイル前後のコード 図5 図6 を見比べていただくとわかるように、Sassをコンパイルしても通常のコメント（/* ～ */）は残りますし、CSSファイルの可読性も特別悪くなるということはありません。Sassの1行コメント（// ～）はコンパイルすると必ず消えてしまうので、できるだけ控えるようにし、CSS

ファイルの分割ルールも合わせておくなどの対応をすれば、後から別の人がメンテナンスできないという事態は避けられます。

Sassの魅力の1つであるメンテナンス性の向上が活用できなくなってしまいますが、その辺りは割り切ってしまってもいいでしょう。

また、フリーランスなどで多くの企業と関わる場合、各社のガイドラインに従う必要がありますが、アウトプットスタイルをexpandedにすれば問題ないケースも多いです。納品時にも、Sassで書いている旨は特に伝えず普通に納品してしまって問題ないと思います（もちろん、クライアントに応じてケース・バイ・ケースですが）。また、それとは逆に、SassやPostCSSなどのCSSプリプロセッサでのコーディングを依頼されるケースも発生するかもしれません。CSSプリプロセッサの経験がないからといって断ってしまうのは非常にもったいないので、覚えておいて損をすることはないでしょう。

自分以外の関係者がSassを使えないから、覚えても使えない？

先ほどは、CSSファイルで運用するというやり方でしたが、納品時のCSSファイルにはクライアントや更新担当の方には触らないようにしてもらい、別途、担当者用のCSSファイルを用意するというやり方もあります。この方法なら、普段の更新は担当者用のCSSファイルに記述してもらい、大き目な修正や追加などでCSSをガッツリ修正・追加する場合だけSassを使うようにして、場合によっては担当者用のCSSをその際にマージしてしまうことも可能です。

「Sassだと関係者に使えない人がいるから自分だけ覚えても使えない……」と決め込まず、担当者や関係者間で話し合ってうまく運用ルールを決めていければ、十分に使える場面はあるでしょう。

①-3 何はともあれSassを触ってみよう

実際に自身の環境でSassを使うにはインストールなどの作業が必要ですが、その前に軽くWeb上でSassを触ってみて、感触をつかんでみましょう。

本節のサンプルコード
https://book3.scss.jp/code/c1-3/

ここまで読んで、Sassのメリットが多少は見えてきたと思います。次章以降は、実際にSassを使ってコーディングをするためにインストール作業などを説明していきますが、その前に少しだけSassに触れてみましょう。ちょっと試すだけなら特別な環境は必要なく、インターネットにつながっているブラウザ上で簡単に試すことができます。

まずは、下記アドレスにアクセスしてください。

```
https://sass-lang.com/playground/ *20
```

ヒント*20
本書公式サポートサイトにリンクを用意してあります。
https://book3.scss.jp/link/

もしくはGoogleなどで「Sass Playground」と検索して、「Sass: Playground」というタイトルのページに移動します 図7 。

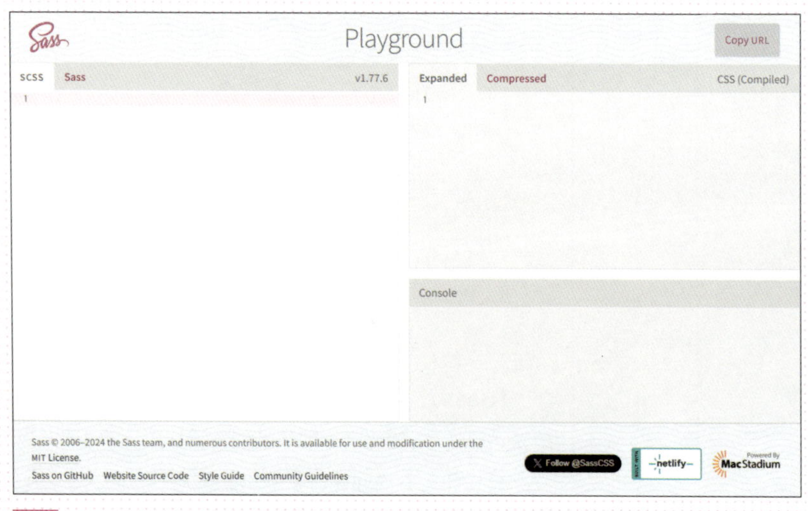

図7 Sass公式サイトのSassをオンライン上で試すことができるページ

このSass: Playgroundは、Sassを左側のテキストエリアに記述することでほぼリアルタイムに、SassをCSSにコンパイルしてくれます。

試すコードは何でもいいのですが、まずは簡単な次のコードを書いてみましょう。その際、改行やインデントなどは皆さんそれぞれが書きやすい方法で書いて問題ありません[*21]。

ヒント*21

手入力が面倒な方は、本書公式サポートサイトからコピー＆ペーストしてください。
https://book3.scss.jp/code/c1-3/

Sass

```
#main {
  width: 600px;
  p {
    margin: 0 0 1em;
    em {
      color: #f00;
    }
  }
}
```

このコードを見てもらうと、#main内にp要素のスタイルが書かれており、さらにp要素内でem要素のスタイルが書かれているのがわかると思います。これは、以前のCSSではできなかった書き方をしていて、Sassの機能では一番使う、ルールのネスト（入れ子）という機能を使って書いています。現在のCSSではSassのネストと似たような記述もできますが、Sassでしかできないこともあります。詳しくは第3章の「ルールのネスト（Nested Rules）」（P.74）で説明しているので、あまり難しく考えずサンプルコードのまま書いてみましょう。そうすると、次のCSSが表示されると思います。

CSS（コンパイル後）

```
#main {
  width: 600px;
}
#main p {
  margin: 0 0 1em;
}
#main p em {
  color: #f00;
}
```

実際の画面では 図8 のように表示されていると思います。

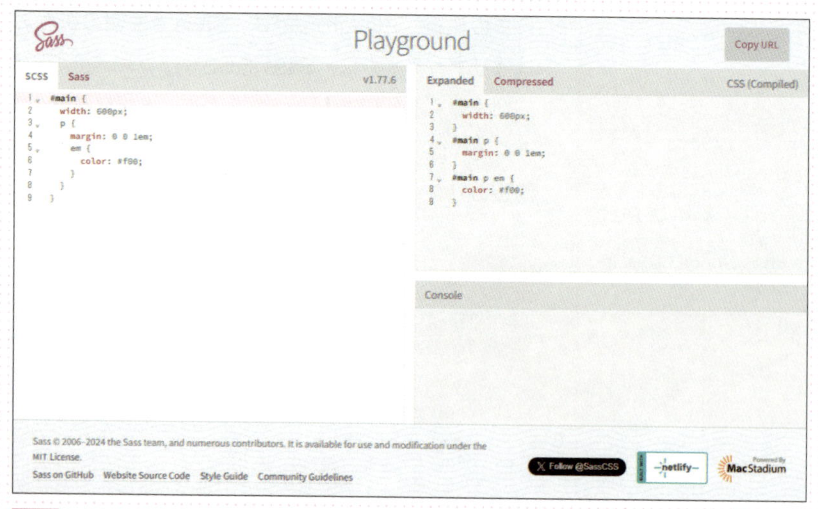

図8 Sassを入力するとCSSが表示される

以前のCSSだったら#main内のp要素とem要素にスタイルを当てるために、毎回親のセレクタから書く必要がありました。それが、Sassの機能の1つであるネストを使うことで、記述が簡略化され効率的に書いていくことができます。

次に、「変数」という機能を使ったコードを書いてみましょう。先ほどと同じように、テキストエリアに次のコードを書きます。

Sass

```
$red: #ff1122;

.notes {
  color: $red;
}
#main {
  .notesArea {
    border: 1px solid $red;
  }
}
```

$（ダラー）から始まるCSSでは見覚えがない記号を使っていますが、これがSassの変数という機能で、このようにあらかじめ変数に値を定義しておけば、変数の値を好きな場所から参照することができます。このサンプルのSassをコンパイルすると、次のようなCSSが表示されます。

CSS（コンパイル後）

```css
.notes {
  color: #ff1122;
}

#main .notesArea {
  border: 1px solid #ff1122;
}
```

最初に書いた「$red: #ff1122;」が、それぞれのプロパティに適用されています。実際にコーディングする際には、同じ値を多くのプロパティで使うことがありますが、変数を使うと同じ値を参照してくれるので、後から変更が入っても1カ所直せば他もすべて同じ値に変更することができます。変数に関しては第3章の「変数（Variables）」（P.87）で詳しく説明しています。

Sass: Playground を利用することで、ブラウザから簡単にSassを試すことができたと思います。

Column

Sassってなんて読むの？

本書では「サス」と表記していますが、「サス」もしくは「サース」が一般的な読み方として普及しています。

英語の発音により近いのは「サース」のほうですが、日本語話者にとっては「サス」と発音するほうが自然に感じる場合も多いかもしれません。

とはいえ、どちらの読み方も広く使われており、厳密な「正解」はありませんので、個人の好みや所属するコミュニティでの慣習によって好きなほうで読めば問題なさそうです。

Sassに対応しているソースコード共有サービス

先ほど紹介したSass Playground以外にも、ブラウザ上で簡単にSassを試すことができるソースコード共有サービスもあります。これらのサービスは、Web上でHTML、CSS、JavaScriptを書いてその場で実行することができるので、より実際の感じがつかめると思います。中でもCodePenは海外のサービスですが、人気もあり使い勝手もよいので、著者もよく使っています 図9。

- CodePen - Front End Developer Playground & Code Editor in the Browser
  https://codepen.io/

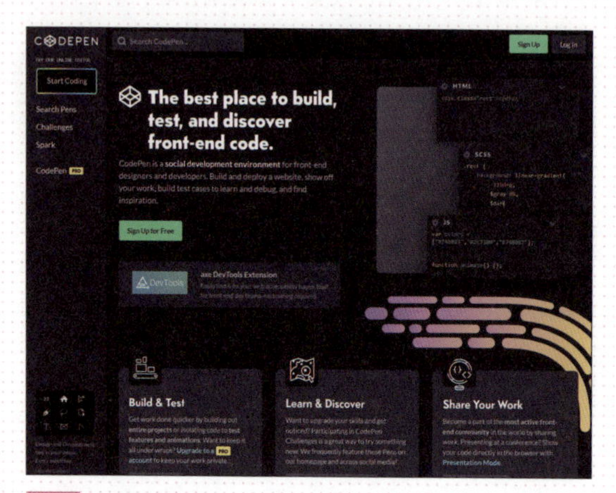

図9 CodePen

- Create a new Fiddle - jsFiddle
  https://jsfiddle.net/

- HTML5, CSS3, JS Demos, Creations and Experiments | CSSDeck
  https://cssdeck.com/

実際にSassに触れてみて、いかがでしたか？ ここで紹介した機能は、ほんの一部にすぎませんが、Sassを使うことでCSSではできなかったことができるようになります。実際にSassを書いてみることで、Sassの便利さが何となく伝わったでしょうか。これらの便利な機能を使ってコーディングができるように、次章では、自身の環境でSassを使えるようにする方法を説明します。

第2章

Sassの利用環境を整えよう

第2章では、Sassの導入から実際に動作させるまでの説明をします。Sassを使うにあたって、1番の障壁ともいえるのがこの利用環境を整えることかもしれません。そこで、自身にあった方法を選択できるよう、エディタを使った方法、黒い画面を使った方法、GUIを使った方法を紹介します。どの方法でも利用できるとベストですが、まずは好きな方法で環境を整え、Sassを使えるようにしましょう。

2-1 エディタでSassを使ってみよう …… 34

2-2 黒い画面でSassを使ってみよう …… 44

2-3 GUIコンパイラでSassを使ってみよう …… 67

②-1 エディタでSassを使ってみよう

まずはエディタで環境を整えSassを使ってみましょう。本節では、Visual Studio Codeを使った導入方法を紹介します。

Visual Studio Code (VS Code) について

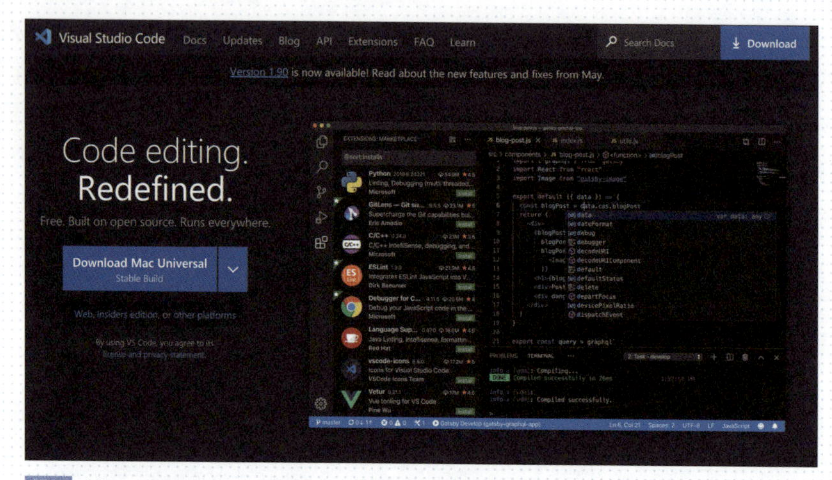

図1 Visual Studio Code 公式サイト (https://code.visualstudio.com/)

Visual Studio Code (以降、VS Code) は、Microsoftが提供する無料のオープンソースコードエディタです。

第1章のコラム[*1]でも紹介していますが、著者の二人も愛用しているエディタです。Windows/Macに対応しており、軽量でありながら多機能で、拡張機能をインストールすることで、さらに便利に使うことができます。世界中のWeb開発者に人気があり、非常に多くの開発者[*2]が利用しています。本書はCSSをある程度理解している方を対象としているので、すでにVS Codeを利用している方も多いかと思います。

これからインストールする場合は、VS Code公式サイト 図1 よりインストーラをダウンロードして実行しましょう。

ヒント*1
コラム「著者が使っているエディタ」
詳しくは → P.25

ヒント*2
Stack Overflow Developer Survey 2023によるとシェアは約73%
https://survey.stackoverflow.co/2023

拡張機能をインストールしよう

本書では、VS Codeを日本語化するための拡張機能「Japanese Language Pack」と、Sassを使うには必須の拡張機能「Live Sass Compiler」をインストールします。

拡張機能のインストール方法

拡張機能をインストールする手順は次の通りです。

1. **左側のアクティビティバーから「拡張機能」アイコンをクリックします 図2 。**
2. **サイドバーの検索エリアにキーワードを入力し検索します。**
3. **検索結果から「Install」ボタンをクリックしインストールします。**

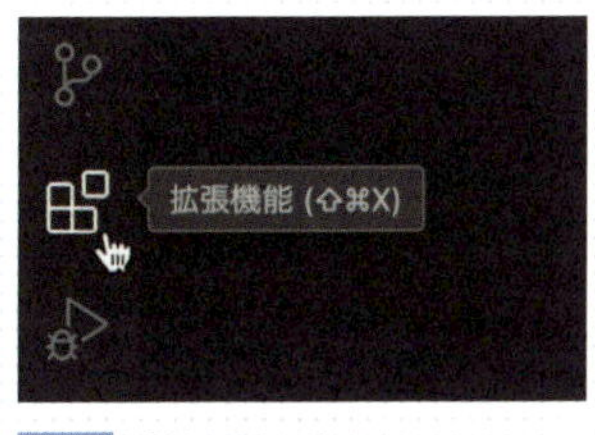

図2 「拡張機能」アイコン

Japanese Language Packのインストール

VS Codeは標準では英語表記ですが、もし日本語化が必要であれば拡張機能「Japanese Language Pack」をインストールしましょう。本書は日本語設定にて解説します。

VS Code拡張機能画面から「japanese」と検索し、「Japanese Language Pack」をインストールします 図3 。

図3 拡張機能のサイドバーから「japanese」と検索

インストールが完了すると、画面右下に言語変更と再起動のダイアログが表示されるので「Change Language and Restart」をクリックしVS Codeを再起動します 図4 。

図4 言語変更と再起動のダイアログ

Live Sass Compilerのインストール

VS Codeは標準機能でSassファイルに対応していますが、SassファイルをCSSにコンパイルする機能は備わっていません。そのため、「Live Sass Compiler」をインストールしてSassファイルをコンパイルする機能を追加しましょう。

拡張機能のサイドバーから「Sass」と検索し、Glenn Marksさんが公開している「Live Sass Compiler」をインストールします 図5 。

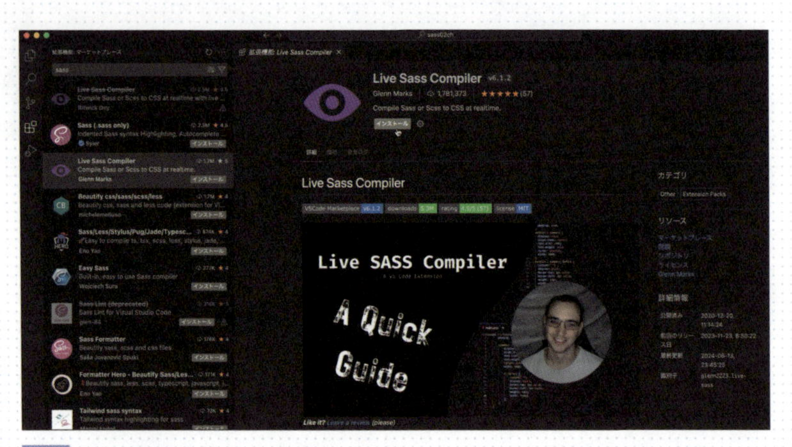

図5 拡張機能のサイドバーから「Sass」と検索

※更新が止まっている同名の旧バージョンではなく、現行のGlenn Marksさん開発のものをインストールするようにしてください。旧バージョンは非推奨となっており拡張機能名に打ち消し線が表示されています。

Live Sass Compilerで Sassファイルをコンパイルする

Live Sass Compilerをインストールしたら、さっそくSassをCSSにコンパイルしてみましょう。

.scssファイルを作成

コンパイルを試すために、.scssファイルを作成します。

● VS Codeでフォルダを開く

場所やフォルダ名は何でも構いませんが、本書ではデスクトップに「02_sample」フォルダを作成しました 図6。

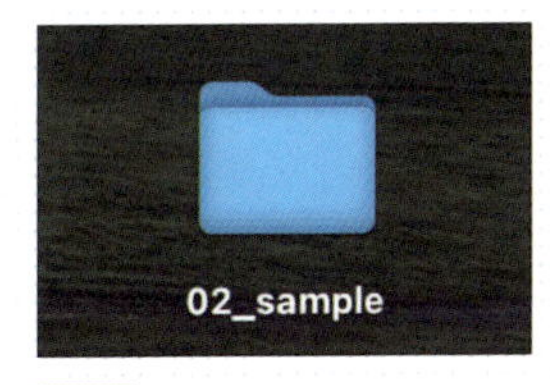

図6 「02_sample」フォルダを作成

作成したフォルダをVS Codeで開きます。

メニュー「ファイル＞フォルダーを開く」で選択します。または、該当のフォルダをドラッグ&ドロップでも開けます。

「このフォルダー内のファイルの作成者を信頼しますか？」というダイアログが表示された場合は「はい」を選択します。

● .scssファイルを作成

エクスプローラ内で右クリックし、「新しいファイル」を選択します 図7。本書では「sample.scss」を作成しました 図8。

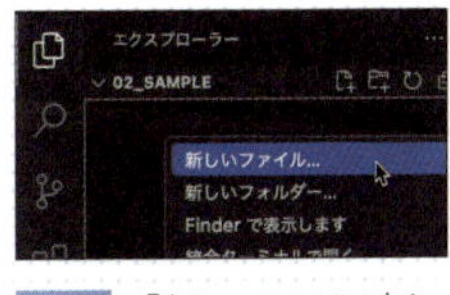

図7 「新しいファイル」を選択

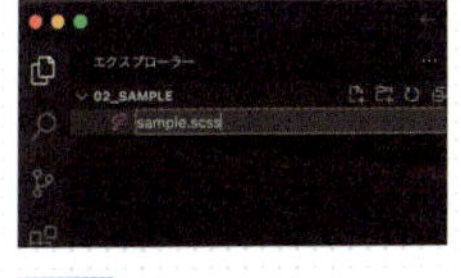

図8 「sample.scss」を作成

● Sassを記述する

作成した.scssファイルにSCSS記法でスタイルを記述します。

コンパイルを確認するために次のようなサンプルコード*3を使いました。

ヒント*3

サンプルコード
https://book3.scss.jp/code/c2-1/

Sass（sample.scss）

```
#main {
  width: 600px;
  p {
    margin: 0 0 1em;
    em {
      color: #f00;
    }
  }
  small {
    font-size: small;
  }
}
```

サンプルコードは何でも構いませんが、ネストされたセレクタがあるとコンパイル結果がわかりやすいです。

Sassファイルの更新を監視する（コンパイルする）

Sassファイルが用意できたらさっそくコンパイルしてみましょう。

画面下部、ステータスバーの右に表示される「Watch Sass」ボタンをクリックします 図9 。

図9 ステータスバー「Watch Sass」ボタン

「Watch Sass」ボタンをクリックすると、「Watching...」と表示され、出力パネルにコンパイル結果が表示されます 図10 。これで、Sassファイルの変更をWatch（監視）し、自動的にCSSファイルが生成されます*4。

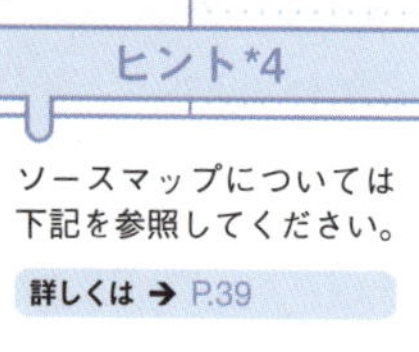
ヒント*4

ソースマップについては下記を参照してください。

詳しくは ➔ P.39

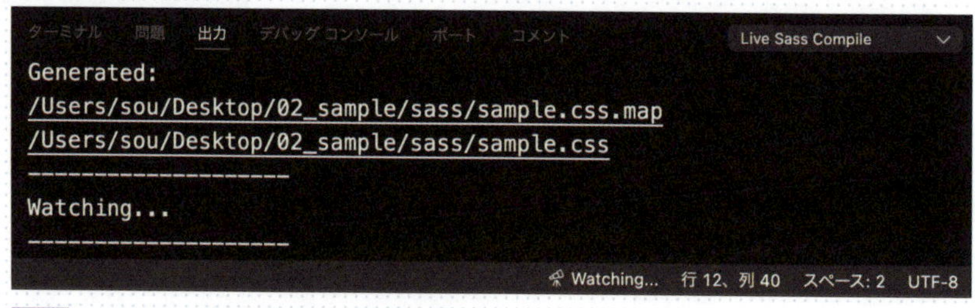

図10 出力パネルに表示されたコンパイル結果

「Watching...」の状態では、Sassファイルの変更を常に監視し、変更がある（保存をする）たびに自動的にコンパイルします*5。

ヒント*5

Watchについては本章の「ファイルの更新を監視する」を参照してください。

詳しくは ➔ P.65

出力されたファイルを確認してみましょう。.scssファイルと同じフォルダに.cssファイルと.css.mapファイルが書き出されているのがわかります 図11 。

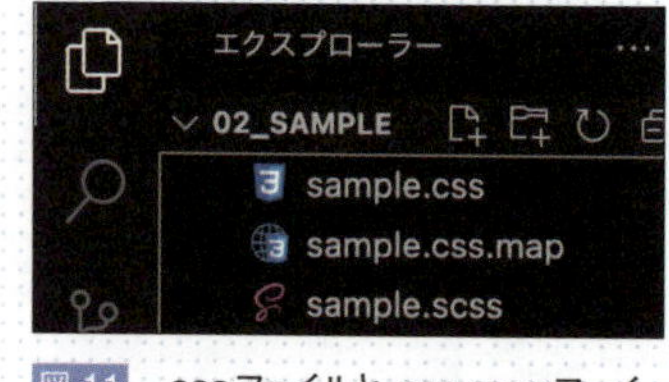

図11 .cssファイルと.css.mapファイルが保存されている

CSSファイルを確認してみましょう。

コンパイルされたCSS（sample.css）

```
#main {
  width: 600px;
}
#main p {
  margin: 0 0 1em;
}
#main p em {
  color: #f00;
}
#main small {
  font-size: small;
}/*# sourceMappingURL=sample.css.map */
```

ネストされていたセレクタは、すべてフラットに書き出されたCSSになっていることがわかります。

拡張機能を使ってSassファイルをコンパイルできました。

.css.mapファイルについて

CSSファイルと同時に書き出されている.css.mapファイルはソースマップというファイルです。

ブラウザの開発者ツールでCSSの行数を確認したりデバッグしたりすることも多いと思いますが、ソースマップがあるとSassファイルの場所を知ることができます 図12 図13。

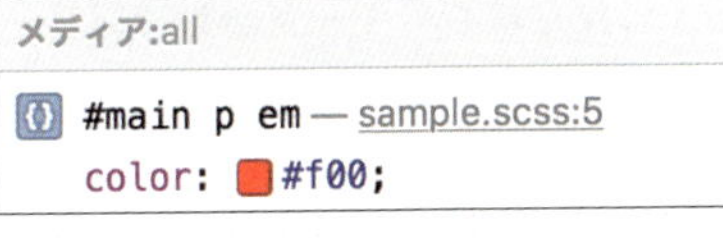

図12 Safari Webインスペクタの表示

```
#main p {                    sample.scss:3
  margin:▶ 0 0 1em;
}
```

図13 Chromeデベロッパーツールの表示

Live Sass Compilerは、インストールすればSassと同じ場所にCSSファイルとソースマップを出力しますので、そのままで問題なければ特に設定は必要ありません。

特に設定を変更せずVS Codeで学習される場合は、ここから第3章（P.71）に進んでもらってOKです！

Live Sass Compilerの設定

コンパイル時のアウトプットスタイル（フォーマット）や出力先を指定したければ、拡張機能のオプションで変更可能です 図14。

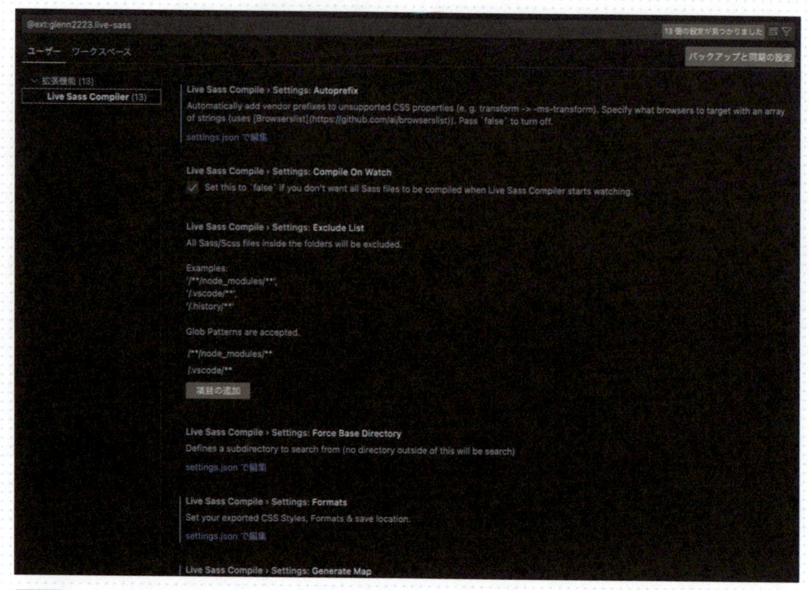

図14 Live Sass Compilerの設定画面

設定方法は、設定画面から「settings.jsonで編集」を選択すると、設定ファイル（settings.json）に設定項目のキーが自動で書き込まれますので、json形式で値を入力して設定します。すべての機能は紹介しきれませんが、よく使う設定を紹介します。

- **アウトプットスタイル（フォーマット）を指定する**

設定名「Live Sass Compile › Settings: Formats > format」

書き出すCSSのアウトプットスタイルを指定できます。コンパイルしたCSSは1ルールセットごと改行されインデントされていました。これはデフォルトの「expanded」というフォーマットです。

Sassは2つのフォーマットがあります。

❶**expanded:** 1ルールセットごと改行されインデントされる可読性の高いフォーマット
❷**compressed:** 1行にまとめられるminify（圧縮）されたフォーマット

「compressed」を設定してみましょう。
設定ファイルに次のように追記します。

settings.json（一部抜粋）

```
{
  "liveSassCompile.settings.formats": [
    {
      "format": "compressed"
    }
  ]
}
```

コンパイルされたCSSファイルを確認してみましょう。

コンパイルされたCSS（sample.css）

```
#main{width:600px}#main p{margin:0 0 1em}#main p ⏎
em{color:red}#main small{font-size:small} ⏎
/*# sourceMappingURL=sample.css.map */
```

minifyされ1行にまとめられていることがわかります。

● 拡張子を指定する

設定名「Live Sass Compile › Settings: Formats > extensionName」
「.css」以外の拡張子を設定すると、警告は出ますが変更可能です。
compressedを指定しているので、「.min.css」に変更してみましょう。

settings.json（一部抜粋）

```
{
  "liveSassCompile.settings.formats": [
    {
      "format": "compressed",
      "extensionName": ".min.css"
    }
  ],
}
```

- **出力する場所を指定する**

設定名「Live Sass Compile › Settings: Formats > savePath」

コンパイルするCSSファイルの出力先を指定できます。cssフォルダに出力する場合は次のように設定します。

settings.json（一部抜粋）

```
{
  "liveSassCompile.settings.formats": [
    {
      "format": "compressed",
      "extensionName": ".min.css",
      "savePath": "/css"
    }
  ],
}
```

- **監視する場所を指定する**

設定名「Live Sass Compile › Settings: Force Base Directory」

デフォルトではすべてのSassファイルを監視しますが、この設定で監視するフォルダを指定します。

フォルダを絞り込むことで、パフォーマンスがわずかに向上します。

settings.json（一部抜粋）

```
{
  "liveSassCompile.settings.forceBaseDirectory": "/sass"
}
```

前項のsavePath設定と組み合わせることで、Sassファイルは「sass」フォルダに、出力は「css」フォルダにまとめることができます 図15。

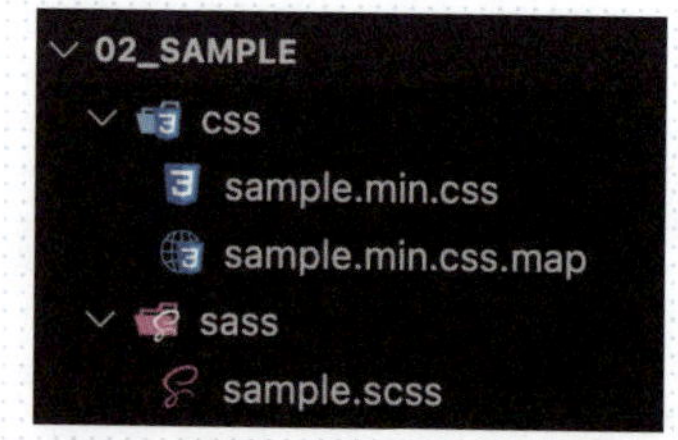

図15 監視はsassフォルダに限定し、書き出しはcssフォルダにされる

- **ソースマップの生成を無効にする**

設定名「Live Sass Compile › Settings: Generate Map」

デフォルトで出力されるソースマップですが、不要であれば次の設定で生成を無効にすることができます。

settings.json（一部抜粋）

```
{
  "liveSassCompile.settings.generateMap": false
}
```

- **ベンダープレフィックスを自動で付与する**

設定名「Live Sass Compile › Settings: Autoprefix」

ベンダープレフィックスを自動で付与してくれるAutoprefixer*6が内蔵されています。

次の設定は「1%以上のシェア、最新から2バージョン前まで」を対象ブラウザにしています。

ヒント*6

Autoprefixerについては下記を参照してください。

詳しくは ➔ P.248

settings.json（一部抜粋）

```
{
  "liveSassCompile.settings.autoprefix": [
    "> 1%",
    "last 2 versions"
  ],
}
```

この設定をすると、プロパティによって必要なベンダープレフィックスが自動で付与されます。

2-2 黒い画面でSassを使ってみよう

Sassを黒い画面で使うためには、「sass」コマンドを使う必要があります。本節では、そのために必要なNode.jsのインストールから、実際にSassをコンパイルする方法を説明します。

Sassのインストールおよび使用には、コマンドラインツールを使用します。いわゆる"黒い画面"と呼ばれているものです[*7]。Sassの実行そのものは1行のコマンドを入力するだけなので、難しいことはありません。

現在のフロントエンド開発では、黒い画面からNode.jsを使って環境を管理することが一般的です。本書では、Sassの使用と一緒に、Node.jsの使用方法も解説します。

前節で紹介したVS Codeを使ったコンパイル方法ではダメなの？ と思う方もいるかもしれません。その方法でも問題はありませんが、複数人で作業する場合は、本節で紹介する方法のほうが環境依存を減らすことが可能です。

ヒント*7

正式にはCUI（Character User Interface）と呼ばれ、キーボードだけで操作をするインターフェースのことです。それに対しマウスなどを使って操作するインターフェースはGUI（Graphical UserInterface）と呼ばれます。

Node.jsおよびnpmについて

Sassを動作させるために必要なものがNode.jsです。Node.jsは、JavaScriptで作られたサーバーサイド環境で、現在のモダンフロントエンド開発において、なくてはならない存在となっています。

Node.jsをインストールすることで使えるようになるパッケージ管理マネージャのnpm（Node Package Manager）は、世界で最も大きなライブラリで、npmコマンドで簡単に必要なパッケージをインストールしたり、開発環境の共有をしたりすることができます。

本書で紹介するSassやPostCSS[*8]もnpmコマンドでインストールをします。そのために、まずはNode.jsをマシンにインストールしてみましょう。

ヒント*8

第5章の「PostCSSでSassをさらに便利にする」で、詳しく紹介しています。

詳しくは → P.243

Node.jsをインストールしよう

Sassを使えるようにするために、まずはNode.jsをインストールします。Node.jsの公式サイトよりインストーラをダウンロードしましょう 図16。

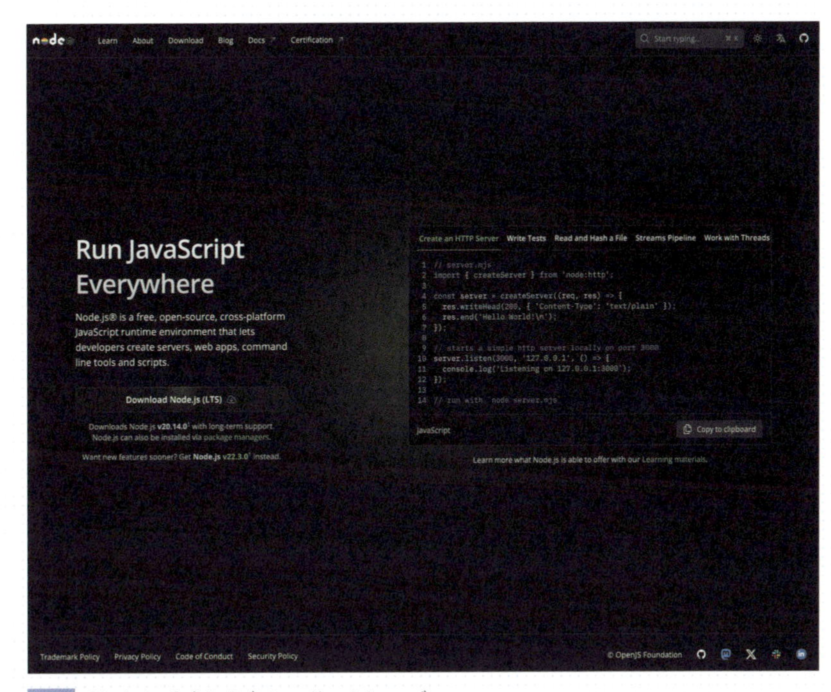

図16 Node.js 公式サイト(https://nodejs.org/)

キービジュアルエリア左部に「Download Node.js (LTS)」と書かれたダウンロードボタンがありますので、それをクリックしましょう。

執筆時(2024年6月)はv20.14.0がLTS[*9]の最新バージョンでしたので、そちらをダウンロードしました。

バージョンは常にアップデートされています。最新のLTSをダウンロードしてください。

OSに合わせたインストーラがダウンロードされるので実行しましょう 図17 図18。

ヒント*9

Long-term Support。長期サポートバージョン(安定版)のことです。Node.jsは偶数バージョンがLTS、奇数バージョンが最新機能版となります。

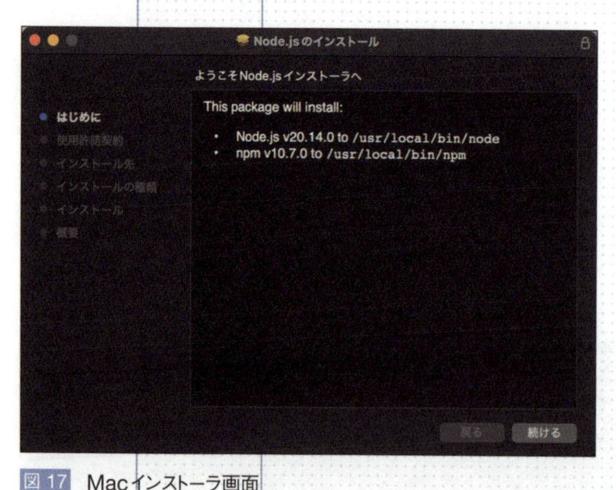

図17 Macインストーラ画面

図18 Windowsインストーラ画面

基本的には「次へ」をクリックして進めていけばインストールは完了です。

Column

Node.jsのバージョン管理について

本書では簡単にNode.js環境を構築するために、Node.js公式サイトからインストーラを使って、LTSの最新バージョンをインストールしました。もちろんそれで問題はありませんし、新しいバージョンを再度インストールすれば更新されます。

しかし、Node.jsは約半年に1回のペースでメジャーバージョンが更新されますので、プロジェクトを平行している場合、同時に複数のバージョンを使う場合があるかもしれません。

そんなときはバージョン管理ツールを使いましょう。Volta*10やnvm*11、asdf*12などたくさんのツールが存在します。

コマンドでバージョン切り替えもできますし、package.jsonに記載したnodeのバージョンや「.node-version」というドットファイルを読み取り、自動でプロジェクト（フォルダ）ごとにバージョン切り替えをしてくれる機能もあり、便利です。

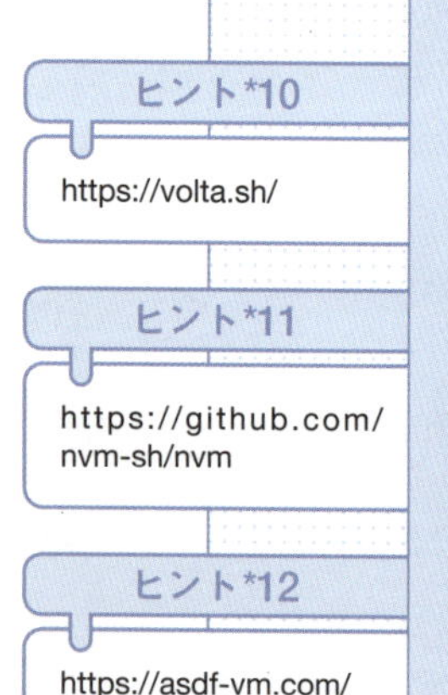

実際に黒い画面を使ってみよう

さて、ここからは実際に「黒い画面」を使ってみましょう。

Macはターミナル、Windowsはコマンドプロンプトを起動し、コマンドを入力します。

ターミナルの起動方法（Mac）

［アプリケーション］フォルダ→［ユーティリティ］フォルダとたどっていき、［ターミナル］アイコンをダブルクリックします。または、Spotlightから「ターミナル.app」と検索して起動することもできます。

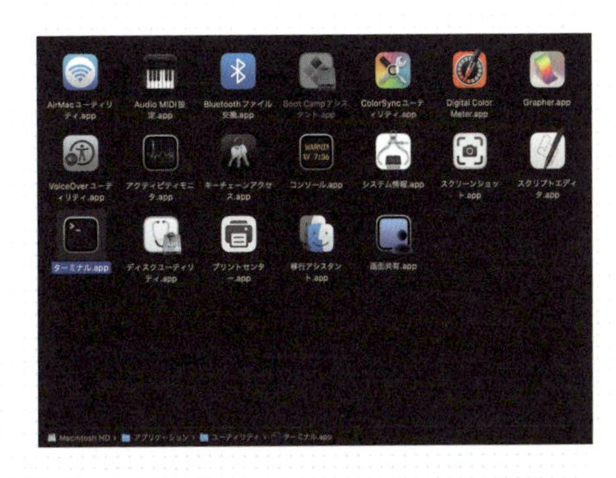

図19　ターミナルの初期画面

ターミナルを起動すると1行目にログイン時間が、2行目にコンピューター名と@（アットマーク）、現在地をあらわす~（チルダ）*13、ユーザー名、そして名前の後にはコマンドの入力待ちを意味する%（パーセント）が表示されます 図19。

ヒント*13

~（チルダ）はユーザーホームを意味します。つまりターミナル起動時の状態では、「Macintosh HD → ユーザー → ユーザー名」のフォルダを現在地にしています。

コマンドプロンプトの起動方法（Windows）

Windowsは「コマンドプロンプト」「PowerShell」「Windows ターミナル」などがありますが、本書では「コマンドプロンプト」を使います。

検索からすべてのプログラムを選択し「cmd」と検索すると表示される［コマンドプロンプト］をクリックしましょう 図20 。

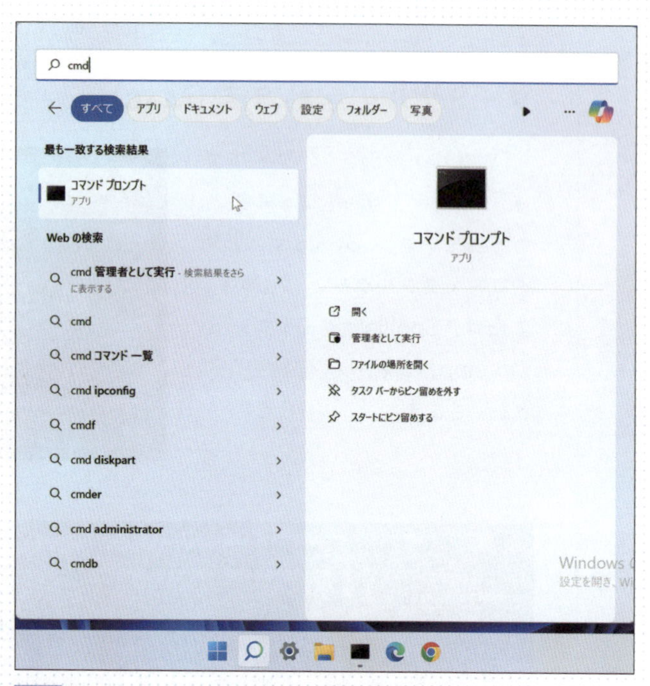

図20 検索からすべてのプログラムを選択し「cmd」と検索

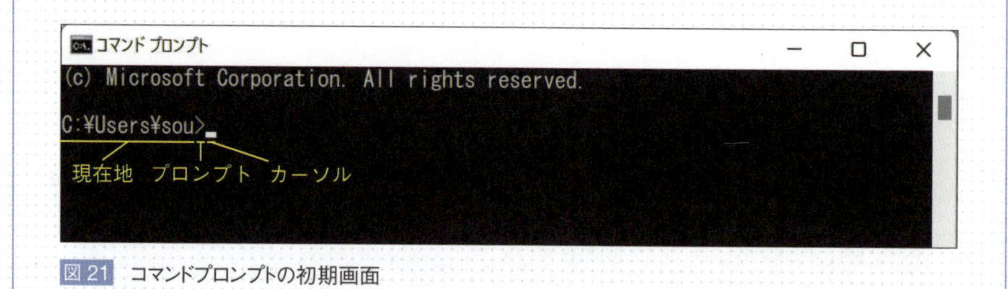

図21 コマンドプロンプトの初期画面

最初にコマンドプロンプトを起動したときは、1～2行目にOSのバージョンとCopyrightが表示されます。その下に「C:¥Users¥ユーザー名」というファイルパス（場所）が表示されます。そして、その後にカーソルが点滅しているので、ここから入力することがわかるようになっています 図21 。

コマンドを入力してみよう

コマンドを入力して、先ほどインストールしたNode.jsがちゃんとインストールされたか確認してみます。次のコマンドを入力して、Enterキーを押して実行してみましょう。

```
node -v
```

上記はインストールされているNode.jsのバージョンを確認するコマンドです。コマンドは基本的に「コマンド名」+「オプション」の形式で書きます。上記では「node」+「バージョンを表示する（-v）」というコマンドになります。これでインストールされたバージョンが表示されれば正常にインストールされています 図22 図23。

sou — -zsh — 80×24
sou@Macintosh ~ % node -v
v20.14.0
sou@Macintosh ~ %

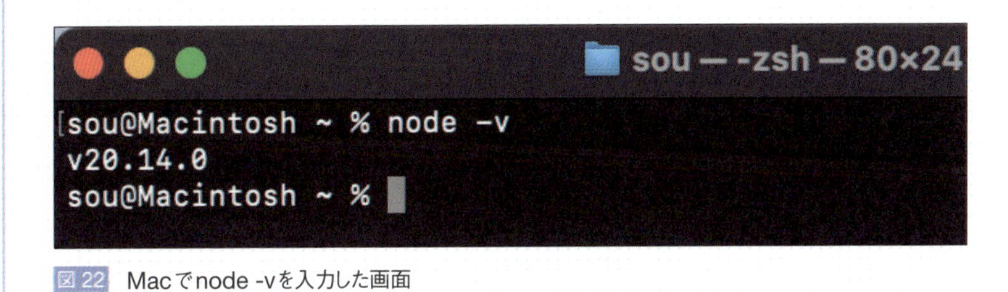

図22　Macでnode -vを入力した画面

コマンド プロンプト
(c) Microsoft Corporation. All rights reserved.
C:¥Users¥sou>node -v
v20.14.0

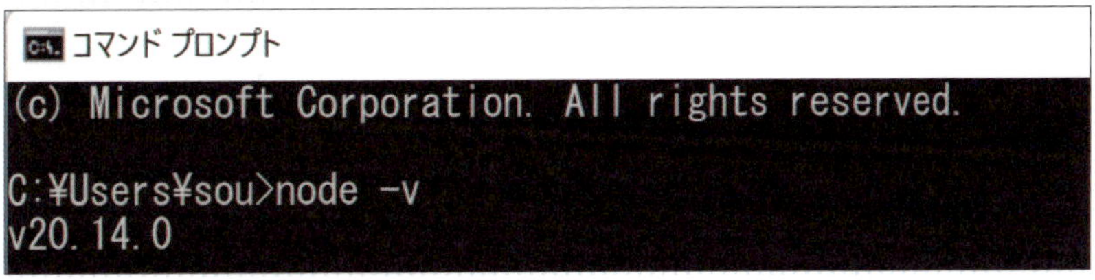

図23　Windowsでnode -vを入力した画面

「v20.14.0」と表示され、Node.jsが正常にインストールされたのがわかりました。

「node: command not found」と表示されてしまう場合は、正しくインストールされているか、PATHが正しく設定されているかを確認してください。

現在地（カレントフォルダ）に移動する

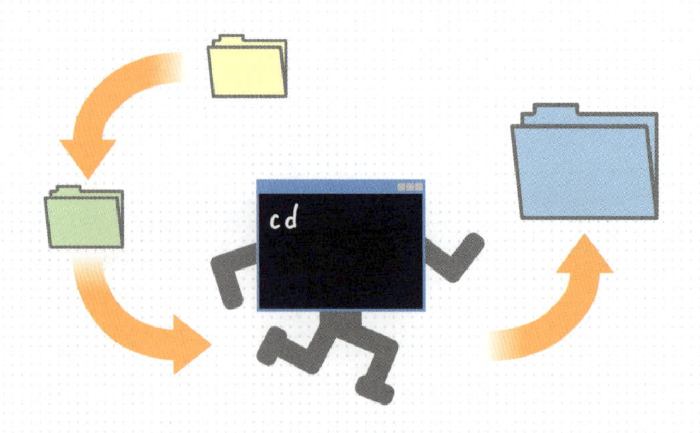

Sassのインストールを進める前に、1つ大事なことを覚えなければいけません。それは現在地（カレントフォルダ）の移動方法です。npmのコマンドを実行する場合、現在地から実行します。そのため、作業データがある場所を現在地として指定しなければなりません。いつもはマウスでフォルダを開いていますが、それをコマンドで開くと考えてください。

現在地を移動するには、cdコマンド*14を使います 図24 図25。

ヒント*14

change directoryを略してcdです。

cdコマンド

```
cd [option] [path]
```

「cd」+「フォルダパス」で移動する場所を指定します。

デスクトップに移動してみましょう。「cd」+「Desktop」と入力します。Tab キーでフォルダ名の補完ができます。

```
cd Desktop
```

図24 Macのcdコマンド画面

```
コマンド プロンプト
C:¥Users¥sou>cd Desktop

C:¥Users¥sou¥Desktop>
```

図25 Windowsのcdコマンド画面

現在地が「Desktop」と表示されていますね。正しく移動できました。

パスの書き方はHTMLやCSSでも使う相対パスと一緒です。いくつか覚えておいたほうがいい移動方法を紹介します。「.」で現在地、「..」で1階層上を意味し、1つ上の階層のフォルダに移動する際に使用します。また、「/」のみを指定すると、ドライブのルートに移動します。

```
cd ../          1つ上の階層に
cd ../../       2つ上の階層に
cd /            ドライブのルートに移動
```

Macのみですが、フォルダパスを指定しない、または~(チルダ)を指定することで、ホームフォルダに移動することができます。

```
cd ~            ホームに移動
```

Windowsでは、他のドライブに移動したい場合、cdコマンドの後に「/d」オプションを付けます。

```
cd /d D:¥Users¥Public¥Pictures
                D ドライブのPictures フォルダに移動
```

現在地をフルパスで表示するコマンドも紹介します。特にMacの場合、現在地を省略表示してしまうのでよく使います。

コマンド【Mac】

```
pwd
```

コマンド【Windows】

```
cd
```

もっと楽な指定方法はないの？

普段から黒い画面を使い慣れていないと、毎回キーボードで場所を指定するのは手間です。Windows/Mac共通で使える、もっと簡単な指定方法があります。それは「cd」コマンドを入力した後で、フォルダをドラッグ＆ドロップするという方法です 図26。

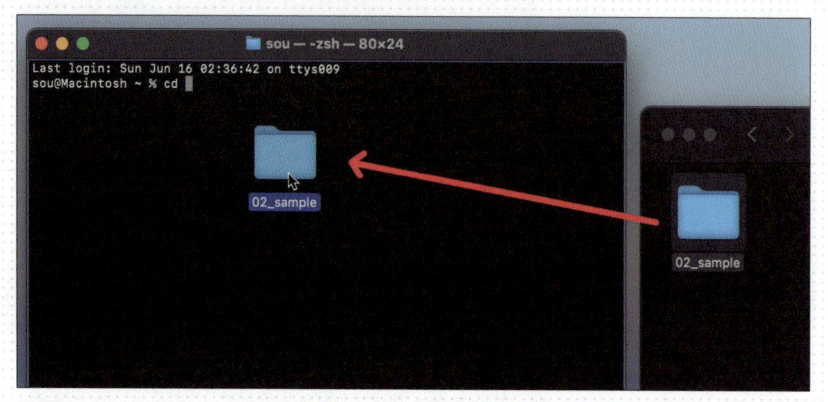

図26 Finderやエクスプローラで移動したいフォルダを表示し、cdコマンドを入力した黒い画面にドラッグ&ドロップする

ドロップするとパスが絶対パスで書き込まれます。そのまま Enter または return キーを押すと、ドロップしたフォルダが現在地になります 図27。

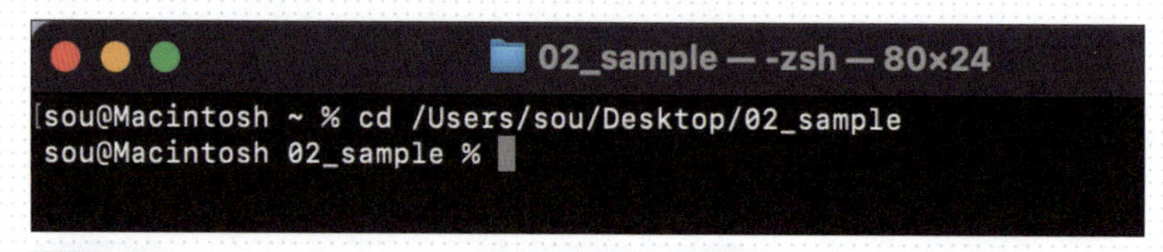

図27 ドロップ後に Enter または return キーを押すだけで、「02_sample」フォルダに移動できた

● Macで使える他の楽な移動方法

Macでは、ターミナルをDockに登録しておくと、フォルダをDockのアイコンにドロップしてその場所を現在地として開くことができます 図28。

図28 Dockのターミナルアイコンにドロップする

また、フォルダをマウスの副ボタンでクリックしたときに、そのフォルダを現在地としてターミナルを開く機能も用意されています 図29。利用するには、[システム設定]の[キーボード]を開き、[キーボードショートカット]を選んで、[サービス]の[ファイルとフォルダ]の中の[フォルダに新規ターミナル]にチェックを入れます。

図29 フォルダで副ボタンをクリックして、[フォルダに新規ターミナル]を選択する

• **Windowsで使える他の楽な移動方法**

フォルダを Shift キー＋右クリックで選択すると「コマンドウィンドウをここで開く」というメニューが表示されます 図30。これを選択すると、その場所を現在地とした状態でコマンドプロンプトを開くことができます。

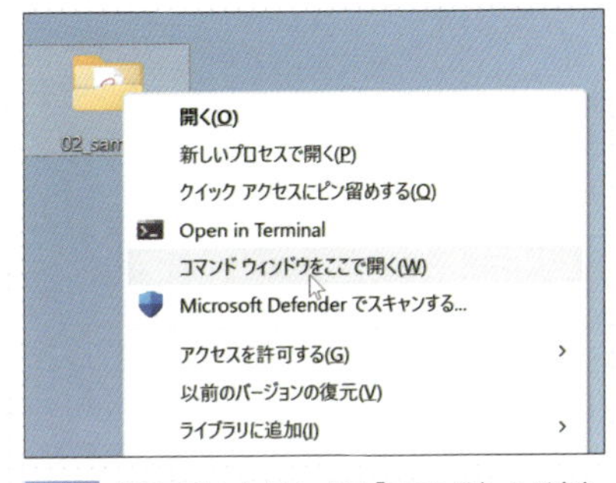

図30 Shift ＋右クリックで「コマンドウィンドウをここで開く」が表示される

Sassの開発環境を作成しよう

ここからは、Sassを使うための環境の作り方を説明します。

プロジェクトフォルダの作成

まずは、プロジェクト用のフォルダを作成しましょう。

場所やフォルダ名は何でも構いませんが、本書ではデスクトップに「02_sample」フォルダを作成した場合で説明します 図31。

フォルダを作成したら、cdコマンドで移動しましょう。

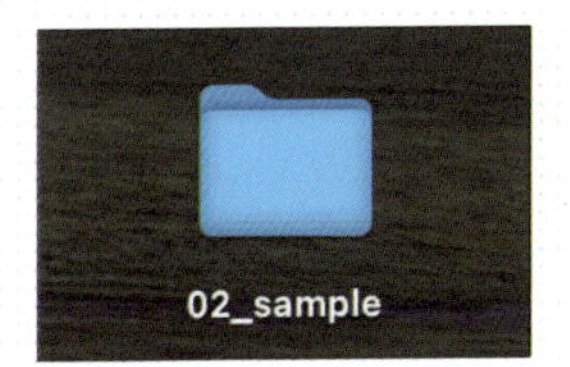

図31 「02_sample」フォルダを作成

ヒント*15

Gitリポジトリで共有することが一般的です。

package.jsonの作成

package.jsonはNode.jsのプロジェクトで必ず使用されるファイルで、そのプロジェクトに関する情報やパッケージのバージョンを管理します。

協業するメンバーや引き継ぐメンバーが同じpackage.jsonを所有する*15ことで、開発環境やコマンドを共有することができます。

プロジェクトを作成するために、コマンドでpackage.jsonを作成しましょう。

npm init コマンドで作成できます。

```
npm init -y
```

コマンドを実行すると、プロジェクトフォルダにpackage.jsonが作成されています。

作成されたpackage.jsonにはプロジェクトの名前やバージョンが記載されています。必要であれば書き換えましょう。

次のようなpackage.jsonが作成されます。

package.json

```
{
  "name": "02_sample",
  "version": "1.0.0",
  "description": "",
  "main": "index.js",
  "scripts": {
    "test": "echo \"Error: no test specified\" && exit 1"
  },
  "keywords": [],
  "author": "",
  "license": "ISC"
}
```

このpackage.jsonでこれからインストールしたパッケージを管理したり、コマンドをまとめて実行することができます。

.scssファイルを作成

作業ファイルとなる.scssファイルを作成します。「sass」フォルダ内に「sample.scss」を作成したいので、フォルダを作成するコマンドから実行してみましょう。

• sassフォルダを作成

まずは作業フォルダとなる「sass」フォルダを作成します。
mkdir[*16]コマンドを使ってみましょう。

ヒント*16

make directoryを略してmkdirです。

```
mkdir sass
```

コマンドを実行すると、プロジェクトフォルダに「sass」フォルダが作成されます。

• .scssファイルを作成

「sass」フォルダ内に「sample.scss」を作成しましょう。
ファイルを作成するコマンドは次の通りです。

コマンド【Mac】

```
touch sass/sample.scss
```

コマンド【Windows】

```
type nul > sass/sample.scss
```

Macの場合は「touch」コマンドを使い、Windowsの場合は「type nul >」コマンドを使いました。これは、相対パスでsassフォルダ内に「sample.scss」ファイルを作る指定をしています。

フォルダ作成およびファイル作成がうまくいくと右図のような構成になります 図32。

コマンドで作成しましたが、エディタやFinder、エクスプローラで作成しても構いません。

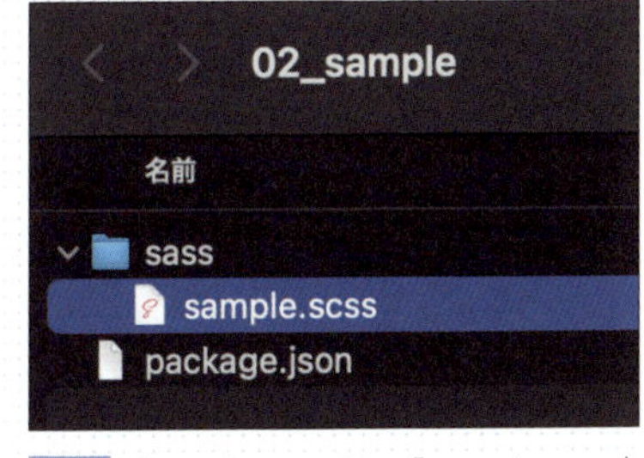

図32 「sass」フォルダ内に「sample.scss」が作成されている

Sassをインストールする

package.jsonや.scssファイルの準備ができたので、続いてSassをインストールします。

次のnpmコマンドを実行しましょう。

```
npm install --save-dev sass
```

これは、「npmでSassを開発環境にインストールしてね」という命令(プロンプト)を出しています。

--save-devオプションは開発用に使うパッケージをローカルにインストールするという意味です。Sassは主にビルドなど、タスク処理で使うパッケージなので開発用になります。

Sassの公式サイト*17には「npm install -g sass」とグローバルでインストールする方法*18で解説していますが、本書はローカルインストールにて解説します。理由としては、プロジェクトごとにバージョンを管理できるためで、そのほうが一般的な開発手法だからです。

ヒント*17
https://sass-lang.com/install/

ヒント*18
グローバルインストールとはマシン本体にインストールする方法です。

--save-devオプションを付けてインストールするとpackage.jsonに「devDependencies」の項目と、パッケージ名とインストール時のバージョンが追記されます。

package.json(一部抜粋)

```
"devDependencies": {
  "sass": "^1.79.3"
}
```

また、プロジェクトフォルダにpackage-lock.jsonファイルとnode_modulesフォルダが作成されます。

Sassの実行に必要なファイルや依存関係情報が格納されています。

package-lock.jsonとnode_modulesフォルダは編集する必要がないため、そのままの状態にしておいてください。

gitを使っている場合は、node_modulesフォルダはバージョン管理しないので、.gitignoreファイルに記述しておきましょう。

インストールを確認する

Sassがインストールされているか確認しましょう。前述した通りローカルインストールされているので、実行するためには、npxコマンドに続けてsassコマンドを使います。

```
npx sass
```

このコマンドを実行すると、sassコマンドのヘルプが表示されます。
表示されれば正常にインストールされています。

Column

npm installコマンドの小ネタ

本章で紹介しているnpmコマンドですが、「install」や「--save-dev」、「--global」などは省略することができます。

- install → i
- --global → -g
- --save-dev → -D

例えば、「npm install --save-dev sass」は次のように書くことができます。

```
npm i -D sass
```

複数のパッケージをスペースで区切り、まとめてインストールすることも可能です。
オプションとパッケージ名は逆に書いても大丈夫です。

```
npm i sass package1 package2 -D
```

Sassをコンパイルしよう

開発環境の準備も整ったので、実際にSassをCSSにコンパイルしてみましょう。

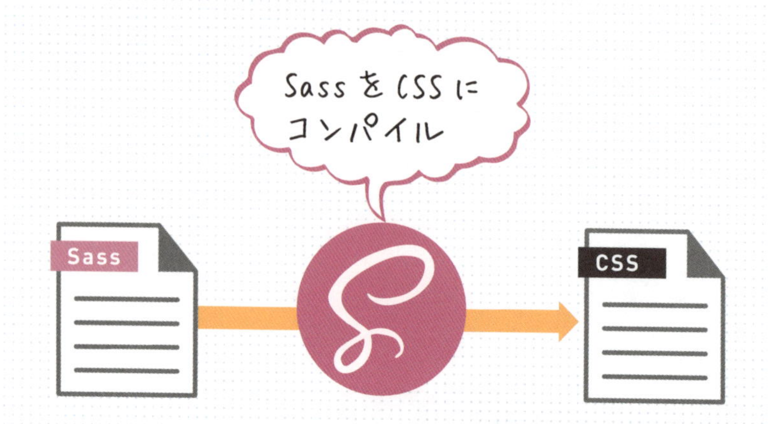

サンプルファイルを開いて、「sass」フォルダ内にある、「sample.scss」ファイルをCSSにコンパイルします。

Sassファイルを用意する

前項で作成した空の.scssファイルにSCSS記法でスタイルを記述します。コンパイルを確認するために次のようなサンプルコード[*19]を使いました。

ヒント*19

サンプルコード
https://book3.scss.jp/code/c2-2/

サンプルコードは何でも構いませんが、ネストされたルールセットがあるとコンパイル結果がわかりやすいです。

Sass (sample.scss)

```
#main {
  width: 600px;
  p {
    margin: 0 0 1em;
    em {
      color: #f00;
    }
  }
  small {
    font-size: small;
  }
}
```

npm-scriptsからSassをコンパイル

package.jsonにコマンドを追加して、Sassをコンパイルしてみましょう。前節で作成したpackage.jsonの6行目にscriptsの項目があります。

package.json（一部抜粋）

```
"scripts": {
  "test": "echo \"Error: no test specified\" && exit 1"
},
```

"test"と書かれている初期値を書き換えてコマンドを追記していきます。次のように書き換えてみましょう。

package.json（一部抜粋）

```
"scripts": {
  "sass": "sass ./sass:./css"
},
```

scriptsの中にオブジェクトを追加し、その中に「sass」というキーとスクリプト（コマンド）を追記しました。

スクリプトの中身はsass ./sass:./cssとなっています。これは「sassコマンドでsassフォルダ内のscssファイルをcssフォルダにコンパイルしてね」という命令（プロンプト）を出しています。

これを実行するには、次のコマンドを入力します。

```
npm run sass
```

実行すると、コンパイルが始まり、次のようなログが表示されます。

```
> 02_sample@1.0.0 sass
> sass ./sass:./css
```

これで、「css」フォルダと「sample.css」ファイルが作成され、正常にコンパイルされています。CSSの内容を確認してみましょう。ネストされていたセレクタは、すべてフラットに書き出されたCSSになっていることがわかります。

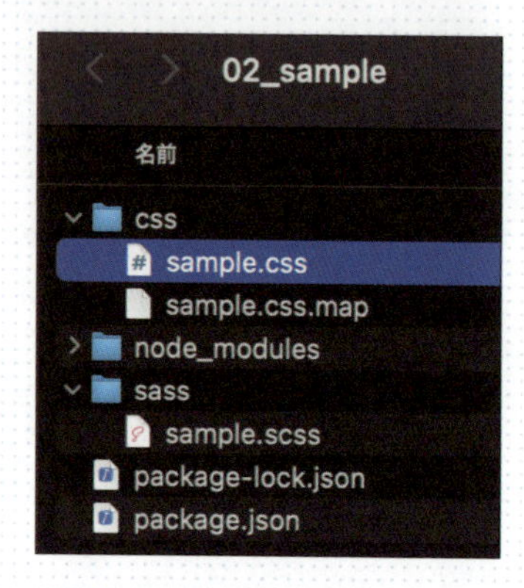

コンパイルされたCSS（sample.css）

```
#main {
  width: 600px;
}
#main p {
  margin: 0 0 1em;
}
#main p em {
  color: #f00;
}
#main small {
  font-size: small;
}

/*# sourceMappingURL=sample.css.map */
```

npm-scripts（npm run）について

npm-scripts（npm run）を使って、package.jsonのscriptsに設定したsassコマンドを実行しました。

npm run コマンド

```
npm run [script]
```

「npm run」+「スクリプト名」でpackage.jsonのscriptsに設定したコマンドを実行します。

ここでは、なぜ直接コマンドを指定せずnpm-scriptsを使うのかを説明します。

- **コマンドの簡潔化**

本書もこの先、もう少し複雑なコマンドを解説しますが、「npm run sass」などで簡単にコマンドを実行できます。

- **再利用性**

package.jsonはプロジェクトで共有するファイルなので、チーム全体でコマンドを共有できます。プロジェクトに関わる全員がどのコマンドを使えばよいのかを明確に理解でき、一貫した動作を保証できます。

- **環境設定**

npm runを使うと、プロジェクト環境下のnode_modulesにインストールされたパッケージが優先して実行されるため、環境変数の設定やパスの解決が自動で行われます。

Column

npm-scriptsの予約語

npm-scriptsには次の予約語が存在します。

- start
- stop
- restart
- test

予約語は「run」を省略して実行できます。例えば、「npm run start」は「npm start」でも実行できます。

ソースマップの出力を設定する

CSSファイルと同時に書き出されている.css.mapファイルはソースマップというファイルです。

ブラウザの開発者ツールでCSSの行数を確認したりデバッグしたりすることも多いと思いますが、ソースマップがあるとコンパイル前のSassファイルでの場所を知ることができます 図33 図34。

```
メディア:all
{} #main p em — sample.scss:5
   color: ■ #f00;
```

図33 Safari Webインスペクタの表示

```
#main p {                     sample.scss:3
  margin:▶ 0 0 1em;
}
```

図34 Chromeデベロッパーツールの表示

ソースマップはデフォルトで出力されますが、不要な場合はsassコマンドに「--no-source-map」オプションを付けることで出力されません。

package.json（一部抜粋）

```
"scripts": {
  "sass": "sass ./sass:./css --no-source-map"
},
```

SassとCSSの入力先:出力先を指定する

「sass」タスクの中で、ソースファイルとなるSassのフォルダと、出力（コンパイル）されるCSSのフォルダを指定しています。

package.json（一部抜粋）

```
"scripts": {
  "sass": "sass ./sass:./css"
},
```

sassコマンドにスペースを付けて<input/>:<output/>の形式でフォルダを指定しています。左側の./sassは入力するフォルダ、つまりSassファイルの場所を指定します。

右側の./cssは出力するフォルダを指定しています。

本書ではフォルダを指定しているので、そのフォルダにあるSassファイルはすべてコンパイルされます。

次のように特定のファイルを指定し、出力するファイル名を指定することも可能です。

package.json（一部抜粋）

```
"scripts": {
  "sass": "sass input.scss:output.css"
},
```

アウトプットスタイルを指定する

コンパイルしたCSSは1ルールセットごとにインデントされていました。

これはデフォルトの「expanded」というアウトプットスタイルになっているからです。

アウトプットスタイルを変更したい場合はsassコマンドに「--style=スタイル名」オプションを付けて指定します。

package.json（一部抜粋）

```
"scripts": {
  "sass": "sass ./sass:./css --style=スタイル名"
},
```

アウトプットスタイルの種類

Dart Sassは次の2つのアウトプットスタイル[*20]を指定できます。

ヒント*20

以前のRuby SassやLibSassは4つのアウトプットスタイルがありましたが、Dart Sassでは2つのスタイルに絞られています。

❶ expanded

デフォルトスタイルです。指定がない場合はこのスタイルになります。

ルールセットとプロパティを1行ずつ改行した可読性が高いスタイルです。

package.json（一部抜粋）

```
"scripts": {
  "sass": "sass ./sass:./css --style=expanded"
},
```

expandedでコンパイルされたCSS (sample.css)

```
#main {
  width: 600px;
}
#main p {
  margin: 0 0 1em;
}
#main p em {
  color: #f00;
}
#main small {
  font-size: small;
}
```

❷ compressed

サイズ軽量化を優先し、インデントや改行をすべて取り除いて圧縮します。通常のCSSコメントも削除されます[*21]。

ヒント*21

compressedスタイルでもコメントを残す方法もあります。

詳しくは → P.86

package.json（一部抜粋）

```
  "scripts": {
    "sass": "sass ./sass:./css --style=compressed"
  },
```

compressedでコンパイルされたCSS (sample.css)

```
#main{width:600px}#main p{margin:0 0 1em}#main p 
em{color:red}#main small{font-size:small} 
/*# sourceMappingURL=sample.css.map */
```

圧縮用のスクリプトを作ろう

compressedスタイルでコードを圧縮し、ソースマップを出力しない納品用のスクリプトを作成しましょう。

package.jsonに「min:sass」というスクリプトを追記します。

package.json（一部抜粋）

```
  "scripts": {
    "sass": "sass ./sass:./css",
    "min:sass": "sass ./sass:./css --style=compressed⏎
--no-source-map"
  },
```

これを実行するには、次のコマンドを入力します。

```
npm run min:sass
```

これで作業用と納品用でコマンドを使い分けることができます。

すでにコンパイルされたソースマップがある場合は削除されないので注意してください。

ファイルの更新を監視する

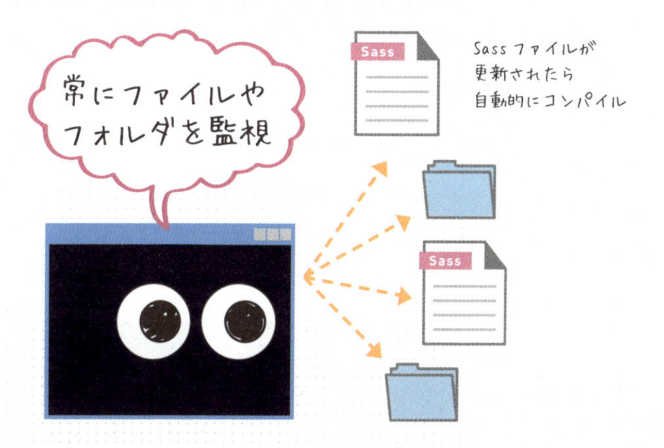

Sassを更新するたびに毎回コマンドを打ってコンパイルするのは、面倒でやっていられません。Watchオプションを使うと、SassファイルをWatch（監視）し、保存するたびに自動でコンパイルしてくれます。作業効率アップに欠かせない機能なので、作業中は常時使用することになるでしょう。

sassコマンドに「--watch」オプションを付けて指定します。

package.json（一部抜粋）

```
"scripts": {
  "sass": "sass ./sass:./css",
  "watch:sass": "sass ./sass:./css --watch"
},
```

次のコマンドを実行してみましょう。監視が始まります。

```
npm run watch:sass
```

常に監視状態となり、ファイルを保存するたびにSassがコンパイルされます 図35。Watchを止めるときはWindows/MacともにCtrl+Cを押すと停止します。

```
[sou@Macintosh 02_sample % npm run watch:sass

> 02_sample@1.0.0 sass:watch
> sass ./sass:./css --watch

Sass is watching for changes. Press Ctrl-C to stop.

[2024-07-06 15:34] Compiled sass/sample.scss to css/sample.css.
[2024-07-06 15:34] Compiled sass/sample.scss to css/sample.css.
[2024-07-06 15:35] Compiled sass/sample.scss to css/sample.css.
```

図35 watch:sass 実行中の画面

ファイルが更新されないときは

Watch中にSassを保存してもコンパイルされないときがあります。そんなときは黒い画面を見てみましょう 図36。エラーになっているかもしれません。

```
Error: expected "}".

12 │       }
   │        ^

  sass/sample.scss 12:6  root stylesheet
[2024-07-06 16:23] Compiled sass/sample.scss to css/sample.css.
```

図36 ターミナルのエラー表示

エラーが表示されている場合は、エラー中もWatchは継続されているので、エラーを解消してから再度保存するとSassがコンパイルされます。

GUIコンパイラで Sassを使ってみよう

本節では、Windows/Mac対応のGUIコンパイラ「Prepros」を使って利用環境を整える方法を説明します。

Sassは、GUIコンパイラを使うことで、簡単にコンパイルすることもできます。

Preprosは日本語には対応していませんが、UIも洗練されており、簡単な英単語さえ理解できれば難しい設定など行わなくとも、マウスを使った直観的な操作ですぐに使い始めることができます。前節で説明したSassのコンパイルや監視を、Preprosを使って行ってみましょう。

インストール

図37 Preprosのアイコン

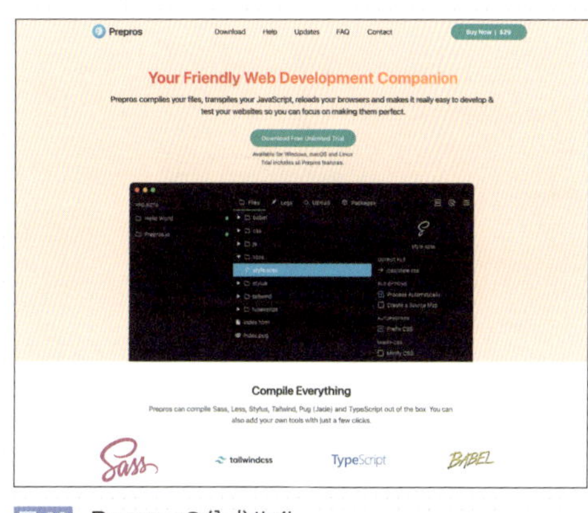

図38 Preprosの公式サイト
https://prepros.io/

Preprosは公式サイトの「Download Free Unlimited Trial」ボタンからダウンロードし、インストールしてください 図37 図38。

有料アプリケーション[*22]ですが、体験版を無期限[*23]で使用することができます。

ヒント*22

$29（ボリュームライセンスあり）。

ヒント*23

体験版は購入を促すダイアログが定期的に表示されます。

プロジェクトの登録

Preprosを起動すると「Drag and drop a folder or browse to add a new project.」とメッセージが表示されています。

「sample.scss」ファイルだけ入った「test_prepros」フォルダをドラッグ＆ドロップしてプロジェクトとして追加してみます 図39 。

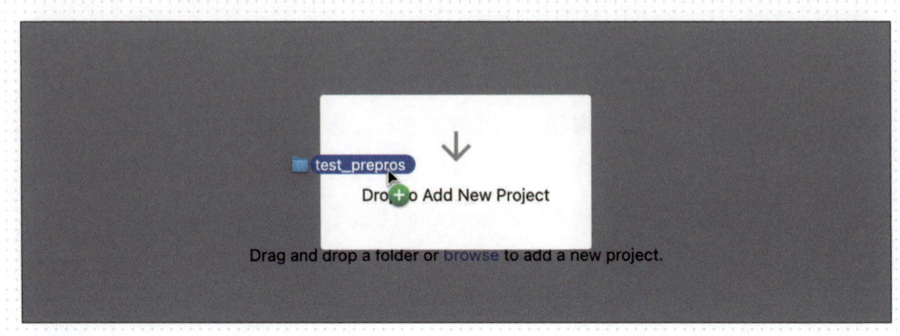

図39 フォルダをドラッグ＆ドロップして追加

Sassファイルの設定

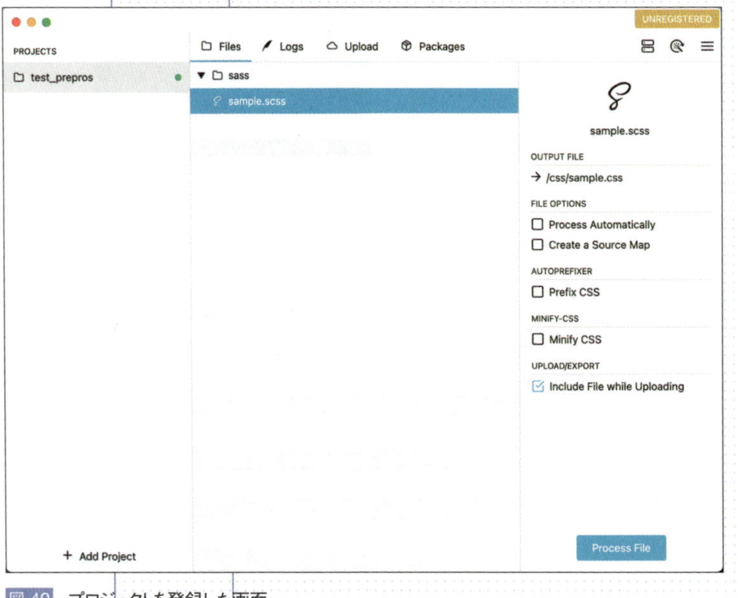

図40 プロジェクトを登録した画面

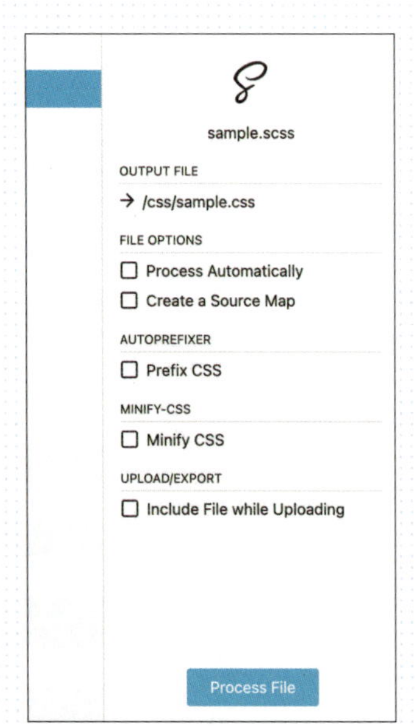

図41 Sassの設定パネル

プロジェクトを設定すると、フォルダ中のコンパイル対象ファイルが表示されます。「sample.scss」を検知し設定パネルが表示されました 図40 図41。

設定項目

設定パネルでは次の設定ができます。

- **OUTPUT FILE** ………… コンパイル先のフォルダを指定します。デフォルトでは「css」フォルダが指定されます。
- **Process Automatically** … ファイルを保存すると自動でコンパイルされます（Watch機能）。
- **Create a Source Map** …. ブラウザでSassファイルの行数を知ることができるソースマップ[*24]を出力します。
- **Prefix CSS** …………… ベンダープレフィックスを自動付与してくれます[*25]。
- **Minify CSS** ………………… CSSを圧縮します。
- **Include File while Uploading** … サーバーの設定をしている場合アップロードされます。

ヒント*24

ソースマップについては下記を参照してください。

詳しくは ➔ P.39

ヒント*25

Autoprefixerについては下記を参照してください。

詳しくは ➔ P.248

コンパイルする

さて、書き出しの設定などが完了したら、さっそくコンパイルしてみましょう。[Process Automatically]にチェックマークを付けていれば、Sassファイルを保存すると自動的にコンパイルされます。右下にある[Process File]ボタンをクリックすると、その都度CSSファイルにコンパイルされます 図42。

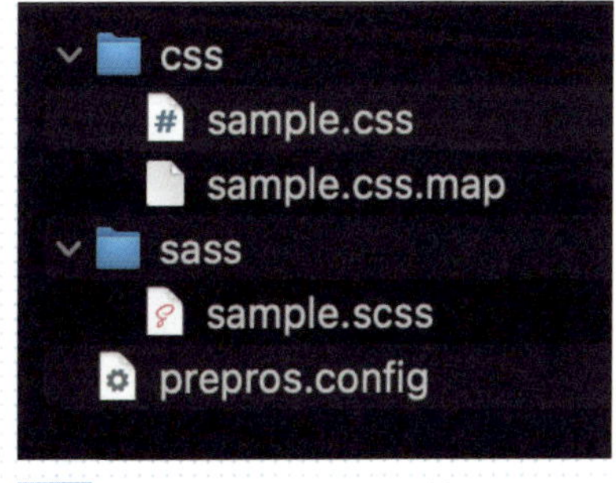

図42 CSSファイルとソースマップ（mapファイル）が出力された

プロジェクトの設定

画面右上にあるハンバーガーメニューの「Project Settings」からプロジェクトの設定画面が現れます。

「CSS Tools」を開くと「Sass」パネルがあり、ファイル設定と同じように「Process Automatically」や「Create a Source Map」など、プロジェクト全体でのSassの設定ができます。

また、デフォルトではDart Sassですが、「Use Node Sass」でNode Sassも選べます。

他にも「Tasks」でコンパイルまでの処理を追加したりできます 図43。

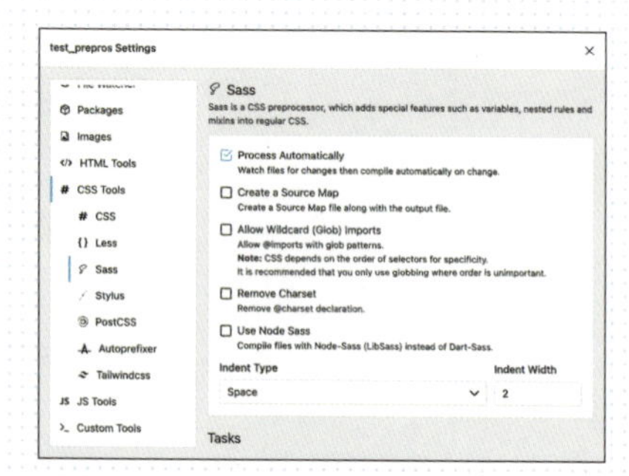

図43 プロジェクトの設定画面

Column

GUIコンパイラのデメリット

PreprosなどGUIコンパイラでのコンパイル作業はとても簡単です。難しそうなコマンドや設定をする必要もないので、導入の際のハードルは大幅に下がるでしょう。
「別に黒い画面なんていらないのでは？」と思った方もいるかもしれません。 実際、GUIコンパイラの機能だけで満足できればそれで問題ありません。
しかし、GUIコンパイラでは使えないオプションもたくさんあります。他にも、黒い画面であればSassがアップデートされれば即座に新しい機能が使えますが、GUIコンパイラではそれ自体のアップデートを待たなければいけません。
また、同じ環境を使いたい場合はGUIコンパイラをインストールしてもらわなければなりません。案件によっては、環境がすでに用意されていて、黒い画面を使わないといけないかもしれません。
そういった場合にも対応できるよう、黒い画面を敬遠せず、どちらも使えるようになっていただければベストです。

第3章

これだけはマスターしたいSassの基本機能

Sassのインストールが完了して環境が整ったところで、第3章ではSassの基本機能に関して説明します。本章を読みながら実際にSassを書いてみることで、より理解が深まってSassの魅力に気付けるでしょう。

3-1 Sassで扱える文字コード ……… 72
3-2 ルールのネスト（Nested Rules） ……… 74
3-3 親セレクタの参照＆（アンパサンド） ……… 80
3-4 プロパティのネスト（Nested Properties） ……… 83
3-5 Sassで使えるコメント ……… 85
3-6 変数（Variables） ……… 87
3-7 演算 ……… 92
3-8 CSSファイルを生成しないパーシャル（Partials） ……… 97
3-9 Sassのインポート（@use、@forward） ……… 98

3-1 Sassで扱える文字コード

UTF-8が主流な現状、そこまで文字コードに関して意識することはありませんが、本節ではSassの文字コードの扱いに関して説明します。

本節のサンプルコード

https://book3.scss.jp/code/c3-1/

扱える文字コード

Dart SassではUTF-8のみをサポートしています。

Sassファイル側で、「@charset "Shift_JIS";」など別の文字コードを指定しても、コンパイル後のCSSでは無視され、UTF-8で出力されます。

そのため、任意の文字コードを指定することはできません。

Sassファイルに@charsetは不要

Sassは、CSSにコンパイルされる際、2バイト文字（全角文字）が含まれていると、自動的に「@charset "UTF-8";」が最初の行に出力される[*1]ようになっています。そのため、Sassファイルに@charsetを書く必要はありません。

Sass

```
body {
  font-family: "游ゴシック体", sans-serif;
}
```

CSS（コンパイル後）

```
@charset "UTF-8";
body {
  font-family: "游ゴシック体", sans-serif;
}
```

なお、Sassファイルに2バイト文字が一切ない場合、@charsetは出力されません。また、BOM[*2]に関しては2バイト文字の有無に関わらずBOMなしになります。

ヒント*1

本書では、紙面の都合などから、本ページ以外は2バイト文字を含むコンパイル結果でも@charsetは省略しています。

ヒント*2

BOMは「Byte Order Mark」の略で、テキストファイルの符号化方式の種類を判別するための数バイトのデータです。

compressedの場合、@charsetは削除される

ヒント*3

アウトプットスタイルに関しては、第2章で説明しています。

詳しくは → P.40

アウトプットスタイル[*3]を、CSSを圧縮する「compressed」にすると、@charsetは削除されてコンパイルされます。しかし、そのままだと文字化けの可能性があるため、BOMありのCSSファイル 図1 が生成されます。BOMによってエンコードを判別させることで対策しています。

CSS（コンパイル後）

```
body{font-family: "游ゴシック体", sans-serif}
```

Watch Sass　行 2、列 1　スペース: 4　UTF-8 with BOM　LF　CSS

図1 BOMありになっている

コンパイル後のCSSからは「@charset "UTF-8";」が削除され、BOMありのファイルになっていることが確認できます。

このようにSassでは文字化け対策されているので、普段文字コードを意識する必要はほとんどありません。

別の文字コードを指定する方法はないの？

前述の通り、SassではUTF-8しかサポートされていません。しかし、サーバーの都合などで特定の文字コードしか使えない場合もあります。

そういった場合、コンパイル後のCSSに対して、文字コードを変換する必要があります。

主な方法としては、手動で文字コードを変換するか、JavaScriptライブラリを使って変換します。変換方法に関して本書では詳しく解説しませんので、必要な方は「文字コード 変換 node」などのキーワードで調べてみてください。

3-2 ルールのネスト(Nested Rules)

本節のサンプルコード
https://book3.scss.jp/code/c3-2/

ネストは、Sassの中でも一番よく使う機能で、スタイルをHTMLの構造に合わせて入れ子で書いていくことができます。慣れてくれば何も考えずに使えるようになるでしょう。

ネストの基本

ネストの記述方法を知る前に、まずは、次のHTMLにスタイルを適用する場合を見てみましょう。

HTML

```html
<main id="main">
  <section>
    <h1>見出し</h1>
    <p>段落</p>
    <p class="notes">注意書き</p>
    <ul>
      <li>リスト</li>
    </ul>
  </section>
  <section>
    <h1>見出し</h1>
    <p>段落</p>
  </section>
</main>
```

CSSでネストを使わない場合は、次のようにそれぞれの要素にスタイルを指定するために、子孫セレクタを使い、HTMLの階層をたどって書いていくことが多いと思います。

CSS

```css
#main section {
  margin-bottom: 50px;
}
#main section h1 {
  font-size: 140%;
}
#main section p, #main section ul {
  margin-bottom: 1.5em;
}
#main section p.notes {
  color: red;
}
```

#main section内の各要素にスタイルを指定するために、毎回同じセレクタをコピー＆ペーストして最後の要素だけ変更しています。CSSに慣れている方なら、当たり前のように手が動くと思いますので、セレクタを親から書くことやコピー＆ペーストが気にならないかもしれません。しかし、次のようにSassのネストを使うと、これらのコピー＆ペーストから解放されて階層構造も把握しやすくなります。

Sass

```scss
#main {
  section {
    margin-bottom: 50px;
    h1 {
      font-size: 140%;
    }
    p, ul {
      margin-bottom: 1.5em;
    }
    p.notes {
      color: red;
    }
  }
}
```

#main sectionを何度も書かなくていいので、スッキリしたことがわかると思います。ネストは、このようにセレクタの後の{ ～ }（波括弧）の中に次のルールセットを書くといった具合に、入れ子にして書いていくことができます。また、インデントすることでHTMLのツリー構造と同じ形式になるので、構造の把握が容易になります。なお、インデントや改行にSass独自のルールはないので、自分が見やすいようにインデントや改行をしても問題ありません。

記述量が減り、メンテナンス性が向上する

先ほどの簡単なコードだけでも、文字数が50文字程度も減っています。大規模サイトになればなるほど効果が大きくなるのはいうまでもありません。

さらに、メンテナンス性においてもこのネストが大いに力を発揮します。例えば先ほどのHTMLの「section」を「article」にする場合、ネストを使っていないと5カ所も変更しなければいけませんが、ネストを使えば1カ所変更するだけでOKです。

Sass

```
#main {
    section {
        margin-bottom: 50px;
        h1 {
            font-size: 140%;
        }
        p, ul {
            margin-bottom: 1.5em;
        }
        p.notes {
            color: red;
        }
    }
}
```

ここをarticleに……

セレクタが変わっても、1カ所変えるだけでOk！

子孫セレクタ以外のセレクタを使うには

先ほどの例では出てきませんでしたが、子孫セレクタ以外のセレクタ（子セレクタや隣接セレクタなど）を使う場合は、次のように指定することができます。

Sass

```
#main {
  section {
    + section {
      margin-top: 50px;
    }
    > h1 {
      font-size: 140%;
    }
  }
}
```

CSS（コンパイル後）

```
#main section + section {
  margin-top: 50px;
}
#main section > h1 {
  font-size: 140%;
}
```

入れ子になっているセレクタの前に＋（プラス）や＞（大なり）などを記述します。また、多少記述量は増えますが、次のように書くこともできます。

Sass
```
#main {
  section + section {
    margin-top: 50px;
  }
  section > h1 {
    font-size: 140%;
  }
}
```

ネストも最初のうちは書きにくいと思いますが、慣れてくれば自然に書けるようになるでしょう。ただし使いすぎると、階層が深くなって可読性が落ちてしまうので、バランスを考えて計画的に使いましょう。

@mediaのネスト

ネストはメディアクエリでも使うことができます。次の例を見てみましょう。

Sass
```
#main {
  float: left;
  width: 640px;
  @media (width < 640px) {
    float: none;
    width: auto;
  }
}
```

CSS（コンパイル後）
```
#main {
  float: left;
  width: 640px;
}
@media (width < 640px) {
  #main {
    float: none;
    width: auto;
  }
}
```

以前までのCSSではネストが使えなかったため、メディアクエリを書く位置が離れてしまって見通しが悪くなり、同じセレクタに指定したスタイルの関係性がつかみにくくなっていました。ネストを使えば#mainに適用したスタイルの後にメディアクエリを使えるので、非常に見通しがよくなります。

ネストされたルールセットの後に宣言を書いた場合の処理について

Sassでは、宣言の後にネストされたルールセットがあり、それに続いて宣言を書いた場合、Dart Sass 1.77.7時点では次のように1つのルールセットにまとめてコンパイルされます。

Sass

```
.example {
  color: red;
  a {
    font-weight: bold;
  }
  font-weight: normal;
}
```

CSS（コンパイル後）

```
.example {
  color: red;
  font-weight: normal;
}
.example a {
  font-weight: bold;
}
```

これは、不必要にルールセットが増えないようにするためです。このコンパイル結果に特に違和感を覚えないかもしれません。

しかし、CSSにもネストが実装された中で、書いた順番通りに適用されるほうが理にかなっているということになりました。それに伴い、今後のSassのアップデートでは次のようにコンパイルされる予定になっています。

CSS（コンパイル後）

```
.example {
  color: red;
}
.example a {
  font-weight: bold;
}
.example {
  font-weight: normal;
}
```

この変更が適用されると、場合によってはスタイルの詳細度が変わってしまい、表示が変わったりスタイルが適用されなかったりなどの問題が生じる可能性があります。そのため、現時点ではネストされたルールセットの後に宣言を書いた場合は、警告が表示されます。

なお、現時点で意図的にネストされたルールセットの後に宣言を書きたい場合、次節で紹介する&(アンパサンド)を使うことで、ルールセットを分けてコンパイルすることが可能です。

Sass

```scss
.example {
  color: red;
  a {
    font-weight: bold;
  }
  & {
    font-weight: normal;
  }
}
```

CSS(コンパイル後)

```css
.example {
  color: red;
}
.example a {
  font-weight: bold;
}
.example {
  font-weight: normal;
}
```

この方法はあくまでも先に使いたい場合の一時的な処置という扱いですので、将来的には&(アンパサンド)は不要になります。

Column

SassはCSSの仕様にも影響を与えた?

CSSにもCSS Nesting Moduleとして、Sassではおなじみのネストが実装されました。
Sassのネストとは一部異なりますが、CSSにネストが実装されたのは、Sassを始めとするCSSプリプロセッサが普及したことで、多くの開発者の間でネストの需要が高まり、CSSにも同様の機能が求められるようになったことがきっかけです。
CSSだけでは足りない機能を補っていたSassなどのCSSプリプロセッサが影響を与えて、CSSの仕様として実装されたのは、それだけCSSプリプロセッサが広く普及し使われていることのなによりの証しではないでしょうか。
ネストはCSSプリプロセッサの強みだった機能の1つなので、少し寂しい気持ちもありますが、こうやってCSSの仕様にも影響を与えたことは非常に喜ばしいことですね。

3-3 親セレクタの参照 &(アンパサンド)

本節のサンプルコード
https://book3.scss.jp/code/c3-3/

本節では、親セレクタの参照ができる &(アンパサンド) に関して説明します。

ネストを使って書いていると、さらに親のセレクタからスタイルを指定するにはどうすればいいかという疑問が生じます。例えば、サイドバーの横幅をトップページだけ広くしたい場合、CSSでは次のように書くことがあります。

CSS
```
#side {
  width: 240px;
}
body.top #side {
  width: 300px;
}
#side ul.bnr {
  margin-bottom: 10px;
}
```

これをSassのネストを使って書く場合、ネストの基本だけで書くとおそらく次のようになるでしょう。

Sass
```
#side {
  width: 240px;
  ul.bnr {
    margin-bottom: 10px;
  }
}
body.top #side {
  width: 300px;
}
```

この書き方でも期待した結果は得られますが、#side内のネストやルールセットが増えれば増えるほど、body.top #sideのスタイルが下に行ってしまい可読性が悪くなってしまいます。そういった場合に使えるのが&(アンパサンド)を使った親セレクタの参照です。

では、実際に&(アンパサンド)を使ったコードを見てみましょう。

Sass

```
#side {
  width: 240px;
  body.top & {
    width: 300px;
  }
  ul.bnr {
    margin-bottom: 10px;
  }
}
```

このようにセレクタの後に「&」を書くことで親セレクタを参照できます。これで、ルールセットが増えても、body.top #sideのスタイルをネストから出して書く必要がなくなるため、可読性が上がります。

また、親セレクタの参照は、擬似クラスやセレクタの前にも書けるので、次のような使い方もできます。

Sass

```
a {
  text-decoration: none;
  &:hover {
    text-decoration: underline;
  }
}

ul.pageNav {
  li {
    margin: 0;
    width: 50%;
    &.prev {
      float: left;
    }
    &.next {
      float: right;
    }
  }
}
```

CSS (コンパイル後)

```
a {
  text-decoration: none;
}
a:hover {
  text-decoration: underline;
}

ul.pageNav li {
  margin: 0;
  width: 50%;
}
ul.pageNav li.prev {
  float: left;
}
ul.pageNav li.next {
  float: right;
}
```

先ほどの応用で、次のように「&」をセレクタ名の前に使うことで、親のセレクタ名とつなげたセレクタを作成することも可能です。

Sass

```
.block {
  width: 500px;
  &__element {
    margin-bottom: 2em;
    &--modifier {
      background-color: #f00;
    }
  }
}
```

CSS（コンパイル後）

```
.block {
  width: 500px;
}
.block__element {
  margin-bottom: 2em;
}
.block__element--modifier {
  background-color: #f00;
}
```

このようにセレクタに対して「&」を使って書いた場合、ネストを利用していますが、コンパイル後のCSSでは.block .block__elementとはなりません。また、ネストが深くなった場合でも、コンパイル後のCSSではすべてフラットに書き出されます。

ネストと同じように階層を深くしたい場合は、次のように「&」を2つ記述することで可能です。

Sass

```
.block {
  width: 500px;
  & &__element {
    margin-bottom: 2em;
    &--modifier {
      background-color: #f00;
    }
  }
}
```

CSS（コンパイル後）

```
.block {
  width: 500px;
}
.block .block__element {
  margin-bottom: 2em;
}
.block .block__element--modifier {
  background-color: #f00;
}
```

セレクタ名の流用を活用することで、クラス名の命名規則でBEMやMindBEMdingなどBEMの設計思想に近いCSS設計を行っている場合、記述量が大幅に削減されるので、とても楽に書くことができます。

この書き方に関しては、第5章の「&（アンパサンド）を活用してBEM的な設計を快適に」（P.191）でも紹介しています。

3-4 プロパティのネスト (Nested Properties)

本節のサンプルコード

https://book3.scss.jp/code/c3-4/

ネストは、ルールセットだけでなく、プロパティでも使うことができます。「プロパティをネストする」と聞いてもわかりにくいと思いますが、ショートハンドで書けるプロパティで使うことができます。

まずは、いつも通りのCSSを見てください。

CSS
```
.sample {
  border-top: 5px solid #ccc;
  border-bottom-width: 3px;
  border-bottom-style: dotted;
  border-bottom-color: black;
}
```

このCSSを、プロパティのネストを使うと次のように書くことができます。

Sass
```
.sample {
  border: {
    top: 5px solid #ccc;
    bottom: {
      width: 3px;
      style: dotted;
      color: black;
    }
  }
}
```

プロパティのネストでは、:(コロン)の後に{(波括弧)を続けて書いていく点に注目してください。例では、borderをネストして、topはショートハンドで書いて、bottomはさらにネストして書いています。説明の都合でこのような書き方にしましたが、効率だけを考えればbottomもtopと同じようにショートハンドを使ったほうがいいでしょう。

また、プロパティのネストは、次のように書くこともできます。

Sass

```
.item {
  margin: 0 {
    left: 10px;
  }
  border: 1px solid #999 {
    bottom: 0;
  }
}
```

CSS（コンパイル後）

```
.item {
  margin: 0;
  margin-left: 10px;
  border: 1px solid #999;
  border-bottom: 0;
}
```

最初の例では、:（コロン）と{（波括弧）の間に値を書いていませんでしたが、このように一度ショートハンドでスタイルを指定してから、プロパティのネストを使って上書きすることができます。おそらく、最初の例よりはこのほうが実際に使用する頻度は高いでしょう。

プロパティのネストに関しては、Sassに慣れていないうちはかなり違和感を覚えますし、可読性もそこまでよくなるわけでもないので、慣れないうちは無理に使わずいつも通り書いたほうがいいでしょう。

Column

-（ハイフン）があるプロパティはすべてネストできる

プロパティのネストは、ショートハンドで書けるプロパティで使えると説明しましたが、実は-（ハイフン）があるプロパティはすべてネストで記述できます。

Sass

```
.sample {
  text: {
    shadow: 1px 1px 0 ⏎
#fff;
    align: right;
  }
  z: {
    index: 5;
  }
}
```

CSS（コンパイル後）

```
.sample {
  text-shadow: 1px 1px ⏎
0 #fff;
  text-align: right;
  z-index: 5;
}
```

text-shadow/text-alignは、記述が簡略化できるので意味があると思えますが、z-index はネストする意味がまったくないのに、問題なくコンパイルできてしまいます。また、仕様に存在していないプロパティでもエラーが出ることはありません。これはおそらく、未知のプロパティに対応するためだと思われますが、プログラム上、単純にプロパティをチェックしていないだけかもしれませんね。

3-5 Sassで使えるコメント

本節では、コメントの使い方と、アウトプットスタイルによるコメントのコンパイル結果などを説明します。

本節のサンプルコード
https://book3.scss.jp/code/c3-5/

1行コメント

Sassでは、JavaScriptなどではおなじみの、//（スラッシュ2つ）による1行コメントを使うことができます。

Sass

```scss
.box {
  //width: 350px;
  display: -webkit-flex; // for webkit
  display: flex;
}
```

CSS（コンパイル後）

```css
.box {
  display: -webkit-flex;
  display: flex;
}
```

1行コメントは、//の後の行がコメントとみなされます。また、Sassで使える1行コメントは、CSSでは使えないので、コンパイル後のCSSでは削除されます。

通常のコメント

CSSでいつも使っている形式のコメントも当然Sassで使うことができます。

次のように、1行コメントのときと同じスタイルを通常のコメントにすると、コンパイル前後のコードは次のようになります。

Sass

```
.box {
/*
  width: 350px;
*/
  display: -webkit-flex; /* for ⏎
webkit */
  display: flex;
}
```

CSS（コンパイル後）

```
.box {
  /*
     width: 350px;
  */
  display: -webkit-flex; /* for ⏎
webkit */
  display: flex;
}
```

ヒント*4

コンパイラやSassのバージョンによってはコメントの出力結果が異なる場合もあります。

1行コメントとは違い、CSSのコメントはコンパイル後も残ります。また、for webkitと書いたコメント部分もSassのコメントと同じ位置に残っています*4。

スタイルが「compressed」だとコメントは残らない

CSSのコメントはコンパイル後も残ると書きましたが、コンパイル時のアウトプットスタイルを圧縮した状態にする「compressed」にしていると、CSSのコメントも削除されてCSSファイルが生成されます。

「compressed」でも残るコメント

アウトプットスタイルを「compressed」にしていても、残したいコメントがある場合は、「/*」の直後に「!」を書きます。

Sass

```
box {
  /*! width: 350px; */
  display: -webkit-flex; /* for webkit */
  display: flex;
}
```

コンパイルされる際に、「/*」直後の「!」もそのまま残ります。

CSS（compressed でコンパイル）

```
.box{/*! width: 350px; */display:-webkit-flex;display:flex}
```

3-6 変数（Variables）

本節では、変数について説明します。Sassの変数は、CSSの変数とは書き方も異なっていますが、機能的にはCSSの変数と似ています。SassとCSSの変数は機能的にバッティングはしないので、それぞれの変数を共存させることも可能です。

本節のサンプルコード

https://book3.scss.jp/code/c3-6/

変数の基本

変数とは、あらかじめ好きな名前（変数名）を決めて値を定義しておくことで、任意の場所で変数名を参照して、値を呼び出すことができる機能です[*5]。

例えば、変数を使わずに同じ赤系の色を別のルールセットでも使う場合、次のように書くと思います。

ヒント*5

どのような名前の変数を使うかを明確に示すことを「変数の宣言（定義）」といいます。この宣言した変数に対して値と関連付けることを「代入」といい、変数に代入した値を利用することを「参照」といいます。

CSS
```css
.notes {
  color: #cf2d3a;
}
.notesBox {
  padding: 20px;
  border: 3px double #cf2d3a;
}
```

このように同じ色を複数の場所で指定することは多いと思いますが、色が覚えにくいと毎回コピーしてくる必要があるので手間がかかります。また、デザインデータ側も同じ色のはずがケアレスミスなどで微妙に色がずれている場合もあるので、似たような違う色が増えてしまう可能性もあります。このような問題も、変数を使えば同じ値を好きな場所で参照することができるため、色を覚えたり色ずれを心配したりせずに済むようになります。

先ほどのCSSをSassの変数を使って書くと次のようになります。

```
Sass
// 赤色の変数を宣言
$red: #cf2d3a;

.notes {
  color: $red;
}
.notesBox {
  padding: 20px;
  border: 3px double $red;
}
```

ヒント*6

別ファイルの場合、そのまま使うとエラーになってしまいます。
詳しくは本章「Sassのインポート(@use、@forward)」の変数やミックスインなどのインポートをご覧ください。

詳しくは → P.99

変数は、$(ダラー)の直後に変数名を指定し、:(コロン)の後に値を指定します。これで、変数が宣言されました。宣言した変数を参照するには、変数と同じように使いたいプロパティの値に「$red」などと記述します。

このように変数はプロパティの値に対して使うのが基本となります。

また、別のSassファイルで宣言した変数でも、@useを使ってインポートしていれば参照することができます[*6]。その際は、必ず変数を宣言したSassファイルが先に読み込まれるようにしましょう。

変数名で使える文字と使えない文字

変数名は英数字の他に、マルチバイト文字も使えます。

なお、_(アンダースコア)および-(ハイフン)で始まる変数は、プライベートメンバー[*7]と呼ばれる、同一ファイル内でのみ使用可能な変数になり、他のファイルからは使用できません。

ヒント*7

詳しくは本章「Sassのインポート(@use、@forward)」のプライベートメンバーをご覧ください。

詳しくは → P.101

- **変数名に使える文字の例**

```
Sass
$width10: 10px;
$w-10: 10px;
$w_10: 10px;
$ｗｉｄｔｈ１０: 10px;
$横幅10px: 10px;
$１０px: 10px;
$___w10___: 10px;
$-_-______----w: 10px;
$--width10: 10px;
```

わりと何でも変数名に使える感じですが、半角数字から始まる名前と、@など使えない記号が混じっている名前はエラーになってしまいます。

ヒント*8

本書執筆時点で使えない変数名のため、バージョンアップで、変数名として使えるようになったり、逆に使えなくなったりする可能性もあります。

● 変数名に使えない文字の例*8

Sass
```
$10width: 10px; // 数字から始まっている
$@width10: 10px;  // @など使えない記号
```

ルールセット内で変数を宣言する

変数は次のようにルールセット内でも使うことができます。

Sass
```
.item {
  $value: 15px;
  margin-left: $value;
  padding: $value;
  p {
    margin-bottom: $value;
  }
}
```

このように、ルールセットの{ ～ }(波括弧)内で変数を宣言して使う場合、ネストされたルールセット(例ではp要素)でも変数を参照できますが、外側からは参照することができません。これは、変数には参照できる範囲(スコープ)が決まっているためです。

変数の参照範囲(スコープ)

変数はコードの先頭から順に処理されていくため、必ず呼び出したいルールセットより前で宣言する必要があります。一度宣言した変数は、変数より後の行であればどこからでも参照することができます。この参照できる範囲を「スコープ」と呼び、スコープを制限したい場合は、先の例のようにルールセット内で変数を宣言すれば、ルールセットの外側からは参照することができなくなります。

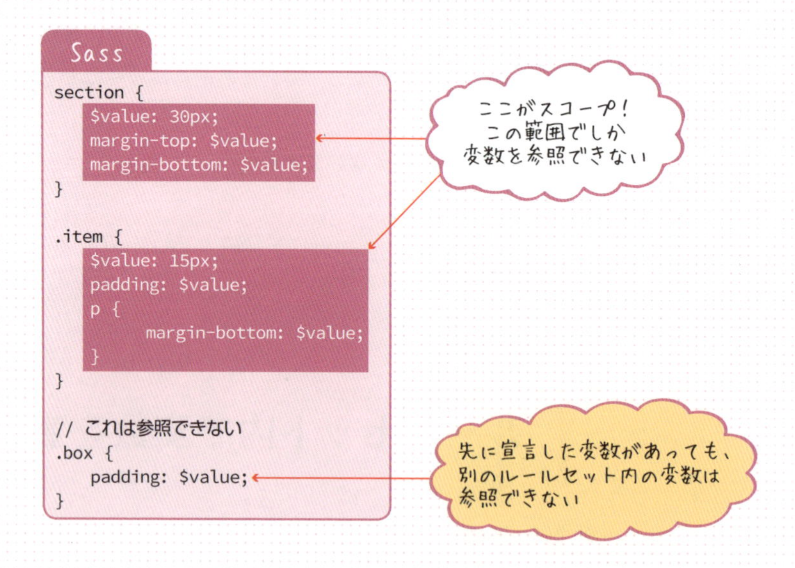

このスコープを活用することで、汎用性のある変数名を使っても、バッティングを回避することが可能です。

Sass

```scss
section {
  $value: 30px;
  margin-top: $value;
  margin-bottom: $value;
}

.item {
  $value: 15px;
  padding: $value;
  p {
    margin-bottom: $value;
  }
}
```

CSS（コンパイル後）

```css
section {
  margin-top: 30px;
  margin-bottom: 30px;
}

.item {
  padding: 15px;
}
.item p {
  margin-bottom: 15px;
}
```

section要素と.itemの宣言ブロック内で同じ変数名（$value）を使っていますが、それぞれ別の値を指定しているので、コンパイル後のCSSでは、スコープによってそれぞれの値が変わっていることがわかります。

変数を参照できる場所

変数は基本的にプロパティの値から参照して使いますが、宣言した変数を値の一部として使ったり他から参照したい場合もあると思います。

例えば、変数を利用してセレクタから参照したり画像のパスを指定したりしたい場合、次のように書くとエラーになってしまいます。

Sass

```
$セレクタ名: '.pickupContentsArea, section.main';
$IMG_PATH: '../img/bg/';

$セレクタ名 {
  background: url($IMG_PATHpickup.png);
}
```

セレクタから参照するとエラーになり、画像のパスを参照する場合も変数とファイル名の区別が付かなくなるので同じくエラーになってしまいます。この場合は、次のようにインターポレーション（補完）を使うことで解決できます。

Sass

```
$セレクタ名: '.pickupContentsArea, section.main';
$IMG_PATH: '../img/bg/';

#{$セレクタ名} {
  background: url(#{$IMG_PATH}pickup.png);
}
```

CSS（コンパイル後）

```
.pickupContentsArea, section.main {
  background: url(../img/bg/pickup.png);
}
```

これで、無事にコンパイルすることができました。

インターポレーションは、参照したい変数名を#{$変数名}のように#{ }で囲って書きます。このインターポレーション（補完）に関しては、今回の使い方以外にも複数の機能を持っているので、第4章の「使いどころに合わせて補完（インターポレーション）してくれる#{}」（P.134）にて詳しく説明します。

3-7 演算

本節のサンプルコード
https://book3.scss.jp/code/c3-7/

Sassには、CSSのcalc()関数と同じような「演算」という機能があります。Sassの場合、割り算以外は関数不要で使えるので簡潔に書くことが可能です。また、コンパイル後のCSSは計算結果後の値になります。

演算の基本

演算は、+(プラス)や-(ハイフン)など、電卓などでおなじみの一般的に広く使われている記号を使うだけで、コンパイル後に計算結果を返してくれます。

まずは簡単な例を見てみましょう。

Sass

```
article {
  width: 560px - 14px;
  padding: 7px;
}
```

CSS(コンパイル後)

```
article {
  width: 546px;
  padding: 7px;
}
```

560px - 14pxが計算されて、コンパイル後のCSSでは、546pxになったのが確認できます。

先ほどの例では引き算でしたが、同じような書き方で他の演算も行えます。

Sass

```
/* 足し算 */
.example01 {
  width: 500px + 8;
}

/* 掛け算 */
.example02 {
  width: 500px * 8;
}

/* 割り算の余り */
.example03 {
  width: 100px % 3;
}
```

CSS（コンパイル後）

```
/* 足し算 */
.example01 {
  width: 508px;
}

/* 掛け算 */
.example02 {
  width: 4000px;
}

/* 割り算の余り */
.example03 {
  width: 1px;
}
```

足し算では「+」を使い、掛け算では「*」、余りには「%」を使います。

最初の例では単位を付けていましたが、元の単位から計算してくれるため省略することが可能です。掛け算に関しては、逆に単位を付けると計算式が成り立たなくなるため不要です。

割り算に関しては基本的にCSSのcalc()関数を使って計算する必要があります。Sassの機能を使う場合、sass:mathモジュールを読み込んでmath.div()関数を使う必要があります。

別々の単位で演算する

単位を省略すると、元の単位に合わせて計算してくれましたが、逆に別々の単位を指定しても、CSSとして出力可能なもの、計算可能なものに関しては演算ができます。

Sass

```
article {
  width: 300px + 5cm;
}
```

CSS（コンパイル後）

```
article {
  width: 488.9763779528px;
}
```

残念ながら、px + em や pt + cm など、単位が別々の場合は計算できません。

変数と演算を同時に利用する

「演算の基本」では単純に値に対して演算を利用しましたが、Sassはそれぞれの機能を併用して使うことが可能なため、変数に対しても演算を利用することができます。実際に演算を使うケースでは、変数とあわせて使うことがほとんどです。

Sass

```
$main_width: 560px;

article {
  width: $main_width - 7 * 2;
  padding: 0 7px;
}
```

CSS（コンパイル後）

```
article {
  width: 546px;
  padding: 0 7px;
}
```

演算は変数同士での計算も可能なので、paddingの値も変数として宣言すれば、次のように書くことも可能です。

Sass

```
$main_width: 560px;

article {
  $padding: 7px;
  width: $main_width - $padding * 2;
  padding: 0 $padding;
}
```

このように書くことで、paddingの値が変わった場合はwidthの値も自動的に変わり、修正の手間を省くことができます。コンパイル結果は先ほどの例と同じです。

各演算子の注意点や条件など

足し算 (+)

単純な数値の計算の他にも、テキストを結合するためにも使うことができます。例えば次のような書き方が可能です。

Sass

```
p::after {
  content: "今日は、" + 寒いです。;
  font-family: sans- + "serif";
}
```

CSS（コンパイル後）

```
p::after {
  content: "今日は、寒いです。";
  font-family: sans-serif;
}
```

こういった使い方はほとんどないかと思いますが、異なる単位を扱ってミックスインなどを作っている場合、変数の値には単位を含めず、+を使って単位を結合するなどの使い方もできます。

引き算 (-)

-5pxなどのマイナス値と区別するために-（ハイフン）の前後に必ず半角スペースを入れる必要があります。足し算や掛け算では、半角スペースがなくてもエラーにはなりませんが、記述を統一したほうがいいので、他も半角スペースを空けるようにするといいでしょう。

掛け算 (*)

掛け算は両方に単位を付けると計算できないので、コンパイルするとエラーになってしまいます。単位が異なると計算できない点は注意が必要です。

Sass

```
.example {
  width: 300 * 5px; // 1500px
  width: 300px * 5; // 1500px
  width: 300 * 5 + px; // 1500px
  width: 300px * 5px; // エラー
}
```

割り算

割り算に関しては、CSSのcalc()関数を使って書くのが基本となりますが、次のようにsass:mathモジュールを読み込んでから、math.div()関数を使うことで可能です。

Sass
```
@use "sass:math";

.example01 {
  $value: 50px;
  width: math.div($value, 2);
}
.example02 {
  width: math.div(50px, 2);
}
.example03 {
  width: 50px - math.div(50, 2);
}
```

割り算は、このようにひと手間生じてしまうのと、/(スラッシュ)ではなく,(カンマ)を使う必要があるので直感的ではありません。

演算は、単純計算の場合なら暗算したほうが早いことも多く、意外と使いどころが少ないのですが、第4章で説明する「制御構文で条件分岐や繰り返し処理を行う」(P.137)などの機能と組み合わせることで、より効果を発揮します。

色の演算(廃止)

Sassの演算機能を使って色を演算することもできましたが、本機能はすでに廃止されています。古いSassで使っていた場合、Sassをアップデートするとエラーになってしまうため、修正が必要です。

もしくは、色の関数を使用しましょう[*9]。

ヒント*9

色の関数については以下を参照してください。

詳しくは → P.151

Sass
```
a {
  color: #000 + #111;
}
```

CSS(コンパイル後)
```
a {
  color: #111111;
}
```

CSSファイルを生成しないパーシャル (Partials)

本節のサンプルコード

https://book3.scss.jp/code/c3-8/

Sassはコンパイル後にファイルを生成させないことも可能です。本節ではその説明をします。

インポートしたSassファイルなど、特定のSassファイルをCSSファイルとして生成したくない場合は、Sassのファイル名の最初に_（アンダースコア）を付けることで、コンパイルしてもCSSファイルが生成されない、パーシャルファイルになります。

この機能のことをパーシャル（Partials）といいます。

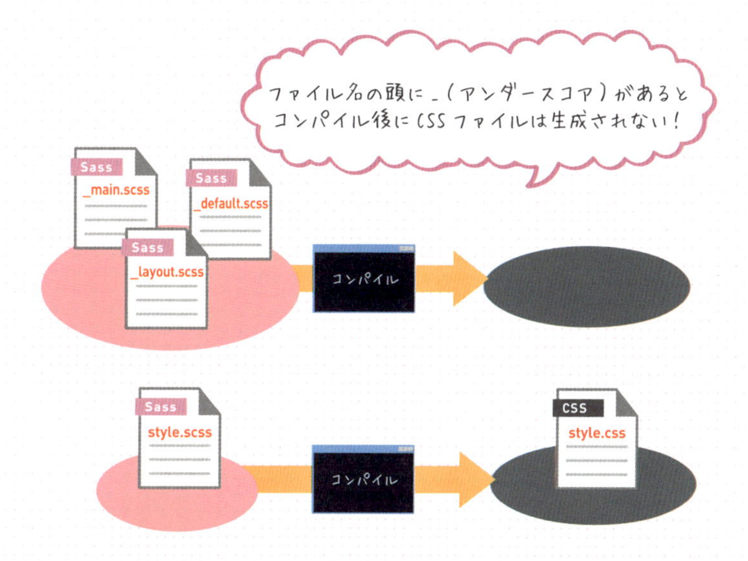

このように、ファイル名に_（アンダースコア）を付けるだけで良いので、手軽にパーシャルファイルが作成できます。

このパーシャルファイルは次節で説明する@useと@forwardを使ってインポートする際に使います。

③-9 Sassのインポート (@use、@forward)

Sassでは CSSで使える@importの他に、Sass独自の@useと@forwardという機能で別ファイルをインポートできます。本節では、この@useと@forwardに関して説明します。

本節のサンプルコード

https://book3.scss.jp/code/c3-9/

@useについて

@useは、他のSassファイルをインポートして、複数のSassファイルを統合します。大きな特徴としては、変数やミックスインなどのメンバー[*10]をカプセル化[*11]し、読み込んだSassファイルのみに適用させる点です。これにより、コードの管理がしやすくなり、他の部分に誤って影響を与えるリスクを減らすことができます。また、@useで読み込んだファイル名は名前空間[*12]になり、その名前空間から各メンバーを参照できます。

ヒント*10

変数やミックスイン、関数のことをまとめてメンバーと呼びます。

ヒント*11

他の部分に影響を与えないように、特定の部分を「箱」の中に閉じ込めることです。

ヒント*12

同じ名前がバッティングしないようにするための「ラベル」のようなものです。これにより、同じ名前の変数や関数を使っても、お互いに干渉しないように整理できます。

@useの記述位置

@useは、ルールセットの前に記述する必要があります。後述する@forwardと併用する場合は@forwardの後に@useを記述します。

@useの基本的な使い方

まずは基本的な使い方を説明します。インポート用のパーシャルファイル「_code.scss」を「style.scss」に読み込んだ場合を見てみましょう。

この際、ファイル名の_（アンダースコア）と拡張子（.scss）は省略可能です。

Sass（_code.scss）

```
code {
  padding: .25em;
  line-height: 0;
}
```

Sass（style.scss）

```
@use "code";
```

「style.scss」にはスタイルを書いておらず、@useでインポートしているだけですが、これをコンパイルすると次のようになります。

CSS（コンパイル後）

```
code {
  padding: .25em;
  line-height: 0;
}
```

「style.scss」にスタイルが書かれている場合は、@useに書かれていたスタイルより後に展開されます。@useはルールセットより先に書く必要がありますので、読み込む順番によるスタイルの上書きには注意しましょう。

変数やミックスインなどのインポート

Sassを扱う際、変数やミックスインなどのメンバーを別のSassファイルで管理していることも多いと思います。その場合、そのまま使おうとするとエラーになってしまいます。

- **エラーになる例**

Sass（_variables.scss）

```
$color-main: blue;
```

Sass（style.scss）

```
@use "variables";

body {
  background: $color-main;
}
```

このように、変数を定義している「_variables.scss」を@useで読み込んで使おうとしても黒い画面に「Error: Undefined variable.（エラー：未定義の変数です）」というエラーが表示されコンパイルされません。これは、メンバーが他に影響を与えないようにカプセル化されているためです。

そういった場合は、ファイル名を名前空間として呼び出す必要があります。

Sass（style.scss）

```
@use "variables";

body {
  background: variables.$color-main;
}
```

「_variables.scss」というファイル名の場合、使いたい変数の前に「variables.」を付けます。この際、_（アンダースコア）は不要です。これで無事にコンパイルされます。

CSS（コンパイル後）

```
body {
  background: blue;
}
```

名前空間の変更（エイリアス）

名前空間はデフォルトではファイル名になりますが、ファイル名が長かったり頻繁に使う場合、短いほうが入力が楽になります。そこで、そういった場合はasの後に名前を付けることで、好きな名前空間に変更が可能です。なお、名前空間を変更するとデフォルトのファイル名の名前空間は使えなくなります。

Sass（style.scss）

```
@use "variables" as v;

body {
  background: v.$color-main;
}
```

名前空間なしで使う

名前空間は次のようにas *と書くことで、名前空間を指定せずに使うことも可能です。

Sass (style.scss)
```
@use "variables" as *;

body {
  background: $color-main;
}
```

以前まで使われていた@importと同じように使えるので使い勝手はいいのですが、これは名前の競合を引き起こす可能性があるため、自身で書いたSassファイルに限って使うことを推奨しています。

プライベートメンバー

変数やミックスインなどのメンバーは、名前を-(ハイフン)または_(アンダースコア)で始めると、プライベートメンバーになります。それらを定義するSassファイル内では普通に使えますが、別ファイルからは参照することができません。

Sass (_variables.scss)
```
$color-main: blue;
$-color-sub: green;
```

Sass (style.scss)
```
@use "variables" as v;

body {
  background: v.$color-main;
  color: v.$-color-sub;
}
```

このように、プライベートメンバーになっている「$-color-sub」を別ファイルから参照すると「Error: Private members can't be accessed from outside their modules.(エラー:プライベートメンバーはモジュール外からアクセスできません)」というエラーが黒い画面に表示され、コンパイルされません。

インデックスファイル

フォルダ内に「_index.scss」というファイルを作成すると、そのフォルダのURLを読み込んだときにインデックスファイルが自動的に読み込まれます。

例えば、次のようなフォルダ構成になっているとします。

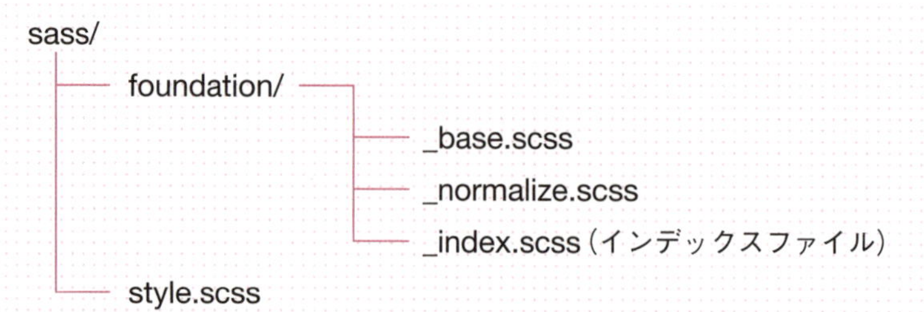

インデックスファイルに該当する「_index.scss」では同じフォルダ内の各ファイルを@useにてインポートします。

Sass（foundation/_index.scss）

```
@use "base";
@use "normalize";
```

そして「style.scss」では、ファイル名ではなくフォルダ名を指定してインポートします。

Sass（style.scss）

```
@use "foundation";
```

これをコンパイルすると、「_base.scss」と「_normalize.scss」に書かれているスタイルが展開されます。

CSSファイルのインポート

@useでは、Sassファイルの他にCSSファイルもインポートすることが可能です。CSSファイルの場合でも拡張子は省略可能です。

CSS (color.css)

```
.red {
  color: red;
}
```

Sass (style.scss)

```
@use "color";
```

インポートされたCSSファイルは、あくまでもCSSファイルのため、Sassの機能は使えません。誤ってCSSにSassを書かないようにするために、Sassの記述があった場合はエラーを発生させるようになっています。

@useの注意点

@useでは@importのときに可能だったインポートファイルの複数指定はできません。1ファイルに対して毎回@useを書く必要があります。url()のような書き方もエラーになります。また、@useを記述する位置もルールセットより先に書く必要があるため、ルールセット内でネストして使うこともできません[*13]。そのため、次のような書き方をするとエラーになってしまいます。これは、後述する@forwardでも同様です。

ヒント*13

ルールセット内でネストして使いたい場合は、第5章で紹介しているmeta.load-css()を使えば可能です。

詳しくは → P.187

- エラーになる例

Sass (style.scss)

```
@use "default", "module", "btn"; // 複数指定はできない
@use url(global); // urlを使った指定もできない

.section {
  @use "style"; // ルールセット内では使えない
}
```

@forwardについて

@forwardは転送に特化したインポート方法です。変数などのメンバーがないスタイルのみのSassファイルであれば、@forwardでも@useと同じコンパイル結果になりますが、@useとはその用途や機能が異なっており、Sassファイルを複数に分割して管理する際は、@forwardの使い方も覚えておく必要があります。

@forwardの主な用途としては、複数段階のインポートを行いたい場合にハブとなるファイルに使います。

@forwardの使い方

Sassファイルを分割していると、複数のファイルを経由してインポートしたいケースがあります。

次の例を見てみましょう。「_list.scss」と「_variables.scss」というメンバーを管理しているファイルがあります。

Sass（_list.scss）

```
@mixin list-reset {
  margin: 0;
  padding: 0;
  list-style: none;
}
```

Sass（_variables.scss）

```
$color-main: blue;
$color-sub: green;
```

このファイルを「_global.scss」にて、@forwardでインポートします。

Sass（_global.scss）

```
@forward "variables";
@forward "list";
```

実際にメンバーを使いたい「style.scss」では、@useを使って「_global.scss」をインポートします。

Sass (style.scss)

```scss
@use "global" as g;

li {
  @include g.list-reset;
  color: g.$color-main;
}
```

このように、中間のファイルを経由してインポートしたい場合に、@forwardを使います。

一見すると@forwardを使っている「_global.scss」は@useでも問題なさそうに見えますが、@useに変更すると黒い画面に「Error: Undefined variable.(エラー：未定義の変数です)」といったエラーが表示されコンパイルされなくなってしまいます。

これをコンパイルすると次のようになります。

CSS (コンパイル後)

```css
li {
  margin: 0;
  padding: 0;
  list-style: none;
  color: blue;
}
```

@forwardの注意点

@forwardの処理としては、あくまでもインポート元のファイルを転送している状態なので、@useのようにメンバーを参照することができません。そのため、次のように書いた場合はエラーになってしまいます。

- **エラーになる例**

Sass (style.scss)

```scss
@forward "global";

li {
  color: global.$color-main;
}
```

変数やミックスインなどのメンバーを使いたい場合、使いたいファイルでは必ず@useでインポートするようにしましょう。

プレフィックス（接頭辞）の追加

@forwardには転送するすべてのメンバーに追加のプレフィックスを付けるオプションがあります。これは、あまりにもシンプルな名前で、何を指しているか不明瞭な場合などにプレフィックスを追加することで役割を明確にできます。

「_list.scss」に書かれている変数やミックスインを見てください。

Sass（_list.scss）

```
$color: pink;

@mixin reset {
  margin: 0;
  padding: 0;
  list-style: none;
}
```

ファイル名から察することは可能ですが、「$color」や「reset」という名前では、何の色なのか、何をリセットしたいのかがわかりません。そこで、プレフィックスを追加して役割を伝えます。@useの名前空間の変更と同じようにasを使って指定します。

Sass（_global.scss）

```
@forward "list" as list-*;
```

これでプレフィックスが追加されたので、実際にメンバーを使いたい「style.scss」では次のように使います。

Sass（style.scss）

```
@use "global" as g;

li {
  @include g.list-reset;
  color: g.$list-color;
}
```

用途がわかりにくかったresetや$colorにlist-というプレフィックスが付いたことで、リストで使うメンバーだったということが伝わりやすくなります。

これをコンパイルすると次のようになります。

CSS（コンパイル後）

```
li {
  margin: 0;
  padding: 0;
  list-style: none;
  color: pink;
}
```

メンバーの公開・非公開の制御

場合によっては、すべてのメンバーを転送したくないケースもあります。そういった場合は、一部のメンバーを非公開、もしくは公開にすることができます。

次のように変数が3つあった場合、通常はすべて使うことが可能です。

Sass（_variables.scss）

```
$color-main: blue;
$color-sub: green;
$color-error: red;
```

例えば、「$color-error」だけ非公開にしたいといった場合は、次のようにhideの後に変数名を書きます。

Sass（_global.scss）

```
@forward "variables" hide $color-error;
```

逆に、一部だけ公開にしたい場合は、次のようにshowを使います。

Sass（_global.scss）

```
@forward "variables" show $color-error;
```

これで、「$color-error」のみ使用可能で「$color-main」と「$color-sub」は使えなくなります。

複数指定したい場合は ,（カンマ）で区切れば可能です。

Sass（_global.scss）
```
@forward "variables" show $color-main, $color-sub;
```

@useと@forwardの使い分け

最初は違いがわかりにくい@useと@forwardですが、次のように使い分けるといいでしょう。

- @use

1段階のインポートや、変数・ミックスインなどのメンバーを呼び出す際に@useを使用する。

- @forward

複数ファイルを経由してインポートしたい場合の中間ファイルにハブとして使う際や、メンバーの公開・非公開を制御したい場合に@forwardを使用する。

Column

Sassの@importは廃止予定

Sassファイルをインポートする際、今までは@importを使ってきましたが、これには多くの問題があり廃止が決まっています。代表的な問題点は次の3点です。

- CSSの@importと同じで紛らわしい
- 無駄な処理が多く、CSSの肥大化やロード速度への影響
- インポートされたミックスインなどの名前が衝突するリスク

こういった問題から、@importは廃止されることになりました。ただあまりにも使用しているユーザーが多いため、廃止の日程を延期していましたが、Dart Sass 3.0.0で廃止予定となり、黒い画面にも非推奨の警告が表示されます。
ユーザーからすると使い勝手がよかっただけに残念ですが、廃止自体は決定しているため、これからSassを使う際は@importは使わないようにしましょう。

第4章 高度な機能を覚えてSassを使いこなそう

ここからはより高度なSassの機能を説明していきます。プログラム的な内容も出てくるので、プログラムになじみのない方には、少し難しく感じる部分もあるかもしれませんが、簡単なところから順番に学んでいけばちゃんと使えるようになります。覚えることも多いですが、Sassの最も魅力的な機能が詰まったところです。得られるメリットも非常に大きいですから、ぜひ習得して使いこなせるようになりましょう。

4-1 スタイルの継承ができるエクステンド（@extend）……110

4-2 柔軟なスタイルの定義が可能なミックスイン（@mixin）……118

4-3 ネストしているセレクタをルートに戻せる @at-root……130

4-4 使いどころに合わせて補完（インターポレーション）してくれる #{}……134

4-5 制御構文で条件分岐や繰り返し処理を行う……137

4-6 関数を使ってさまざまな処理を実行する……145

4-7 自作関数を定義する @function……156

4-8 テストやデバッグで使える @debug、@warn、@error……159

4-9 変数の振る舞いをコントロールする !default と !global……163

4-10 Sass のデータタイプについて……166

スタイルの継承ができるエクステンド（@extend）

本節では、スタイルを継承することができる、エクステンドに関して説明します。

本節のサンプルコード
https://book3.scss.jp/code/c4-1/

エクステンドの基本

エクステンドとは、ひと言で説明すると、指定したセレクタのスタイルを継承することができる機能です。「継承」と聞いても少しわかりにくいと思いますので、まずは次の例を見てみましょう。

Sass

```
.box {
  margin: 0 0 30px;
  padding: 15px;
  border: 1px solid #ccc;
}

// .box で使ったスタイルを継承
.item {
  @extend .box;
}
```

CSS（コンパイル後）

```
.box, .item {
  margin: 0 0 30px;
  padding: 15px;
  border: 1px solid #ccc;
}
```

.boxで使ったスタイルを.itemにも継承するために、「@extend セレクタ;」というルールで記述しています。

コンパイル後のCSSを見ていただくと、2つのセレクタがグループ化されたのが確認できると思います。エクステンドは、このように一度使ったスタイルを継承して使いまわすことができるので、継承する数が増えれば増えるほど記述量を減らすことができ、同じスタイルを何度も書かずに済むようになります。

エクステンドの基本的な使い方はこれだけなので、思ったより簡単に使えることがわかるでしょうか。

同じルールセット内で、複数継承する

先ほどの例では、1つのルールセット内では1つのエクステンドしか使っていませんでしたが、エクステンドは複数指定することもできます。

指定方法はいたってシンプルで、単純にエクステンドを複数回書けば、それぞれのスタイルを継承してくれます。

Sass

```scss
// エクステンド
.notes {
  color: #d92c25;
  font-weight: bold;
  text-align: center;
}
.bd {
  border-top: 1px solid #900;
  border-bottom: 1px solid #900;
}

// 複数継承
.item {
  small {
    display: block;
    padding: 10px;
    @extend .notes;
    @extend .bd;
  }
}
```

CSS（コンパイル後）

```css
.notes, .item small {
  color: #d92c25;
  font-weight: bold;
  text-align: center;
}

.bd, .item small {
  border-top: 1px solid #900;
  border-bottom: 1px solid #900;
}

.item small {
  display: block;
  padding: 10px;
}
```

.notesと.bdのスタイルを継承するため、.item smallに対して、エクステンドを複数指定しています。

CSS（コンパイル後）を見ていただくと、.notesと.bdそれぞれに、.item smallがグループ化され、.item smallに指定したスタイルだけが別で生成されたのが確認できます。

このように複数の継承も問題なく行えますが、継承する数が増えてプロパティがバッティングした場合、CSSの個別性の計算通りに、後から書かれたスタイルが優先されるので注意しましょう。

エクステンドの連鎖

エクステンドは連鎖させることが可能です。連鎖させると聞いてもわかりにくいと思いますので、次の例を見てみましょう。

Sass

```
.att {
  color: red;
  font-weight: normal;
}
.attBox {
  // .att を継承
  @extend .att;
  padding: 15px;
  border: 1px solid red;
}

.notes {
  // .att が継承されている、.attBoxを継承（連鎖）
  @extend .attBox;
}
```

.attに書いたスタイルを.attBoxで一度継承し、.notesにて.attが継承された.attBoxを継承しています。このように一度エクステンドで継承しているセレクタに対してさらに継承するのが連鎖です。

コンパイル後のCSSは次のようになります。

CSS（コンパイル後）

```
.att, .attBox, .notes {
  color: red;
  font-weight: normal;
}

.attBox, .notes {
  padding: 15px;
  border: 1px solid red;
}
```

エクスステンドが使えるセレクタ

今までの例ではクラスセレクタを使ってエクステンドを使っていましたが、クラスセレクタ以外にも次のセレクタを使うことができます。

- タイプセレクタ･･･････div { ... }、p { ... }など
- IDセレクタ ･･････････#main { ... }など
- 属性セレクタ･････････input[type="radio"] { ... }、[class]など
- 連結セレクタ･････････#main.text { ... }、.text.box { ... }など
- 擬似クラス･･･････････:link { ... }、:first-child { ... }など
- 擬似要素･････････････:before { ... }、:after { ... }など

- **エクステンドが使える例**

Sass

```
// クラスセレクタ
.class { ... }

// タイプセレクタ
small { ... }

// IDセレクタ
#selectorID { ... }

// 連結セレクタ
.pd.bd { ... }

// 属性セレクタ
input[type="text"] { ... }

// 擬似クラス
a:hover { ... }

// 擬似要素
p::first-line { ... }
```

- **エクステンドが使えない例**

Sass

```
// 子孫セレクタ
.item p { ... }

// 子セレクタ
#main > article { ... }

// 隣接セレクタ
h2 + h3 { ... }

// 間接セレクタ
h3 ~ h3 { ... }
```

このようにさまざまなセレクタで使うことができるエクステンドですが、子孫セレクタや子セレクタ、隣接セレクタなど、複数のパターンで成り立つセレクタには使うことができない点に注意してください。

エクステンド専用の
プレースホルダーセレクタ

ここまで読んで気付いた方もいると思いますが、エクステンドはセレクタを継承する機能なので、コンパイル後のCSSには必ず継承元のセレクタも生成されていました。しかし、エクステンド専用としてセレクタを書きたい場合など、継承元のセレクタは不要になる場合もあります。

そういった場合にIDセレクタやクラスセレクタの#（シャープ）や.（ドット）の代わりに、%（パーセント）を使うと、セレクタが生成されない、エクステンド専用のプレースホルダーセレクタになります。

Sass

```
// エクステンド専用のプレースホルダーセレクタ
%boxBase {
  padding: 15px;
  border: 1px solid #999;
}

// プレースホルダーセレクタを継承
.item {
  @extend %boxBase;
  margin-bottom: 20px;
}
section {
  @extend %boxBase;
  margin-bottom: 60px;
}
```

CSS（コンパイル後）

```
section, .item {
  padding: 15px;
  border: 1px solid #999;
}

.item {
  margin-bottom: 20px;
}

section {
  margin-bottom: 60px;
}
```

CSS（コンパイル後）を見ていただくと、%boxBaseというセレクタは生成されず、.itemとsectionに%boxBaseのスタイルが適用されたことがわかります。

このように、プレースホルダーセレクタを使うことで、見た目や位置を表すセレクタ名と意味を持つセレクタ名を明確に分離することが可能となり、メンテナンス性とセマンティックなHTMLの両立ができるようになります。

@media内では
エクステンドは使用できない

非常に強力で便利なエクステンドですが、エクステンドは@mediaの外で使われているセレクタを継承することができません。次の例を見てみましょう。

Sass

```
%btnBase {
  display: inline-block;
  padding: 5px 10px;
  background: #eee;
}

@media all and (orientation: landscape) {
  a {
    @extend %btnBase;
  }
}
```

このように書いた場合、コンパイル後に期待される結果は次のようになると思います。

● **期待されるコンパイル結果**

CSS

```
@media all and (orientation: landscape) {
  a {
    display: inline-block;
    padding: 5px 10px;
    background: #eee;
  }
}
```

しかし、実際にはコンパイルされずにエラーが出てしまいます。

これを解決するには、少し不便ですが、@media内に継承したいセレクタを書く必要があります。

Sass

```
@media all and (orientation: landscape) {
  %btnBase {
    display: inline-block;
    padding: 5px 10px;
    background: #eee;
  }
  a {
    @extend %btnBase;
  }
}
```

これで、期待通りのコンパイル結果が得られます。スマートフォン向けのサイトやレスポンシブWebデザインの場合、@mediaルールを多用することになるので覚えておきましょう。

なお、逆に@media内に書いたセレクタは@mediaの外でも使うことができます。

Sass

```
@media all and (orientation: landscape) {
  %btnBase {
    display: inline-block;
    padding: 5px 10px;
    background: #eee;
  }
  a {
    @extend %btnBase;
  }
}

.btn {
  @extend %btnBase;
}
```

この場合エラーは出ませんが、おそらく期待されるコンパイル結果とは異なると思います。実際のコンパイル後を見てみましょう。

CSS（コンパイル後）

```
@media all and (orientation: landscape) {
  .btn, a {
    display: inline-block;
    padding: 5px 10px;
    background: #eee;
  }
}
```

@mediaの外側でエクステンドを使った「.btn」も、@mediaの内側に展開されてしまいます。これらのことからも、@media内のエクステンドと外側のエクステンドは分けるようにしたほうが、意図しないCSSが生成されずに済みます。

警告を抑止する!optionalフラグ

!optionalフラグとは、存在しないセレクタに対してエクステンドを使った場合に出る警告 図1 を出さないようにするための機能です。

セレクタが存在しない場合はコンパイルエラーとなりますが、!optionalフラグがあればエラーにならずその箇所も継承されません。

Sass

```
.btn {
  @extend %btnBase !optional;
}
```

```
sou@Macintosh Desktop % npx sass 4-1.scss
Error: The target selector was not found.
Use "@extend %btnBase !optional" to avoid this error.

2 |   @extend %btnBase;
  |   ^^^^^^^^^^^^^^^^

  4-1.scss 2:3  root stylesheet
sou@Macintosh Desktop %
```

図1 セレクタが存在しない場合、「The target selector was not found. Use "@extend %btnBase !optional" to avoid this error.（ターゲットセレクタが見つかりませんでした。このエラーを回避するには、'@extend %btnBase !optional' を使用してください）」というエラーになる

4-2 柔軟なスタイルの定義が可能なミックスイン(@mixin)

本節のサンプルコード

https://book3.scss.jp/code/c4-2/

本節では、Sassの中でも一番強力な機能として取り上げられることが多いミックスインに関して説明します。

ミックスインの基本

ミックスインの機能を簡単に説明すると、スタイルの集まりを定義しておき、それを他の場所で呼び出して使うことができるというものです。また、引数を指定することで、定義したミックスインの値を一部変更して使うといった、非常に柔軟で強力な処理が可能です。

「ミックスインはエクステンドとの違いがイマイチわからない」という声をよく聞きます。確かに、スタイルを任意の場所で呼び出して使うという点では似ていますが、両者の機能は明確に違います。はじめは違いがわかりにくいかもしれませんが、少しずつ理解していきましょう。

まずは、基本的なミックスインの使い方を見てみましょう。

Sass

```
// ミックスインを定義
@mixin boxSet {
  padding: 15px;
  background: #999;
  color: white;
}
```

ミックスインは、@mixinの後に半角スペースを空けて任意のミックスイン名を定義します。そして、{ ~ }(波括弧)内にスタイルを書いていきます。

エクステンドは、一度使ったスタイルを継承するために使いましたが、ミックスインの場合は、スタイルを定義しているだけなので、呼び出さない限りは何も起こりません。定義したミックスインを呼び出す際は、次のように「@include ミックスイン名;」と書きます。

Sass

```scss
// 定義したミックスインを呼び出し
.relatedArea {
  @include boxSet;
}
```

CSS（コンパイル後）

```css
.relatedArea {
  padding: 15px;
  background: #999;
  color: white;
}
```

ミックスインはこのように「@mixin」と「@include」をセットで使います。

あらかじめ定義したミックスインが.relatedAreaに展開されたことがわかります。しかしこの例を見ただけだと、エクステンドとの違いがわからないと思います。実際にこれをエクステンドで書き直しても同じCSSが生成されます。では、エクステンドとの違いがわかるように定義したミックスインは最初の例と同じとして、ルールセットが1つ増えた場合の例を見てみましょう。

Sass

```scss
// 定義したミックスインを呼び出し
.relatedArea {
  @include boxSet;
}

// 別のルールセットでも呼び出し
.pickupArea {
  @include boxSet;
}
```

CSS（コンパイル後）

```css
.relatedArea {
  padding: 15px;
  background: #999;
  color: white;
}
.pickupArea {
  padding: 15px;
  background: #999;
  color: white;
}
```

エクステンドでは,（カンマ）区切りでグループ化されたのに対して、ミックスインでは、まったく同じスタイルが.relatedAreaと.pickupAreaに展開されました。これで生成されるCSSの違いはわかったかと思います。

しかし、現時点ではエクステンドのほうが合理的なコードになるため、ミックスインのメリットが見えてこないと思います。ですので、次項からは、エクステンドとの明確な違いやメリットを見ていきましょう。

引数を使ったミックスイン

冒頭で軽く触れたように「引数」を使うことで、エクステンドとの違いやミックスインの強力さが見えてきます。引数は、ミックスインで定義した値の一部を変更する機能です。

まずは、引数を使った簡単な例を見てみましょう[*1]。

ヒント*1

例として使用していますが、現在のブラウザにはborder-radiusプロパティにベンダープレフィックスは不要です。

Sass

```
// 引数を使ったミックスインを定義
@mixin kadomaru($value) {
  -moz-border-radius: $value;
  -webkit-border-radius: $value;
  border-radius: $value;
}
```

引数を使う場合、ミックスイン名の直後に( )（丸括弧）を書き、括弧内に引数（変数）を書きます。

Sass

```
.box {
  @include kadomaru(3px);
  background: #eee;
}
.item {
  border: 1px solid #999;
  @include kadomaru(5px 10px);
}
```

CSS（コンパイル後）

```
.box {
  -moz-border-radius: 3px;
  -webkit-border-radius: 3px;
  border-radius: 3px;
  background: #eee;
}
.item {
  border: 1px solid #999;
  -moz-border-radius: 5px 10px;
  -webkit-border-radius: 5px 10px;
  border-radius: 5px 10px;
}
```

どちらも同じミックスインから呼び出していますが、.boxと.itemでそれぞれ値が異なっていることがわかります。エクステンドでは同じスタイルを継承して使いましたが、ミックスインはこのように、値の一部を変えて使いまわすことができます。

```
@mixin kadomaru($value) {
    -moz-border-radius: $value;
    -webkit-border-radius: $value;
    border-radius: $value;
}
.box {
    @include kadomaru(3px);
    background: #eee;
}
.item {
    border: 1px solid #999;
    @include kadomaru(5px 10px);
}
```



```
.box {
    -moz-border-radius: 3px;
    -webkit-border-radius: 3px;
    border-radius: 3px;
    background: #eee;
}
.item {
    border: 1px solid #999;
    -moz-border-radius: 5px 10px;
    -webkit-border-radius: 5px 10px;
    border-radius: 5px 10px;
}
```


引数に初期値を定義する

引数を使う際に、毎回値を定義するのは大変です。そこで、頻繁に使う値を引数の初期値として定義しておくと、初期値を変えたいときだけ値を書けば済むようになります。

引数の初期値を定義するには、第3章「これだけはマスターしたいSassの基本機能」で説明した変数（P.87）と同じ書式で書きます。

Sass

```
@mixin kadomaru($value: 3px) {
  -moz-border-radius: $value;
  -webkit-border-radius: $value;
  border-radius: $value;
}
.boxA {
  @include kadomaru;
  background: #eee;
}
.boxB {
  @include kadomaru();
  background: #f1f1f1;
}
```

CSS（コンパイル後）

```
.boxA {
  -moz-border-radius: 3px;
  -webkit-border-radius: 3px;
  border-radius: 3px;
  background: #eee;
}
.boxB {
  -moz-border-radius: 3px;
  -webkit-border-radius: 3px;
  border-radius: 3px;
  background: #f1f1f1;
}
```

$value: 3pxと引数の初期値を定義したことで、@includeでミックスインを呼び出す際に、その都度値を書かなくともよくなりました。

初期値を定義している場合は、.boxAの@include kadomaru;のように()（丸括弧）を省略して記述することも可能ですし、.boxBのように()（丸括弧）だけを書いても問題ありません。

引数を複数指定する

引数は、,（カンマ）区切りで複数指定することも可能です。

Sass

```
@mixin boxBase($margin: 30px 0, $padding: 10px) {
  margin: $margin;
  padding: $padding;
}

.boxA {
  @include boxBase;
  background: #eee;
}
.boxB {
  @include boxBase(0 0 50px, 20px);
  background: #f1f1f1;
}
```

このように、,（カンマ）区切りで書くことで、第1引数に$margin: 30px 0を指定し、第2引数に$padding: 10pxを指定しました。

この複数指定した引数を、.boxAでは、ミックスインの引数をそのまま使い、.boxBでは、複数の初期値を上書きしています。これをコンパイルすると次のようになります。

CSS（コンパイル後）

```
.boxA {
  margin: 30px 0;
  padding: 10px;
  background: #eee;
}

.boxB {
  margin: 0 0 50px;
  padding: 20px;
  background: #f1f1f1;
}
```

.boxAでは初期値がそのまま適用され、.boxBでは、初期値を上書きしてmarginとpaddingの値が変更されました。しかし、margin(第1引数)かpadding(第2引数)のどちらか一方の値だけ変えたい場合はどうすればいいでしょうか。

• margin(第1引数)の値だけ変える場合

Sass

```
.boxB {
  @include boxBase(0 0 50px);
  background: #f1f1f1;
}
```

第1引数の値だけ変えたい場合は、第2引数を省略して書けば問題ありません。しかし、第2引数のpaddingの値だけを変えたい場合、第1引数を省略して,(カンマ)だけ入れてもエラーになってしまいます。

Sass(エラーになる例)

```
.boxB {
  @include boxBase(,20px);
  background: #f1f1f1;
}
```

このように、第1引数を省略して書くことはできないので、初期値と同じ値を入れるか、次のように対象の引数を指定することで対応できます。

• padding(第2引数)の値だけ変える場合

Sass

```
.boxB {
  @include boxBase($padding: 20px);
  background: #f1f1f1;
}
```

,(カンマ)を使うプロパティには可変長引数を利用する

先ほど引数を複数指定する方法を説明しましたが、CSSのプロパティによっては,(カンマ)を使うものがあります。例えばtext-shadowやbox-shadowが該当しますが、これらを値としてそのまま使うとエラーになってしまいます。次の例を見てみましょう。

Sass（エラーになる例）

```
@mixin shadow($value) {
  text-shadow: $value;
}

h2 {
  @include shadow(8px 8px 0 #999, 15px -10px 0 #eee);
}
```

このように、text-shadowの値を,（カンマ）区切りで複数指定するとエラーになってしまいます。このエラーの原因は、ミックスインには引数1つにつき1つの値しか渡すことができないためで、,（カンマ）区切りを使うと渡した値が複数扱いになってしまうため、エラーになってしまいます。

このエラーを回避するには、次のように文字列やリスト*2として渡す必要があります。

ヒント*2

リスト（配列）は、複数のデータを連続的に並べたデータ形式のことです。

詳しくは → P.167

Sass

```
@use "sass:string";

@mixin shadow($value) {
  text-shadow: $value;
}

h2 {
  @include shadow((8px 8px 0 #999, 15px -10px 0 #eee));
}
h2 {
  @include shadow(string.unquote("8px 8px 0 #999, 15px ⏎
-10px 0 #eee"));
}
```

このようにすることで、エラーは回避できます。

しかし、()（丸括弧）で囲うのも可読性が悪かったり入れ忘れてしまったりする可能性が高く、クォーテーションを使う場合は、そのままだとクォーテーションも残ってコンパイルされてしまうので、string.unquote()関数*3を利用してクォーテーションを削除する必要があります。これでは、煩雑になってしまい使い勝手がよくありません。

ヒント*3

string.unquote()関数は値のクォーテーションを削除して返します。

詳しくは → P.306

そこで、引数の数を固定しないように引数の後に「...」と記述する可変長引数（Variable Arguments）を使います。

Sass

```
@mixin shadow($value...) {
  text-shadow: $value;
}

h2 {
  @include shadow(8px 8px 0 #999, 15px -10px 0 #eee);
}
```

一見エラーになる例との違いに気付きにくいですが、引数名の後に...とドットが3つ並んでいます。このように書くことで可変長引数を使うことができます。これで無事にコンパイルされ、次のようになります。

CSS（コンパイル後）

```
h2 {
  text-shadow: 18px 8px 0 #999, 15px -10px 0 #eee;
}
```

複数の引数があるミックスインを読み込む際に可変長引数を使う

可変長引数は、複数の引数があるミックスインを@includeする際にも使うことができます。

Sass

```
@mixin boxBase($w: 250px, $pd: 15px, $bg_c: #fff, $bd_c:⏎
#ccc) {
  width: $w;
  padding: $pd;
  background-color: $bg_c;
  border: 1px solid $bd_c;
}

$values: 300px, 20px;

.item {
  float: left;
  @include boxBase($values...);
}
```

変数「$values」に値が,(カンマ)区切りで入っている場合に、可変長引数を使うことで、各値を別々の引数に渡すことができます。これをコンパイルすると次のようになります。

CSS(コンパイル後)

```
.item {
  float: left;
  width: 300px;
  padding: 20px;
  background-color: #fff;
  border: 1px solid #ccc;
}
```

ちなみに、可変長引数を使わなかった場合、widthに値が渡されてしまうので、次のようになってしまいます。

CSS(コンパイル後)

```
.item {
  float: left;
  width: 300px, 20px;
  padding: 15px;
  background-color: #fff;
  border: 1px solid #ccc;
}
```

widthプロパティの値が「300px, 20px」という意図しない結果になってしまいました。

このように、CSSではエラーになってしまう場合でも、何のエラーもなくコンパイルされてしまうケースもあります。

エラーが出ないのにCSSが正常に適用されない場合などは、CSSの文法が合っているか、コンパイル後のCSSファイルを確認しましょう。

ミックスインのスコープ(利用できる範囲)を制限する

ミックスインもスコープを持つため、ルールセット内で書くとその中でしか利用できなくなります。次の例を見てください。

Sass

```
.main {
  @mixin margin {
    margin: 50px 0;
  }
  .item {
    @include margin;
  }
}
```

このように.main内で定義したミックスインは、.main内でしか使うことができません。そのため、次のように別のルールセットで呼び出そうとするとエラーになってしまいます。

Sass（エラーになる例）

```
.main {
  @mixin margin {
    margin: 50px 0;
  }
}
.item {
  @include margin;
}
```

ミックスインは、その機能から使いまわすことを前提にすることが多いので、スコープを制限するケースはあまりないと思いますが、一応覚えておいてください。

ミックスインに
コンテントブロックを渡す@content

ここまで説明したミックスインでは、@mixinでミックスインを定義して、定義したミックスインを「@include ミックスイン名;」と書いて呼び出していましたが、@contentはちょっと使い方が違います。

@contentは、ルールセットやスタイルなどのコンテントブロックをミックスインに渡す機能です。渡されたルールセットやスタイルは、@contentが書かれた位置で展開されます。

説明だけだとわかりにくいので例を挙げましょう。スマートフォン対応のために、メディアクエリを使いスタイルを上書きしたり、スマートフォン専用のスタイルを適用させたい場合、ネストを使って書くと次のようになります。

Sass

```
.item {
  .image {
    float: left;
    @media only screen and (max-width: 768px) {
      float: none;
    }
  }
  .text {
    overflow: hidden;
    margin-left: 15px;
    @media only screen and (max-width: 768px) {
      margin-left: 0;
    }
  }
}
```

このように、メディアクエリを何度も書くのは面倒ですし、ブレイクポイント（max-width: 768pxの部分）を変更する際も、すべての箇所を書き換える必要があるため、メンテナンス性もよくありません。こういった場合に@contentを使うと記述量が減り、メンテナンス性も高くなります。

Sass

```
@mixin media($width-media: 768px) {
  @media only screen and (max-width: $width-media) {
    @content;
  }
}

.item {
  .image {
    float: left;
    @include media {
      float: none;
    }
  }
  .text {
    overflow: hidden;
    margin-left: 15px;
    @include media {
      margin-left: 0;
    }
  }
}
```

あらかじめ@mixinでスマートフォン用のメディアクエリを定義しておき、使いたい位置で@includeを使って呼び出し、{ ～ }(波括弧)内にスマートフォン用のスタイルを書いていきます。これをコンパイルすると次のようになります。

CSS(コンパイル後)

```
.item .image {
  float: left;
}
@media only screen and (max-width: 768px) {
  .item .image {
    float: none;
  }
}
.item .text {
  overflow: hidden;
  margin-left: 15px;
}
@media only screen and (max-width: 768px) {
  .item .text {
    margin-left: 0;
  }
}
```

ヒント*4

詳しくは第3章「Sassのインポート(@use、@forward)」のプライベートメンバーをご覧ください。

詳しくは ➔ P.101

ヒント*5

連続した-(ハイフン)に関しては、現状使うことは可能ですが、将来的な互換性のために非推奨となっています。

ミックスイン名で使える文字と使えない文字

英数字の他にマルチバイト文字も使えますが、_(アンダースコア)および-(ハイフン)で始まると、プライベートメンバーとなり他のファイルからは使用できません*4。

● ミックスイン名に使える文字の一例

Sass

```
@mixin shadow1 { ～ }
@mixin shadow-1 { ～ }
@mixin shadow_1 { ～ }
@mixin 影 { ～ }
@mixin ｓｈａｄｏｗ { ～ }
@mixin _shadow { ～ }
@mixin -shadow { ～ }
```

● ミックスイン名に使えない文字の一例

Sass

```
@mixin 01shadow { ～ }
@mixin shadow@2 { ～ }
@mixin --shadow { ～ }
```

-(ハイフン)と_(アンダースコア)以外の記号と半角数字から始まる名前、連続した-(ハイフン)*5から始まっている名前はエラーになってしまいます。

ネストしているセレクタをルートに戻せる@at-root

本節のサンプルコード
https://book3.scss.jp/code/c4-3/

@at-rootは記述した場所より親のセレクタや@mediaなどを除外し、ルートに戻すことができる機能です。

@at-rootの基本的な使い方

@at-rootはルールセットの中で次のように記述して使います。

Sass

```scss
.block {
  .element-A {
    width: 80%;
  }
  @at-root .element-B {
    width: 100%;
  }
}
```

CSS（コンパイル後）

```css
.block .element-A {
  width: 80%;
}

.element-B {
  width: 100%;
}
```

.element-Aは、ネストしているのでコンパイル後のCSSでは、.block .element-Aとなっていますが、@at-rootを使った.element-Bはルートから書き出されているのが確認できます。

複数のルールセットに@at-rootを適用する

@at-rootは複数のルールセットに対しても使うことができます。

Sass

```scss
.block {
  .element-A {
    width: 80%;
  }
  @at-root {
    .element-B {
      width: 100%;
    }
    .element-C {
      width: 50%;
    }
  }
}
```

CSS（コンパイル後）

```css
.block .element-A {
  width: 80%;
}

.element-B {
  width: 100%;
}

.element-C {
  width: 50%;
}
```

.element-Bと.element-Cがルートから書き出されました。

@at-rootをメディアクエリ内で使った場合

@media内で使った場合、該当のルールセットは@mediaの外ではなく中に書き出されます。

Sass

```scss
.block {
  width: 50%;
  @media (max-width: 640px) {
    width: 100%;
    @at-root {
      .item {
        margin-bottom: 30px;
      }
    }
  }
}
```

CSS（コンパイル後）

```css
.block {
  width: 50%;
}
@media (max-width: 640px) {
  .block {
    width: 100%;
  }
  .item {
    margin-bottom: 30px;
  }
}
```

コンパイル後の.itemは、.blockが除外され@media内に書き出されたのが確認できます。

@at-rootのオプション@at-root (without: ...)

@at-rootにはオプションが用意されており、@at-root (without: ...)と指定することで、@mediaや@supportなどCSSの@ルールを除外することができます。

@mediaの外に書き出す場合は次のように「...」の部分を「media」と書きます。

Sass

```scss
.block {
  width: 50%;
  @media (max-width: 640px) {
    width: 100%;
    @at-root (without: media) {
      .item {
        margin-bottom: 30px;
      }
    }
  }
}
```

CSS（コンパイル後）

```css
.block {
  width: 50%;
}
@media (max-width: 640px) {
  .block {
    width: 100%;
  }
}
.block .item {
  margin-bottom: 30px;
}
```

.itemが@mediaの外に書き出されました。しかし、親のセレクタは除外されていないので.block .itemと書き出されます。

この親のセレクタも除外したい場合は、mediaの前か後ろにスペース区切りでruleを追記します。

Sass

```scss
.block {
  width: 50%;
  @media (max-width: 640px) {
    width: 100%;
    @at-root (without: media rule) {
      .item {
        margin-bottom: 30px;
      }
    }
  }
}
```

CSS（コンパイル後）

```css
.block {
  width: 50%;
}
@media (max-width: 640px) {
  .block {
    width: 100%;
  }
}
.item {
  margin-bottom: 30px;
}
```

@mediaとネストの除外を明示的に指定したことで、.itemが@mediaからも.blockのネストからも除外されました。

すべてをルートに書き出す場合

先ほどの例では、「media rule」と書くことで、セレクタをルートに戻し、@media も除外しましたが、@ルールやセレクタのネストをすべて除外して、必ずルートに書き出したい場合は「all」と指定することで可能です。

@at-rootのオプション @at-root (with: ...)

前述した、@at-root (without: ...) は指定したものが除外されましたが、@at-root (with: ...) はその逆で、指定したもの以外が除外されます。

具体的には次のようになります。

Sass

```
.block {
  width: 50%;
  @media (max-width: 640px) {
    width: 100%;
    @at-root (with: media) {
      .item {
        margin-bottom: 30px;
      }
    }
  }
}
```

CSS（コンパイル後）

```
.block {
  width: 50%;
}
@media (max-width: 640px) {
  .block {
    width: 100%;
  }
  .item {
    margin-bottom: 30px;
  }
}
```

@media は除外されず、.block のネストが除外されました。

@at-root は、ここで紹介した内容だけでは実際の使いどころが見えにくい機能の1つだと思いますが、第5章「現場で使える実践Sassテクニック」の「CSSハックをミックスインにして便利に使う」（P.232）で @at-root を使った実践的な例を紹介しています。

4-4 使いどころに合わせて補完（インターポレーション）してくれる #{}

https://book3.scss.jp/code/c4-4/

本節では、第3章「変数（Variables）」の「変数を参照できる場所」（P.91）で説明した、インターポレーション（補完）に関してより詳しく説明します。

インターポレーションとは

通常、変数の値はプロパティの値でしか使えませんが、部分的な値や、変数が参照できない場所でも使うことができるようになる機能です。

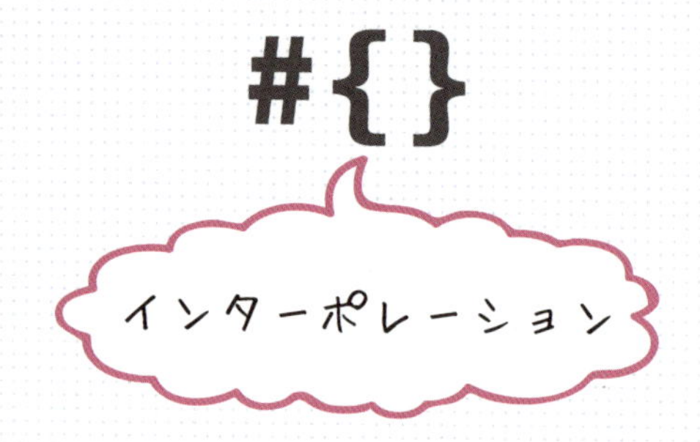

例えば、次のような場合、普通に参照するとエラーになってしまいますが、インターポレーションを使うことで、変数の値をそのまま使うことができます。

Sass

```
$imgPath: '../common/images/';

#main {
  background: url(#{$imgPath}main.png);
}
```

CSS（コンパイル後）

```
#main {
  background: url(../common/images/main.png);
}
```

変数「$imgPath」の値がちゃんとurlに適用されたのが確認できます。

演算しないようにする

ヒント*6

割り算に/（スラッシュ）を使用する書き方は非推奨で、Dart Sass 2.0.0で削除予定となっています。

演算を意図的にさせたくないときに使うこともできます。例えば、font-sizeプロパティで変数を使う場合、次のように書くと普通に演算されてしまいます[*6]。

Sass

```
p.sampleA {
  $font-size: 12px;
  $line-height: 30px;
  font: $font-size/$line-height;
}
```

CSS（コンパイル後）

```
p.sampleA {
  font: 0.4;
}
```

これでは期待した結果と違うため、インターポレーションを使って、変数の値をそのまま適用させることで、意図した通りになります。

Sass

```
p.sampleB {
  $font-size: 12px;
  $line-height: 30px;
  font: #{$font-size}/#{$line-height};
}
```

CSS（コンパイル後）

```
p.sampleB {
  font: 12px/30px;
}
```

演算できない場所で演算する

演算できない場所で演算させる場合にも、インターポレーションを使うことで解決できます。例えば、次節で紹介する制御構文の@forを使って繰り返し処理をしている際に、class名に演算を行いたい場合などに使うことができます。

Sass

```
@for $i from 0 to 2 {
  .mt#{$i * 5} {
    margin-top: 5px * $i;
  }
}
```

CSS（コンパイル後）

```
.mt0 {
  margin-top: 0px;
}
.mt5 {
  margin-top: 5px;
}
```

セレクタ部分が「.mt#{$i * 5}」となっています。本来、セレクタで変数を参照することはできませんが、インターポレーションを使い、その中で演算を行うと、ちゃんと演算してくれます。

プロパティ名で使う

インターポレーションを使えば、プロパティ名にも変数を使うことができます。

Sass

```
$property: margin;

p {
  #{$property}-bottom: 0;
}
```

CSS（コンパイル後）

```
p {
  margin-bottom: 0;
}
```

変数が展開されて、marginになったのが確認できます。

アンクォートもしてくれるインターポレーション

"（ダブルクォーテーション）で囲っている変数の値を参照した場合、"（ダブルクォーテーション）が二重にならないようにアンクォートしてくれます。

Sass

```
$text: "CSS";

.#{$text} a::after {
  content: "#{$text} Tips";
}
```

CSS（コンパイル後）

```
.CSS a::after {
  content: "CSS Tips";
}
```

セレクタとcontentプロパティの値の"（ダブルクォーテーション）がアンクォートされたのが確認できます。

制御構文で条件分岐や繰り返し処理を行う

本節のサンプルコード

https://book3.scss.jp/code/c4-5/

ここからは、Sassをよりプログラムらしく書ける制御構文に関して説明します。制御構文とは、何らかの条件が一致したときだけ結果を振り分けたり、特定の条件に当てはまる間は繰り返し処理したりするなど、通常の処理とは異なる結果を出すための構文です。

@ifを使って条件分岐をする

@if（イフ）は「もし〜ならば〜を実行する」というような「特定の条件」をもとに、その後の処理を行うかどうかを決めるものです。この@ifを使うことで状況に応じてスタイルを使い分けることが可能になります。

また、@else ifや@elseと組み合わせることで条件を増やすこともできます。

@ifの構文は次のようになっています。

@if〜@else

```
@if 条件A {
    ...(スタイルなど)...
}
@else if 条件B {
    ...(スタイルなど)...
}
@else {
    ...(スタイルなど)...
}
```

```
@if 条件A { 条件Aだったらこの処理
    ...(スタイルなど)...
}
@else if 条件B { 条件Bだったらこの処理
    ...(スタイルなど)...
}
@else { それ以外はこの処理
    ...(スタイルなど)...
}
```

@ifで条件分岐

@ifの後に半角スペースを入れ、条件式を書きます。その後、{ 〜 }（波括弧）内に条件に一致した際のスタイルなどを書いていきます。

まずは、最も簡単な例を見てみましょう。あらかじめ汎用的なclass名のスタイルを用意していたとします。しかし、汎用的なclass名はサイトによっては不要というケースもあります。そのような場合、@ifを使うことで簡単に出力を切り分けることができます。

Sass

```
// 汎用的なclassを使うかどうか
$generalStyle: true;

@if $generalStyle {
  .text-accent {
    color: red;
  }
  .text-link {
    color: blue;
  }
}
```

変数「$generalStyle」の値が「true」（真）になっている場合、コンパイルすると汎用的なclass名が付いたスタイルがCSSにも生成されますが、値を「false」（偽）にすれば生成されなくなります。これで、あらかじめ用意した汎用的なSassファイルをサイトの要件に合わせてスタイルの切り分けをすることが可能になります。

次は、@ifと@else ifを組み合わせた場合の例も見てみましょう。いくつかのスタイルを1つのミックスイン内で作っています。

Sass

```
$getStyle: 0;

@mixin style {
  @if $getStyle == 1 {
    margin: 0 0 30px;
    padding: 15px;
    background: #eee;
  }
  @else if $getStyle == 2 {
    margin: 0 10px 15px;
    padding: 20px 15px;
    border: 2px solid #333;
  }
  @else {
    margin: 0 0 10px;
  }
}

.box {
  @include style;
}
```

条件式の「==」は「等しい」という意味の演算子で、変数「$getStyle」の値は「0」になっているのですべての条件にマッチしない(等しくない)ため、最後のスタイルが実行され、コンパイルすると次のようになります。

CSS(コンパイル後)

```
.box {
  margin: 0 0 10px;
}
```

次に、変数の値を「2」にした場合のコンパイル後のCSSを見てみましょう。2つ目のスタイルが出力されています。

CSS(コンパイル後)

```
.box {
  margin: 0 10px 15px;
  padding: 20px 15px;
  border: 2px solid #333;
}
```

このように、先頭の変数に代入する数値を変えただけで、コンパイル後のスタイルを変更することができるようになります。今回の例で使った演算子は「==」でしたが、この他にも条件に使える演算子は次のものがあります。

● **@ifで使える比較演算子**

演算子	説明
A == B	AとBは同じ
A > B	AはBより大きい
A < B	AはBより小さい
A >= B	AはB以上
A <= B	AはB以下
A != B	AとBは等しくない

● **@ifで使える論理演算子**

演算子	説明
and	かつ
or	または
not	否定

論理演算子の「&&」や「||」はSassでは使えませんが、同等の「and」や「or」を使うことで対応できます。

@forで繰り返し処理を行う

@for（フォー）は、繰り返しの命令文の1つで、@forを使うことで指定した開始の数値から終了の数値まで、1つずつ増やしながら繰り返して処理されます。

@forの構文は次の2つがあります。

@for〜through

```
@for $変数名 from 開始の数値 through 終了の数値 {
    ...(スタイルなど)...
}
```

@for〜to

```
@for $変数名 from 開始の数値 to 終了の数値 {
    ...(スタイルなど)...
}
```

throughとtoでは、終了の数値が変わります。throughは指定した数値を含んで繰り返し、toは指定した数値を含まずに繰り返し処理します。

```
@for $value from 1 through 3 {
    .through-sample_#{$value} {
        margin-bottom: 1px * $value;
    }
}
```



```
@for $value from 1 to 3 {
    .to-sample_#{$value} {
        margin-bottom: 1px * $value;
    }
}
```


では、@forの簡単な例を見てみましょう。

Sass

```
@for $value from 1 through 3 {
  .throughSample_#{$value} {
    margin-bottom: 1px * $value;
  }
}

@for $value from 1 to 3 {
  .toSample_#{$value} {
    margin-bottom: 1px * $value;
  }
}
```

CSS（コンパイル後）

```
.throughSample_1 {
  margin-bottom: 1px;
}
.throughSample_2 {
  margin-bottom: 2px;
}
.throughSample_3 {
  margin-bottom: 3px;
}

.toSample_1 {
  margin-bottom: 1px;
}
.toSample_2 {
  margin-bottom: 2px;
}
```

最初の「from 1 through 3」は3回繰り返され、2つ目の「from 1 to 3」は2回繰り返されます。

このような比較的単純な繰り返しをするために使うことができます。先ほどの例では単純に1ずつ増やしていきましたが、演算を組み合わせることもできるので、例えば次のように、10ずつ増える余白調整用のclassを用意するといった使い方もできます。

Sass

```
@for $value from 1 through 2 {
  .mt_#{$value * 10} {
    margin-top: 10px * $value;
  }
  .mb_#{$value * 10} {
    margin-bottom: 10px * $value;
  }
}
```

CSS（コンパイル後）

```
.mt_10 {
  margin-top: 10px;
}
.mb_10 {
  margin-bottom: 10px;
}
.mt_20 {
  margin-top: 20px;
}
.mb_20 {
  margin-bottom: 20px;
}
```

例では2回しか繰り返していませんが、もっと多くしたい場合、単純に「終了の数値」を増やせば一瞬で大量の余白調整用のclassを作ることができます。

@whileでより柔軟な繰り返し処理を行う

@while（ワイル、またはホワイル）は、@forと似たような繰り返し処理を行う命令文の1つで、条件式に当てはまる間、繰り返し処理が行われます。@forと同じことが可能ですが、@forより複雑な繰り返し処理を行うこともできます。

@whileの構文は次のようになっています。

@while

```
@while 繰り返しを継続する条件 {
    ...(スタイルなど)...
    繰り返し方を指定
}
```

まずは、次の例を見てみましょう。

Sass

```
$value: 20;
@while $value > 0 {
  .mt_#{$value} {
    margin-top: $value + px;
  }
  .mb_#{$value} {
    margin-bottom: $value + px;
  }
  $value: $value - 10;
}
```

コンパイル結果は多少違いますが、@forの余白調整用のclassを作るときと同じ結果になります。@forと@whileどちらでも同じことができる場合は、書きやすいほうで書けば特に問題ありません。

```
$value:20;
@while $value > 0 {
    .mt_#{$value} {
        margin-top:$value + px
    }
    .mb_#{$value} {
        margin-bottom:$value + px
    }
    $value:$value - 10;
}
```

次に、少し計算が複雑な繰り返し処理の例を見てみましょう。

Sass

```
$value: 300;
@while $value > 200 {
  .box_#{$value} {
    width: 2px * $value;
  }
  $value: $value - 32;
}
```

CSS（コンパイル後）

```
.box_300 {
  width: 600px;
}
.box_268 {
  width: 536px;
}
.box_236 {
  width: 472px;
}
.box_204 {
  width: 408px;
}
```

@forでは1ずつ増えながら繰り返し処理が行われてきましたが、このように、@whileでは増やし方や減らし方を変えることができます。

@eachでリスト（配列）の要素に対して繰り返し処理を実行する

@each（イーチ）は、リスト[*7]の要素それぞれに対して記述した処理を実行して出力することができます。変数名に指定する部分は、自分の好きなように指定ができ、リストの中の要素それぞれがその変数に定義されます。

@eachの構文は次のようになっています。

ヒント*7

リスト（配列）は、複数のデータを連続的に並べたデータ形式のことです。

詳しくは ➔ P.167

@each

```
@each $変数名 in リスト {
    ...(スタイルなど)...
}
```

リストは、,（カンマ）区切りで文字列を扱うことができます。例えば、CSSシグネチャなどと呼ばれる、body要素にclassを振って各ページのデザインを分けるテクニックを使う場合、CSSでは次のように書くことがあると思います。

CSS

```
.body-top {
  background-image: url(../img/bg_top.png);
}
.body-about {
  background-image: url(../img/bg_about.png);
}
.body-company {
  background-image: url(../img/bg_company.png);
}
.body-contact {
  background-image: url(../img/bg_contact.png);
}
```

このように、一定のルールでセレクタ名や背景画像のパスが変わる場合に、@eachを使うことで、効率的に書くことができます。

Sass

```
$nameList: top, about, company, contact;

@each $name in $nameList {
  .body-#{$name} {
    background-image: url(../img/bg_#{$name}.png);
  }
}
```

これをコンパイルすると、前述のCSSと同じスタイルが生成されます。このように、@eachを使うことで、ページが増えた場合でも、スタイルを簡単に追加することができます。

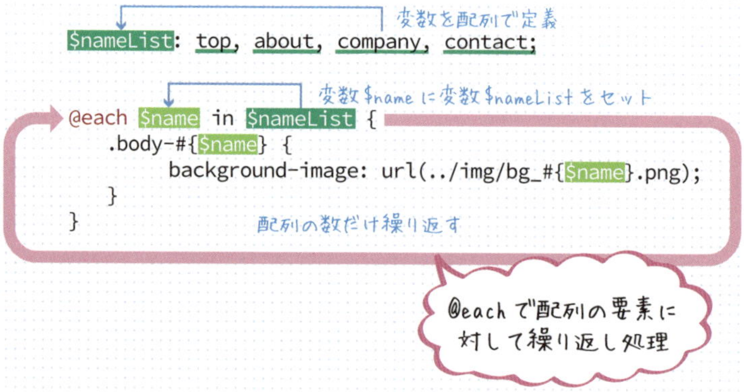

関数を使って
さまざまな処理を実行する

本節のサンプルコード

https://book3.scss.jp/code/c4-6/

本節では、関数の使い方や、かなりの数が用意されている関数から使用頻度の高そうな（使えそうな）関数をピックアップして説明します。

関数とは？

Sassにはあらかじめ用意された「関数」があります。関数とは、引数からデータを受け取って定められた処理を実行してくれる機能のことで、Excelを使ったことがある方なら、なじみがあるのではないでしょうか。例えばExcelの関数には、合計を求める「=SUM(A1:A5)」や、今日の日付を返す「=TODAY()」などがあり、特定のキーワード（関数名）を記述することで、自動的に処理を実行してくれます。Sassの関数もそれと同様です。

エクステンドやミックスインとの大きな違いは「値」を返すということです。主にCSSの値に使います。（一部セレクタなどにも使える関数もあります）

関数の使い方

Dart Sassになってから、一部の関数を除き基本的にモジュールを読み込む必要があります。モジュールシステムを導入することで、関数の名前空間を分離し、スコープを制御しやすくなります。これにより、名前の衝突を回避し、コードの可読性とメンテナンス性を向上させることができます。また、必要なモジュールのみを読み込むことで、パフォーマンスの最適化も可能になります。

現時点（2024年8月）では、まだ多くの関数がモジュールを読み込まずに使えますが、将来的に使えなくなる可能性も高いので、これから関数を使う場合は、必要なモジュールを読み込んでから使うようにしましょう。

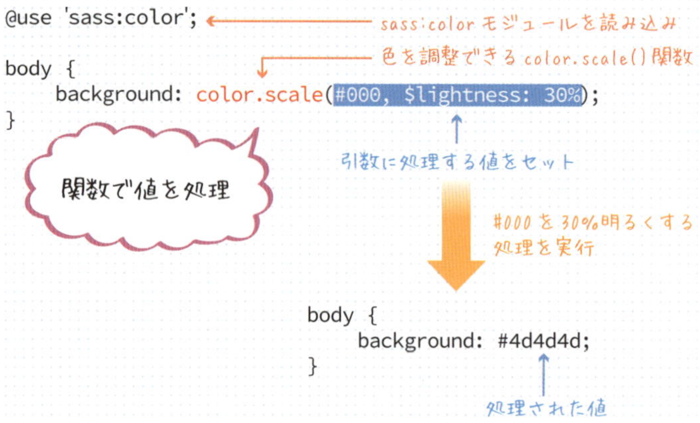

```
@use 'sass:color';

body {
    background: color.scale(#000, $lightness: 30%);
}
```

sass:colorモジュールを読み込み
色を調整できるcolor.scale()関数
引数に処理する値をセット
関数で値を処理
#000を30%明るくする処理を実行

```
body {
    background: #4d4d4d;
}
```

処理された値

具体的な使い方としては、例えば色に関する関数を使いたい場合、次のように書きます。

Sass

```
@use 'sass:color';

.example {
  background: color.scale(#000, $lightness: 30%);
}
```

最初に@useルールを使って、使いたい関数に属するモジュールを読み込みます。そして、実際に関数を使いたいところで、名前空間を指定して使います。この際、@useルールは必ず最初に書く必要があります。

また、名前空間はエイリアスと呼ばれる別名を付けることができるので、次のようにasの後に別名を書くことができます。

Sass

```
@use 'sass:color' as c;

.example {
  background: c.scale(#000, $lightness: 30%);
}
```

これにより、モジュール名が短くなりコードが簡潔になります。

名前空間なしで使いたい場合は、as *と書くことで、名前空間を指定せずに関数を使うことも可能です。

モジュールの種類

現在のSass (Dart Sass 1.79.3) に組み込まれているモジュールは次の7種類があります。

- **sass:math**
  数値を操作する関数が使えるようになります。
  math.ceil()、math.clamp()、math.floor() etc...

- **sass:string**
  文字列を操作する関数が使えるようになります。
  string.to-lower-case()、string.quote()、string.length() etc...

- **sass:color**
  色を操作する関数が使えるようになります。
  color.scale()、color.adjust()、color.channel() etc...

- **sass:list**
  リストを操作する関数が使えるようになります。
  list.append()、list.join()、list.nth() etc...

- **sass:map**
  Map型を操作する関数が使えるようになります。
  map.get()、map.has-key()、map.merge() etc...

- **sass:selector**
  セレクタを操作する関数が使えるようになります。
  selector.append()、selector.extend()、selector.replace() etc...

- **sass:meta**
  Sassのメタプログラミング用の関数が使えるようになります。
  meta.type-of()、meta.get-function()、meta.call() etc...

それぞれのモジュールで使えるすべての関数を知りたい方は第7章「Sass全機能リファレンス」の「Sassの関数一覧」(P.275)をご覧ください。

数値の絶対値を取得するmath.abs()

ヒント*8

絶対値とは、その数が0からどれくらい離れているかを表す値です。マイナス値なら、その正数が絶対値になります。

math.abs()関数は、引数の絶対値[*8]を返します。例えば、ネガティブマージンと同じだけパディングを確保したい場合、次のようなスタイルを書くことがあります。

Sass

```
@use 'sass:math';

$space: -100px;

.itemA {
  margin-top: $space;
  padding-top: math.abs($space);
}
```

CSS（コンパイル後）

```
.itemA {
  margin-top: -100px;
  padding-top: 100px;
}
```

math.abs()関数を使ったことで、$space: -100px;のコンパイル後の値は100pxになりました。このように、マイナス値をプラス値にしたい場合に使えます。なお、正数に使った場合は、そのままの値が返されます。

数値の小数点以下を四捨五入するmath.round()

math.round()関数を使うと、小数点以下の数値を四捨五入することができます。

Sass

```
@use 'sass:math';

$width: 100%;

.boxA {
  width: math.div($width, 6);
}
.boxB {
  width: math.round(math.div($width, 6));
}
```

CSS（コンパイル後）

```
.boxA {
  width: 16.6666666667%;
}
.boxB {
  width: 17%;
}
```

.boxAが普通に計算した場合で、.boxBがmath.round()関数を利用した場合の結果です。

数値の小数点以下を切り上げるmath.ceil()と数値の小数点以下を切り捨てるmath.floor()

先ほどは小数点以下を四捨五入しましたが、小数点以下をすべて切り上げたい場合はmath.ceil()という関数を使います。

Sass

```
@use 'sass:math';

$width: 100%;

.boxA {
  width: math.div($width, 3);
}
.boxB {
  width: math.ceil(math.div($width, 3));
}
```

CSS（コンパイル後）

```
.boxA {
  width: 33.3333333333%;
}
.boxB {
  width: 34%;
}
```

math.round()関数だと33%になりますが、math.ceil()関数を使うことで切り上げになり、34%になります。

切り上げができれば、当然切り捨ても可能です。切り捨てを行うには、math.floor()という関数を使います。

Sass

```
@use 'sass:math';

$width: 100%;

.boxA {
  width: math.div($width, 6);
}
.boxB {
  width: math.floor(math.div($width, 6));
}
```

CSS（コンパイル後）

```
.boxA {
  width: 16.6666666667%;
}
.boxB {
  width: 16%;
}
```

math.round()関数だと17%になりますが、math.floor()関数を使うと切り捨てられるので16%になります。

16進数のRGB値に透明度を指定して、RGBA形式に変換できるrgb()

CSSでは16進数のRGB値に透明度を指定することはできないので、例えば「color: rgb(#6a5468, 0.3);」のように書いた場合、エラーになってスタイルが適用されなくなってしまいます。Sassではこれを自動的に変換してくれるrgb()という関数が定義されています。

このrgb()関数は、グローバル関数のため、モジュールの読み込みは不要です。

Sass

```
.item {
  color: rgb(#6a5468, 0.3);
}
```

CSS（コンパイル後）

```
.item {
  color: rgba(106, 84, 104, 0.3);
}
```

rgb()関数で16進数のRGB値の透明度を変更

また、このrgb()関数ではキーワード（カラーネーム）指定も可能なので、次のように書くこともできます。

Sass

```
.item {
  color: rgb(red, .15);
}
```

CSS（コンパイル後）

```
.item {
  color: rgba(255, 0, 0, 0.15);
}
```

関数名が覚えやすい上に、ちょっとロールオーバーを作りたいときや、透明感のあるデザインを作る場合などに使えるため、標準の関数の中でも特に使いどころが多い関数といえるでしょう。

ここではrgb()関数を使いましたが、全く同じことが可能な、rgba()関数もあります。

明るい色や暗い色などを簡単に作れるcolor.scale()

color.scale()関数を使えば色を明るくすることができます。明るくしたい割合を$lightness:の後に%（パーセント）で指定します。

Sass

```
@use 'sass:color';

body {
  color: color.scale(#000, $lightness: 40%);
}
```

CSS（コンパイル後）

```
body {
  color: #666666;
}
```

黒を40%明るくしてみました。結果は「#666666」のグレーとなります。
反対に暗くしたい場合、暗くしたい割合を-（マイナス）で指定します。

Sass

```
@use 'sass:color';

body {
  color: color.scale(#fff, $lightness: -20%);
}
```

CSS（コンパイル後）

```
body {
  color: #cccccc;

}
```

白を20%暗くした結果、「#cccccc」の淡いグレーになりました。

明るい色を簡単に作成！　　暗い色を簡単に作成！

関数に変数の値を渡すこともできるので、次のように書くこともできます。

Sass

```scss
@use 'sass:color';

$c: #555;

.boxA {
  color: color.scale($c, $lightness: 20%);
}
```

CSS（コンパイル後）

```css
.boxA {
  color: #777777;
}
```

color.scale()は相対指定で色を調整できるので、イメージに近い調整がしやすい関数です。似たような関数で、絶対値で色の調整が可能なcolor.adjust()関数や、直接指定で変更可能なcolor.change()関数もあります。

詳しくは第7章の「Sassの関数一覧」（P.275）をご覧ください。

2つのカラーコードの中間色を作れるcolor.mix()

color.mix()関数を使うことで2つの色の間の色を抽出することができます。2つの混ぜたい色と混ぜる割合（%）を ,（カンマ）区切りで指定します。

Sass

```scss
@use 'sass:color';

body {
  color: color.mix(#000, #fff, 50%);
}
```

CSS（コンパイル後）

```css
body {
  color: rgb(127.5, 127.5, 127.5);
}
```

黒と白のちょうど中間、50%を指定しました。コンパイル後は「rgb(127.5, 127.5, 127.5)」とrgb値になりました。これは、キーワード（カラーネーム）の「gray」と同色です。

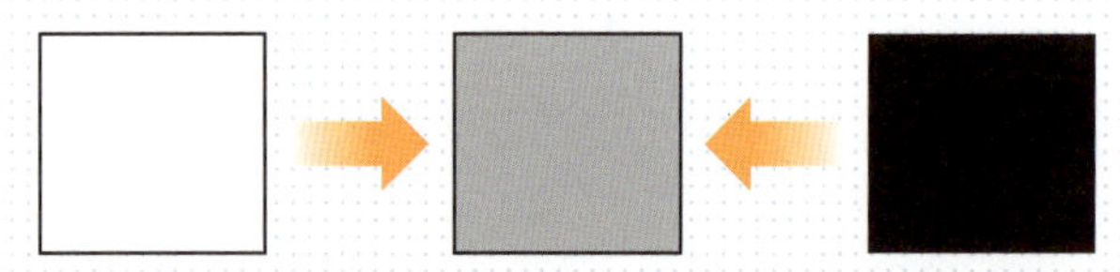

color.mix()関数で中間色のグレーを簡単に作成！

color.mix()関数は透明度も計算できます。

Sass

```
@use 'sass:color';

body {
  color: color.mix(rgba(0, 0, 0,
0.4), #fff, 50%);
}
```

CSS（コンパイル後）

```
body {
  color: rgba(204, 204, 204, 0.7);
}
```

不透明度40%の黒と不透明度100%の白を50%の割合でミックスしました。色と不透明度がミックスされているのがわかります。

では、この数値の増減でどちら寄りの色になるか、試してみましょう。

Sass

```
@use 'sass:color';

$a: #000;
$b: #fff;

.boxA {
  color: color.mix($a, $b, 80%);
}
.boxB {
  color: color.mix($a, $b, 20%);
}
```

CSS（コンパイル後）

```
.boxA {
  color: #333333;
}

.boxB {
  color: #cccccc;
}
```

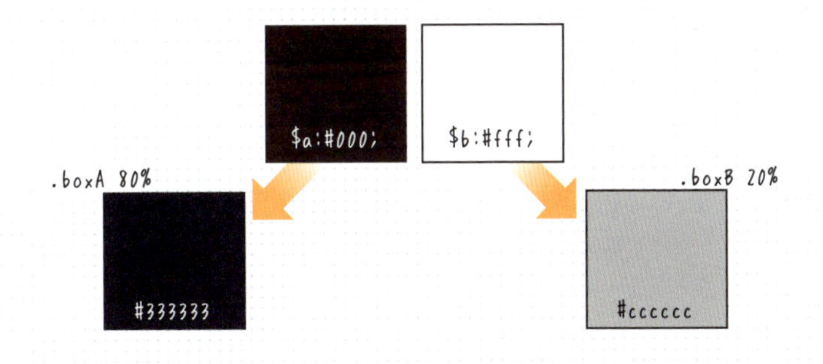

80%を指定した「.boxA」は左の黒（$a）に近い「#333333」、20%を指定した「.boxB」は右の白（$b）に近い「#cccccc」になりました。第3引数（割合）は第1引数（最初に指定した色）の割合ということがわかりました。つまり数字が大きいほど左寄り、数字が少ないほど右寄りの色になると覚えましょう。

リストのN番目の値を取得できるlist.nth()

list.nth()関数を使うことで、指定したリストのN番目の値を取得することができます。マイナスの値で指定すれば、リストの逆から取得も可能です。

Sass

```
@use 'sass:list';

$nameList: top, about, company;
.item {
  background: url(#{list.nth($nameList, 
2)}.png);
}
```

CSS（コンパイル後）

```
.item {
  background: url(about.png);
}
```

list.nth()関数は、単体で使うことはまずありませんが、@forや@eachなどの制御構文とあわせて使います。実際の例は、第5章「現場で使える実践Sassテクニック」の「Map型と@eachを使ってSNSアイコンを管理する」(P.217)や「複数の値を@eachでループし、ページによって背景を変更する」(P.213)などで使っていますので参考にしてください。

指定したキーの値を取得するmap.get()

map.get()関数は、Map型専用の関数で指定したキーの値を取得することができます。

Sass

```
@use 'sass:map';

$colors: (
  instagram: #d1006b,
  facebook: #3b5998,
);

.sns-facebook {
  color: map.get($colors, facebook);
}
```

CSS（コンパイル後）

```
.sns-facebook {
  color: #3b5998;
}
```

指定したキー（facebook）の値（#3b5998）が取得されました。

map.get()関数は、第5章の「メディアクエリ用のミックスインを作成して楽々レスポンシブ対応」（P.226）のサンプル内で実際に使っていますので参考にしてください。

Map型専用の関数は他にもいくつか用意されています。どんな関数があるかざっと見てみましょう。

- **map.merge($map1, $map2)**
  2つのマップを結合して新しい1つのマップにします。

- **map.remove($map, $keys...)**
  指定したキーを削除して、新しいマップを返す関数です。

- **map.keys($map)**
  マップのキーをリスト形式で返す関数です。

- **map.values($map)**
  マップの値をリスト形式で返す関数です。

- **map.has-key($map, $key)**
  キーの有無を調べるための関数です。戻り値はBoolean型のtrueかfalseになります。この関数を使ったサンプルを、第5章の「マップのキーの有無をmap.has-key()で判定してわかりやすいエラー表示にする」（P.228）で紹介しています。

- **meta.keywords($args)**
  可変長引数を渡して、ミックスインまたは関数に渡されたキーワードの引数をマップを生成して返す関数です。

4-7 自作関数を定義する @function

本節のサンプルコード
https://book3.scss.jp/code/c4-7/

本節では、自分で好きなように関数が作れる、@functionに関して説明します。Sassを覚えはじめの段階では、あまり必要性がないと思いますので、ひとまず読み飛ばしていただいても構いません。

@functionとは

Sassの関数は、あらかじめ用意されたもの以外にも、自分で好きな関数を定義することができます。

@function

```
@function 自作関数名($引数) {
    @return 戻り値;
}
```

@functionで関数の宣言をし、引数を設定、@returnに戻り値を書きます。

形式を見るとミックスインと似ていますね。作り方もほとんど一緒です。大きな違いは用途で、ミックスインはルールセットごと使用するのに対し、関数は主に値で使用します。数値の計算や変換などの処理を行いたい場合は@functionで定義しましょう。処理を自分で作成し、効率化できるのもSassの魅力的な特徴の1つです。あったらいいな、と思った処理があるなら、積極的に自作関数を作ってみましょう。

関数名は元からあるネイティブの関数名とバッティングしないように気をつけましょう。オリジナル関数であることを表す接頭辞などを付けることをお勧めします。

ちなみに、meta.function-exists()という関数を使うと、指定した名前の関数があるかどうかをチェックし、真偽値で返してくれますので、バッティングしているかどうかを確認することが可能です。

オリジナル関数の例

サイズを半分にする関数を作ってみましょう。関数名は「halfSize」にします。

Sass
```
@use 'sass:math';
@function halfSize($value) {
  @return math.div($value, 2);
}
```

さっそく作成した関数を実行してみましょう。引数に値を入れます。

Sass
```
.boxA {
  width: halfSize(100px);
}
```

CSS（コンパイル後）
```
.boxA {
  width: 50px;
}
```

コンパイルすると、このように値を半分にしてくれます。

ネイティブ関数と組み合わせる

@functionの中でSassのネイティブ関数を使うこともできます。先ほどのhalfSize()関数では引数に奇数を指定すると、結果に小数点以下の値が含まれてしまうので、ネイティブのmath.round()関数を使用して小数点以下を四捨五入する処理も追加しましょう。

Sass
```
@use 'sass:math';
@function halfSize($value) {
  @return math.round(math.div($value, 2));
}
.boxA {
  width: halfSize(105px);
}
```

CSS（コンパイル後）
```
.boxA {
  width: 53px;
}
```

105÷2の結果の52.5が四捨五入され、53pxとなりました。

値を変数に入れる

変数を値の中で使用することもできます。

Sass

```
@use 'sass:math';
$width: 105px;
@function halfSize() {
  @return math.round(math.div($width, 2));
}
.boxA {
  width: halfSize();
}
```

この書き方だと引数を指定せずに関数を呼び出せます。ミックスインと同様に、関数の中にスコープを限定して変数を宣言することも可能です。 変数を使ったほうが管理がスマートになるでしょう。ただし、引数に数値を設定できないので関数の結果が常に同じになってしまいます。

引数に初期値を設定する

変数を利用して、引数に初期値を設定することもできます。これもミックスインと同様に、初期値を決めつつ、変更したい場合は引数を入力できます。

Sass

```
@use 'sass:math';
$width: 105px;
@function halfSize($value:$width) {
  @return math.round(math.div($value, 2));
}
.boxA {
  width: halfSize();
}
.boxB {
  width: halfSize(200px);
}
```

CSS（コンパイル後）

```
.boxA {
  width: 53px;
}

.boxB {
  width: 100px;
}
```

テストやデバッグで使える@debug、@warn、@error

本節のサンプルコード

https://book3.scss.jp/code/c4-8/

@debug、@warn、@errorディレクティブは、CSSには何も出力せず、黒い画面（コマンドライン）に値やメッセージを出力します。主に、ミックスインや関数でのテストやデバッグで使用します。

@debugで結果を確認する

@debugは出力の値を黒い画面に表示し、処理した値がどうなっているかを確認することができます。次の例を実行してみましょう。

Sass
```
@debug 10em + 12em;
```

コンパイルしたら黒い画面を見てみてください。

```
test.scss:1 Debug: 22em
```

「ファイル名:行数 出力結果」という形式で表示されました。四則演算や関数なども出力できるので、ひとまず出力結果を知りたい場合にも使えます。実際は、ミックスインや関数を作成する際に、変数などの値を格納して表示させることが多いと思います。

関数内で値を表示してみましょう。

Sass

```
$value: 500;
@function debugTest() {
  @debug $value;
  $value: $value - 100;
  $value: $value - 100;
  @debug $value;
  $value: $value - 100;
  $value: $value - 100;
  $value: $value - 100;
  @debug $value;
  @return $value + px;
}

.boxA {
  width: debugTest();
}
```

```
test.scss:3 Debug: 500
test.scss:6 Debug: 300
test.scss:10 Debug: 0
```

debugTest()関数内では$valueの値が100ずつ減っていく処理を書いています。関数内で@debugを挟んだので、$valueの値が黒い画面に表示されます。処理途中で値が変わっていることがわかります。

このように処理途中での値を知ることができるので、その名の通りデバッグに役立ちます。

@warnで警告を表示する

@warn(warning)はエラーが起こったときにメッセージを黒い画面に表示します。@debugとの違いは表示するメッセージを決められる点です。自作関数からエラーメッセージを出力させたい場合などに使います。

先ほど書いたdebugTest()関数は、最後に「$value + px」とpxを足す処理をしているので、変数$valueの値に「1000px」などの単位を付けていると、実行結果は「500pxpx」となってしまいます。

そこで、@warnを使って、変数の値にpxが付いていると警告文が出るようにしてみましょう。

Sass

```
@use 'sass:math';

$value: 1000px;
@function warnTest() {
  @if math.is-unitless($value) {
    $value: $value + px;
  }
  @else {
    @warn "#{$value}は駄目！$valueに単位は入れないで！";
  }
  @return $value;
}
.box {
  width: warnTest();
}
```

ヒント*9

math.is-unitless()関数は指定した数値に単位があるかどうかを返す関数です。

詳しくは → P.294

ネイティブのmath.is-unitless()関数*9で単位のあるなしを判断して条件分岐しています。変数$valueの値に単位があると、@warnが実行されます。

@warnにメッセージを入れる場合は文字列なので、クォーテーションで囲います。さらに、文字列内で変数を参照するために、インターポレーションで変数を囲うことで、値が出力できるようになります。

また、@returnを@ifの中に入れれば警告表示しつつ、コンパイルエラーにすることもできます。

上記の例文は「1000px」と単位があるので、次のようなメッセージが表示され@ifの中の処理は実行されません。

```
Warning: 1000pxは駄目！$valueに単位は入れないで！
```

@warnはより具体的にエラーの場合の対処を伝えることができます。

@errorでエラーを出力し処理を中断する

@errorは@warnと同様にメッセージを表示することができますが、同時にエラーを出力し処理を中断させます。

@warnと同じコードを@errorにしてみましょう。

Sass
```
@use 'sass:math';

$value: 1000px;
@function errorTest() {
  @if math.is-unitless($value) {
    $value: $value + px;
  }
  @else {
    @error "#{$value}は駄目！$valueに単位は入れないで！";
  }
  @return $value;
}
.box {
  width: errorTest();
}
```

@warnと同様に単位があるので、次のメッセージが表示されます。

```
Error: "1000pxは駄目！$valueに単位は入れないで！"
   |
15 |     width: errorTest();
   |            ^^^^^^^^^^^
```

@errorはメッセージを表示し、さらにSassの処理を中断します。

@warnの警告メッセージのみか、@errorの処理の中断か、状況により使い分けましょう。

なお、タスクランナーやGUIコンパイラを使用した場合、@debug、@warn、@errorなどの黒い画面では表示するメッセージや処理がされないこともあるので注意してください。

変数の振る舞いをコントロールする !default と !global

本節のサンプルコード
https://book3.scss.jp/code/c4-9/

本節では、変数の !defaultフラグ、!globalフラグに関して説明します。変数の値の後にフラグを指定することで、変数の振る舞いをコントロールすることができます。

!defaultフラグ

デフォルト値を設定するフラグです。デフォルト値とは、上書きされることを前提にした変数の初期値です。通常は、後に宣言された変数に上書きされますが、このフラグを指定していると、先に宣言されている変数が優先されます。

Sass

```
$width: 320px;
$height: 80px;

.boxA {
  $width: 33.3% !default;
  $height: 50%;
  width: $width; //グローバル$widthを参照
  height: $height; //ローカル$heightを参照
}

.boxB {
  $width: 100vw;
  $height: 50vw !default;
  width: $width; //ローカル$widthを参照
  height: $height; //グローバル$heightを参照
}
```

CSS（コンパイル後）

```
.boxA {
  width: 320px;
  height: 50%;
}

.boxB {
  width: 100vw;
  height: 80px;
}
```

.boxAのローカル変数$widthに!defaultフラグを付けました。デフォルト値がグローバルの$widthに上書きされてwidthが「320px」になっているのがわかります。一方、$heightは!defaultフラグがないのでローカル変数の「50%」になっています。逆に.boxBは$heightに!defaultフラグを付けたのでグローバルの$heightに上書きされて「80px」になっています。

!defaultフラグを付けることで、デフォルト値を持たせ、宣言があれば上書きされ、宣言をしていない場合のエラーも防げるという、再利用できるコンポーネントに最適な設定ができます。

Sassフレームワークなどでも!defaultはよく使われています。

!globalフラグ

ローカル変数をグローバル変数にするフラグです。グローバル変数とはドキュメントルートで宣言した、どこからでも参照できる変数のことです[*10]。

ネスト内からグローバル変数を上書きしたい場合や、ローカル変数をスコープ外から参照したい場合などにこのフラグを使います。

ただし乱用すると、どこで値が上書きされたかわからなくなったり、!globalを!globalで上書きしたり、まるでCSSの!importantのようになってしまいますので、使いどころを考えて適切に使いましょう。

ヒント*10

変数のスコープについては第3章「変数の参照範囲（スコープ）」を参照してください。

詳しくは → P.89

Sass

```
$width: 320px;
$height: 80px;

.boxA {
  $width: 33.3% !global;
  width: $width; //上書きされたグローバル$widthを参照
  height: $height; //グローバル$heightを参照
}

.boxB {
  $width: 100vw;
  $height: 50vw;
  width: $width; //ローカル$widthを参照
  height: $height; //ローカル$heightを参照
}

.boxC {
  width: $width; //上書きされたグローバル$widthを参照
  height: $height; //グローバル$heightを参照
}
```

CSS

```
.boxA {
  width: 33.3%;
  height: 80px;
}

.boxB {
  width: 100vw;
  height: 50vw;
}

.boxC {
  width: 33.3%;
  height: 80px;
}
```

.boxAのローカル変数$widthに!globalフラグを付けました。この時点でグローバルの$widthの値が上書きされました。.boxCのwidthの値は.boxAで上書きされた変数$widthの「33.3%」になっているのがわかります。

!globalフラグは、ネストされた値をスコープ外から参照できるので、ミックスインやエクステンドなどでも便利に使えます。

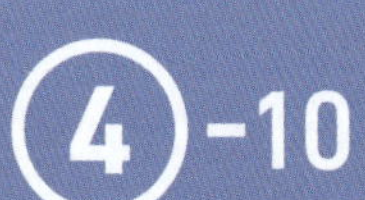

4-10 Sassのデータタイプについて

Sassには値に関してデータの型が定義されており、DataTypes（データタイプやデータ型）と呼ばれます。これはSassに限らず、ほとんどのプログラム言語に存在する概念です。

本節のサンプルコード
https://book3.scss.jp/code/c4-10/

データタイプの種類

Sassには次の8種類のデータタイプがあります。

- Number型（数値）
- Color型（色）
- String型（文字列）
- Boolean型（真偽）
- Null型（空の値）
- List型（配列）
- Map型（連想配列）
- Function型（関数）

Number型（数値）

整数、単位、浮動小数点など、数が値になるものはすべてNumber型に属します。型の中にpxやemなどの単位も含まれます。

Number
```
1.2, 34, 56px, 7em, 8rem, 90%, etc...
```

Color型（色）

キーワード（カラーネーム）、HEX、rgb、hslなどのすべての色の値はColor型に属します。

Color
```
red, blue, #04a3f9, rgba(255, 0, 0, 0.5), hsla(120,
100%, 50%, 0.8) etc...
```

• **String型（文字列）**

数値や色、true、falseなどに該当しない文字はすべてString型に属します。また、"（ダブルクォーテーション）や'（シングルクォーテーション）に囲まれたものもすべてString型として扱います。

String

```
"foo", 'bar', baz, auto, sans-serif etc...
```

• **Boolean型（真偽）**

真（true）と偽（false）の2種類だけがBoolean型の値です。「そうである」「そうでない」という最も単純な型です。

Boolean

```
true, false
```

• **Null型（空の値）**

空の値はNull型となります。Sassは値がNull型の場合、プロパティも書き出さない仕組みになっています[*11]。

ヒント*11

Null型を使った条件分岐については第5章の「nullで簡単に条件分岐をしてレイアウトをする」を参照してください。

詳しくは → P.203

Null

```
null
```

• **List型（配列）**

「□（スペース）」「,（カンマ）」「( )丸括弧」「[ ] 角括弧」で区切ったものをリスト型（配列）として扱います。また、入れ子にすることで多次元配列も作成できます。下の例の4行目は二次元配列です。リストの中で、それぞれ色や文字列などのデータタイプを持ちます。

List

```
1.5em 1em 0 2em
Helvetica, Arial, sans-serif
(foo)(bar)(baz)
(kansai, osaka)
(kanto, tokyo)(chubu, nagoya)
[apple, banana, melon, strawberry]
etc...
```

ヒント*12

最後のカンマはあってもなくても動作します。

ヒント*13

Map型専用の関数に関しては本章の「指定したキーの値を取得するmap.get()」にて紹介しています。

詳しくは → P.154

• **Map型（連想配列）**

Map型は任意の名前と値を複数設定することが可能で、名前をキーにして値を取り出すことができます。定義する場合は全体を()（丸括弧）で囲い、キーと値のペアを,（カンマ）区切りで指定します[*12]。

Map型の中で、それぞれ色や文字列などのデータタイプを持ち、Map型もネストして書くことができます。また、Map型には、専用の関数もあります[*13]。

Map

```
icons:(
    x: #55acee,
    facebook: #3b5998,
    instagram: #3f729b
);
```

• **Function型**

meta.get-function()関数に関数名を渡すとFunction型として返されます。

Function型とは第1級関数のことで、Sassでより高度なプログラミングを可能とします。

ヒント*14

myFunctionは@functionで定義した自作関数です。

詳しくは → P.156

Function

```
get-function("rgb")
get-function("myFunction")*14
```

データタイプを判別する

meta.type-of()関数でデータタイプを取得することができます。

Sass

```
@use 'sass:meta';

.DataTypes {
  property: meta.type-of(10px);
}
```

meta.type-of()関数の引数の中に判別したい値を入れます。わかりやすさを優先し、「property」という存在しないプロパティを使っています。

CSS（コンパイル後）

```
.DataTypes {
  property: number;
}
```

「10px」はNumber型と判別されました。
続いて、その他のデータタイプもまとめて判別してみましょう。

Sass

```
@use 'sass:meta';

.DataTypes {
  /* Number型 */
  property: meta.type-of(10%);

  /* Color型 */
  property: meta.type-of(red);

  /* String型 */
  property: meta.type-of(sans-serif);

  /* Boolean型 */
  property: meta.type-of(true);

  /* Null型 */
  property: meta.type-of(null);

  /* List型 */
  property: meta.type-of(1.5em 1em 0 2em);

  /* Map型 */
  $map:(key1: value1, key2: value2);
  property: meta.type-of($map);

  /* Function型 */
  property: meta.type-of(get-function("lighten"));
}
```

↓

CSS（コンパイル後）

```
.DataTypes {
  /* Number型 */
  property: number;
  /* Color型 */
  property: color;
  /* String型 */
  property: string;
  /* Boolean型 */
  property: bool;
  /* Null型 */
  property: null;
  /* List型 */
  property: list;
  /* Map型 */
  property: map;
  /* Function型 */
  property: function;
}
```

これらのデータタイプはあまり意識しなくてもSassを使うことはできるので、どうしても覚えなければいけないというわけではありません。ただし、比較演算子などで使うことが多いので、理解しておけばミックスインや関数を作る際に役立ちます。

例えば、次のように関数の中で@ifで使えば、指定したデータタイプ以外は実行しないという処理が作れます。

Sass

```
@use 'sass:meta';

@function example($value) {
  @if meta.type-of($value) == number {
    // 処理
  }
}
```

この例はデータタイプがNumber型のときだけ処理を実行します。

第5章

現場で使える実践Sassテクニック

第5章は、実際の現場で活用できそうなSassテクニックをアレコレ詰め込みました。比較的簡単なテクニックからミックスインを使った便利なテクニック、AIを活用したテクニックやPostCSSといった現在のフロントエンド開発において必要と思われる情報なども紹介しています。実際にSassを使う上でのヒントになる情報がいっぱい詰まった章です。

5-1 管理 / 運用・設計で使えるテクニック …… 172
5-2 レイアウト・パーツで使えるテクニック …… 202
5-3 スマホ・マルチデバイス、ブラウザ対応で使えるテクニック …… 224
5-4 AIを活用したSassテクニック …… 233
5-5 PostCSSでSassをさらに便利にする …… 243

5-1 管理／運用・設計で使えるテクニック

サイト全体に関わる設計や、新規で作成する際に便利な方法、運用フェーズに入った際に使えるテクニックを紹介します。

本節のサンプルコード
https://book3.scss.jp/code/c5-1/

ネストが深すぎると生じる問題を把握して、バランスを見ながら利用する

Sassの最も基本的な機能であるネスト。このネストは非常に便利で、使用頻度も高い機能ですが、それゆえに気付いたらネストだらけになっていて、インデントの数がすごいことになってしまう場合があります。

次の例を見てみましょう。

Sass
```
#wrap {
  #wrapInner {
    #page {
      #contents {
        #contentsInner {
          #main {
            section {
              margin-bottom: 50px;
              .item {
                .image {
                  float: left;
                }
              .text {
                overflow: hidden;
                p {
                  margin: 0 0 1em;
                }
              }
                ...(略)...
}
```

これはちょっと極端な例ですが、このようにネストが深すぎると色々な弊害が出てきます。

ネストが深すぎて可読性が落ちてしまう

ネストのおかげで可読性はよくなっているのですが、インデントの数が多くなってしまうと逆に可読性が落ちてしまいます。また、先ほどの例は短いコードなのでまだいいのですが、ルールセットの終わり（}）がかなり下に行ってしまうと、どこと対応しているのかわからなくなってしまいます。例のような極端なネストはないとしても、Sassを覚えはじめのときなどは、気付いたらネストが深くなっているケースが意外と多いので注意しましょう。

セレクタが長くなってしまうことの弊害

ネストを使うとセレクタを親から書かなくていいのですが、その反面CSSにコンパイルした際にどのくらい長くなっているかがわかりにくくなります。先ほどの極端な例で挙げたSassをコンパイルすると次のようになります。

CSS

```css
#wrap #wrapInner #page #contents #contentsInner #main ⏎
section {
  margin-bottom: 50px;
}
#wrap #wrapInner #page #contents #contentsInner #main ⏎
section .item .image {
  float: left;
}
#wrap #wrapInner #page #contents #contentsInner #main ⏎
section .item .text {
  overflow: hidden;
}
#wrap #wrapInner #page #contents #contentsInner #main ⏎
section .item .text p {
  margin: 0 0 1em;
}
```

コンパイルされてはじめて、セレクタがかなり長くなっていることに気付きます。これだと、コンパイル後のCSSファイルが肥大化してしまい、CSSの優先度を決める個別性の計算も煩雑になってしまいます。

また、セレクタが長くなるとパフォーマンスが若干落ちるといわれています。CSSのセレクタは、単体セレクタの記述順通りに左から右に処理するのではなく、右から処理されるためです。そのため、先ほどの例のようにセレクタが長くなればなるほど、CSSセレクタは処理に時間がかかってしまうことになります。

この話だけ聞くと、極端に子孫セレクタの数を減らして短くしたほうがいいのでは……と思いがちですが、実際のところ、よほどの大規模サイトでもない限りはその影響はほとんど出ることはなく、大規模サイトでも体感レベルでの影響はあまりないといわれています。ですから、極端に長くなりすぎないようにすれば、支障が出ることはありません。

CSSセレクタの高速化に関して気になった方は、「CSS セレクタ 高速化」などのキーワードで検索すると色々な情報が出てくるので、調べてみるといいでしょう。

ネストはほどほどに

前述の通り、便利なネストもやりすぎると色々な問題が出てきてしまいます。これは、あらゆることに共通していえることですが、何ごともやりすぎはよくないということですね。なので、「ネストは弊害があるから使わない！」というのもそれはそれでもったいないですし、深くなりすぎてもよくないので、可読性やパフォーマンス、案件の要件などに応じてバランスを見ながら対応するといいでしょう。

ただ、感覚だけでは判断が難しい場合は、案件に応じて適切なCSS設計を取り入れるなど、ガイドラインを決めておくといいでしょう。

Column

ネストは何階層までがよいか

ネストの階層は、サイトの要件や設計によって大きく変わってきます。例えば、オブジェクト指向で設計する場合、複数のclassを組み合わせてスタイルを適用するため、ネストの階層が深すぎると、設計思想自体が変わってきてしまいますので、2～3階層程度にするのがいいでしょう。

HTMLのツリー構造に沿った形でCSSを指定するストラクチャタイプの設計の場合は、2～3階層程度だと、かえって不便が生じてしまうので、ある程度はネストを深くしたほうがいいでしょう。

また、これらの設計を組み合わせてサイトを構築することもあるので、そういった場合はSassファイルを設計ごとに分けるなどの工夫も必要になってきます。

CSSとは違うパーシャルによるSassファイルの分割

サイトを制作する際、CSSファイルを役割などに応じて分割し、それらのファイルをインポートして管理するという方法は、よく使われています。例えば、次のような感じです。

● CSSファイルの分割例

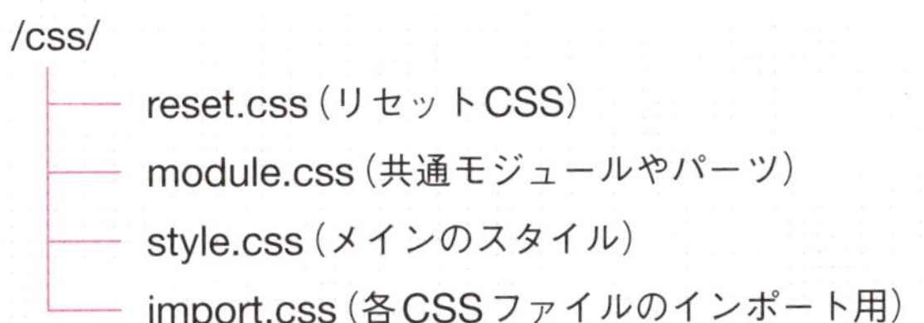

この方法を使えば、インポート用のimport.cssをHTMLから読み込ませるだけで済むのでHTML側の管理も楽になり、CSSファイルも分割しているため、どのCSSファイルに何が書かれているかがわかりやすくなります。CSSファイルが増えれば増えるほどHTTPリクエストが発生してしまい、パフォーマンスが若干低下するという問題もあるのですが、ユーザーが体感できるレベルの低下ではないので、通常はパフォーマンスより管理面を優先して、CSSファイルを分割することが多いと思います。

この、パフォーマンスと管理面を簡単に両立できるのが、第3章「CSSファイルを生成しないパーシャル（Partials）」（P.97）で説明したパーシャルファイルです。

さて、少々前置きが長くなりましたが、このパーシャルを利用してSassファイルを分割する場合、CSSの分割方法とは考え方が異なってきます。もちろん、CSSのときと同じやり方でもいいのですが、一工夫加えたほうがより管理しやすくなります。

では、先ほどのCSSファイルの分割例をベースにSassファイルを分割してみましょう。

● フォルダ構成&Sassのファイル分割例

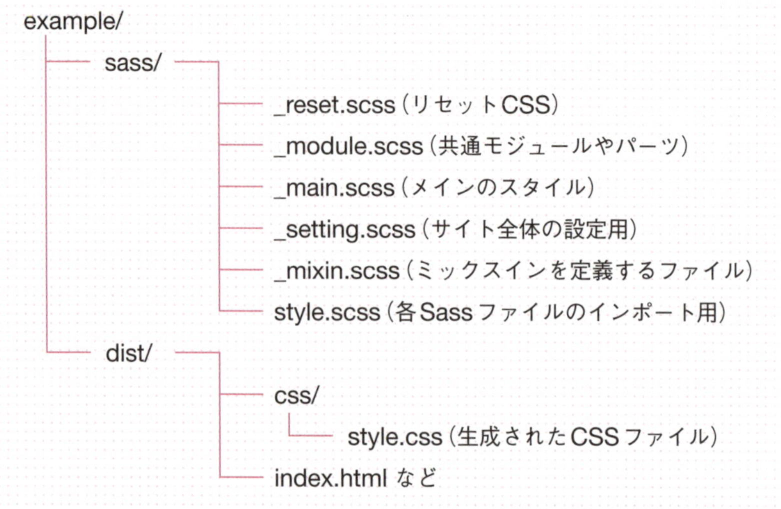

フォルダ構成に注目してください。Sassファイルはサーバーにはアップしないことを前提としているため、HTML関係のファイルが入っているdistフォルダとは別にsassフォルダを作って管理しています。もちろん、フォルダ構成は自身がわかりやすい構成なら問題ないので、例えば、css/sass/というようにcssフォルダの中に作ってもいいでしょう。

Sassファイルの分割に関しては、CSSにはなかったSassならではのファイルを追加しています。追加されたファイルは、「_setting.scss」ならサイト全体のさまざまな設定をまとめており、「_mixin.scss」ならミックスインをまとめたファイルといった形になります。

このように、用途に応じてSassファイルを分割したり、ヘッダーやフッターなどの共通モジュール、ボタンなどのパーツ類、フォーム関連のスタイルなど、ページやパーツに応じてSassファイルを細かく分割しても、パーシャルによるSassのインポート機能を活用することで、最終的なCSSファイルは1つにすることができます。

そのため、HTTPリクエストを減らすことができるので、パフォーマンスを犠牲にすることなく、必要に応じていくつでもSassファイルを分割して管理できます。

また、ファイル分割はパフォーマンスだけでなく、メンテナンス性など管理面においても非常に重要ですので、自身やチームにおいての最適なSassファイルの分割方法を模索してみるのもいいでしょう。

Dart Sassに移行するため@importを@use、@forwardに書き換える

LibSassまで使われていた、@importは非常に使い勝手もよく便利でしたが、多くの問題も抱えており廃止[*1]が決定しています。そのため、Dart Sassでは@importに代わって、@useと@forwardを使ってSassファイルをインポートする必要があります。

しかし、単純に@importを書き換えるだけではエラーになってしまい、そこで諦めてしまったり、面倒に感じて後回しになっていないでしょうか。そこで、具体的な書き換え例を紹介します。

ヒント*1

廃止に関しては、第3章のコラム「Sassの@importは廃止予定」で説明しています。

詳しくは → P.108

同じ階層でファイルを分割していた場合

まずは、比較的シンプルにSassファイルを分割していた場合を例に、@importからの書き換えをしてみます。ファイル分割の構成は前項の「CSSとは違うパーシャルによるSassファイルの分割」(P.175)で紹介した「フォルダ構成&Sassのファイル分割例」と同じにしています。

```
sass/
  ├── _reset.scss（リセットCSS）
  ├── _module.scss（共通モジュールやパーツ）
  ├── _main.scss（メインのスタイル）
  ├── _setting.scss（サイト全体の設定用）
  ├── _mixin.scss（ミックスインを定義するファイル）
  └── style.scss（各Sassファイルのインポート用）
```

この場合、次のように@importでSassファイルをすべてインポートしています。

Sass (style.scss)

```
@import "setting";
@import "mixin";
@import "reset";
@import "module";
@import "main";
```

ヒント*2

変数やミックスイン、関数のことをまとめてメンバーと呼びます。

単純にすべて@useに書き換えられれば楽ですが、変数やミックスインなどのメンバー*2が記述されているSassファイル（_setting.scss、_mixin.scss）は除外して次のように書きます。

Sass（style.scss）

```
@use "reset";
@use "module";
@use "main";
```

そして、メンバーを使いたいすべてのファイルに対して、次のように書きます。

Sass（_main.scssなど）

```
@use "setting" as *;
@use "mixin" as *;

...(略)...
```

ヒント*3

名前空間なしについて

詳しくは → P.101

as *と書くことで、名前空間を指定せずに使うことができます*3。

「_main.scss」を例にしましたが、「_module.scss」でもメンバーを使いたい場合は同様に記述します。

この例では分割数も少ないのでまだいいのですが、例えばミックスイン用のファイルをそれぞれの役割ごとに分割している場合は、分割したミックスイン用のファイルを全部読み込まなければならず、書き換え箇所も増えて手間になってしまいます。

そこで、メンバーを管理しているファイルのみをインポートするために「_global.scss」ファイルを用意し次のように書きます。このファイル名は自身がわかりやすければ何でも構いません。

Sass（_global.scss）

```
@forward "setting";
@forward "mixin";
```

@useではなく、@forwardで読み込んでいる点に注意してください。メンバーを使っていないファイルをインポートする場合は、@useでも問題ありませんが、今回のような場合は、@forwordを使ってインポートしないとエラーになってしまいます。

そして、先ほどの「_main.scss」などを次のように書き換えます。

Sass（_main.scssなど）

```
@use "global" as *;

...(略)...
```

これで、@useでインポートするファイルが1つになりました。メンバー用のファイルが増えた場合も、「_global.scss」を書き換えるだけでよくなります。

最終的に、@importを@use、@forwardに書き換えたコードは次のようになりました。

Sass（style.scss）

```
@use "reset";
@use "module";
@use "main";
```

Sass（_global.scss）

```
@forward "setting";
@forward "mixin";
```

Sass（_main.scssなど）

```
@use "global" as *;

...(略)...
```

簡単にまとめると、次のような流れです。

- CSSにコンパイルしたい「style.scss」はスタイルのみのファイルを@useでインポート
- 変数やミックスインなどのメンバーは、メンバーのみをインポートする「_global.scss」を用意して@forwardでインポート
- 「_main.scss」などのメンバーを使っているファイルは、「_global.scss」を@useでインポート

複数階層でファイルを分割している場合

先ほどはすべて同階層でしたが、より細かくSassファイルを分割して、それぞれの役割ごとにフォルダを分けて管理している場合も多いでしょう。

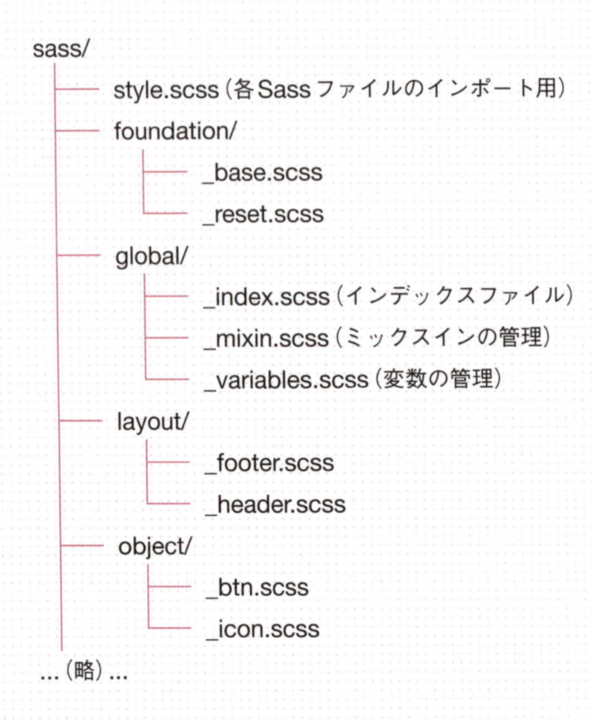

この構成は、メンバーを管理するために「global」フォルダを作成しています。フォルダ名は自身がわかりやすければ何でも構いません。

そして、その中に変数やミックスインを管理しているパーシャルファイルを設置し、先ほどの「_global.scss」と同じようにメンバーをインポートする「_index.scss」を用意しています。

ここでポイントになってくるのが、「_index.scss」というファイル名のインデックスファイルです。本来は、@useでインポートする際、ファイル名も必要ですが、「_index.scss」にすれば、次のようにファイル名を省略してフォルダ名のみでインポートできます。

Sass（layout/_header.scssなど）

```
@use "../global" as *;

...（略）...
```

「_index.scss」のコードは、先ほどの「_global.scss」とまったく同じになります。

他のファイルに関しては、階層が異なるのでインポートする際のパスは変わりますが、それ以外は同じ階層の場合と同じになります。

@importからの移行は、多くのファイルを書き換えなければならないので大変です。そういった場合、次項で紹介するMigratorを使うことで自動変換することも可能です。

名前空間なしの指定について

今回は、@importからの移行に重点を置いていたので、書き換え箇所を減らす目的もあり、名前空間なしでの指定をしていました。

例えば、名前空間ありだと次のように書く必要があります。

Sass
```
@use "global";

.main {
  color: global.$color-main;
  background: global.$color-bg;
  li {
    @include global.list-reset;
  }
}
```

この例の場合、書き換え箇所は少ないですが、変数やミックスインを使っている箇所が非常に多いと、置換したとしても、すべて書き換えるのは大変な作業になってしまいます。

しかし、名前空間なしの指定は影響範囲がわかりづらく、名前の衝突やパフォーマンスの低下を起こす可能性があります。そのため、移行ではなく新たに書き始める場合などは、必要なファイルで、必要なミックスインだけをインポートしたほうが、そのファイルでどのミックスインを使っているかなどの影響範囲がわかりやすくなり、多少なりともパフォーマンスがよくなります。

もちろん自身で管理しているSassファイルなら、こういった問題は生じませんが、サイトの規模やプロジェクトに応じて、名前空間に関しても何がベストか考えて設計するといいでしょう。

Migratorを使ってLibSassをDart Sassへ自動変換する

Sassの公式ツールであるMigrator[*4]を使えば、LibSassからDart Sassへの移行を自動化できます。ただし、あくまでも自動的に変換するだけであり、完全な移行を保証するものではありません。変換後のコードを確認し、前項のように手動で修正が必要なこともあります。

ヒント*4
https://sass-lang.com/documentation/cli/migrator/

Migratorのインストールと使い方

まずは、npm install[*5]で、Migratorをインストールします。

ヒント*5
Node.jsのインストールおよびnpmコマンドの使い方ついては、第2章で説明しています。
詳しくは → P.45

```
npm install --save-dev sass-migrator
```

sass-migratorコマンドを実行する際は、移行する内容（migration）と対象の.scssファイルを指定します。

migratorとoptionsはスペースで区切って複数指定できます。

```
npx sass-migrator <migrator> [options] <entrypoint.
scss...>
```

移行（migration）の種類

- **calc-interpolation**・・・・calc()やclamp()などの計算関数からインターポレーション[*6]を削除します
- **division**・・・・・・・・・・・・・除算演算子（/）の代わりにmath.div()関数に変換します
- **module**・・・・・・・・・・・・・@importを@use、@forwardに変換します
- **namespacemodule**・・@useの名前空間を変更します
- **strict-unary**・・・・・・・・・・スペースが欠けた演算子を修正します

ヒント*6
インターポレーションについては下記を参照してください。
詳しくは → P.134

よく使うオプション(options)

- **--migrate-deps**・・・・・@importで依存関係を持つファイルも変換します
- **--dry-run**・・・・・・・・・・・変換されるファイル名を表示します
- **--verbose**・・・・・・・・・・コンソールに変換内容を表示します

よく使うdivisionとmoduleの移行例を見ていきましょう。

除算演算子（/）をmath.div()関数に変換する

divisionを使い、除算演算子（/）をmath.div()関数に変換してみましょう。

```
npx sass-migrator division style.scss
```

コマンドを実行すると、除算演算子（/）がmath.div()関数に変換されているのがわかります。

Sass（変換前）

```
$width: 100% / 3;
```

Sass（変換後）

```
@use "sass:math";

$width: math.div(100%, 3);
```

@importを@use、@forwardに書き換える

@importを@useまたは@forwardに書き換えます。--migrate-depsオプションを使い、依存関係を持つファイルを一括で変換すると便利です。

```
npx sass-migrator --migrate-deps module style.scss
```

コマンドを実行すると@importが@useに変換され、読み込まれていた変数もモジュール化されているのがわかります。

Sass（変換前）

```
@import "module";

.test {
  width: $width;
}
```

Sass（変換後）

```
@use "module";

.test {
  width: module.$width;
}
```

自動変換後はSassのコンパイルを必ず実行し、エラーがないか確認しましょう。

サイトの基本設定を変数にして一元管理する

各ページで共通となる、幅やフォント、色関係などの設定を1つのSassファイルに変数としてまとめておくことで、後から共通部分の修正が入った際も、変数の値を変えるだけで対応ができるようになります。

具体的には次のような、設定専用のSassファイル[*7]を用意します。

ヒント*7

ファイル名は「_variables.scss」や「_setting.scss」など、変数や設定が書かれていることをわかりやすくしておきましょう。

Sass

```
// サイトの基本設定

// 幅関係の設定 ----------------------------
  $width-base: 1200px; // 全体
  $width-main: 800px;  // メインエリアの幅
  $width-side: 360px;  // サイドバーの幅

// フォント関係の設定 ----------------------
  $font-base: "Yu Gothic", Sans-Serif;
  $font-serif: "Yu Mincho", serif;

// 色関係の設定 ----------------------------
  // サイトカラー
  $color-main: #0062b2;
  $color-sub: #def1fa;
  // フォントカラー
  $color-font: #333;
  // リンクカラー
  $color-link: #ff8c28;

// ブレイクポイント -----------------------
  $breakpoints: (
    sp: "(width < 600px)",
    pc: "(width >= 600px)",
  );
```

後は、この変数だけまとめた設定専用のSassファイルを、インポート用のSassファイルの最初のほうでインポートしておけばOKです。

変数に関しては、CSSの変数のほうが管理しやすい場合もあります。そういった場合、SassとCSSの変数をどちらも活用すると便利です。

詳しくは次項の「Sassの変数とCSS変数を共存させて便利に使う」をご覧ください。

Sassの変数とCSS変数を共存させて便利に使う

CSS変数（カスタムプロパティ）は、Sassの変数を使おうとすると、特にエラーも出ずに変数名がそのまま出力されてしまいます。

Sass（style.scss）

```scss
$color-link: #002375;
:root {
  --color-link: $color-link;
}
```

CSS（コンパイル後）

```css
:root {
  --color-link: $color-link;
}
```

そこで、次のようにインターポレーション[*8]を使ってSassの変数を参照することで、Sass、CSSどちらの変数も使うことが可能になります。

ヒント*8

詳しくは、第4章の「使いどころに合わせて補完（インターポレーション）してくれる #{ }」をご覧ください。

詳しくは → P.134

Sass（style.scss）

```scss
@use 'sass:color';

$color-link: #002375;
:root {
  --color-link: #{$color-link};
  --color-link_hover: #{color.scale($color-link, 
$lightness: 50%)};
}

a {
  color: var(--color-link);
  &:hover {
    color: var(--color-link_hover);
  }
}
```

また、関数やミックスインを使う際、CSS変数を参照しようとするとエラーになってしまいます。そういった場合に、Sassの変数も定義しておけば参照することができます。

今回のサンプルコードだとSassの変数だけでも事足りますが、メディアクエリを使う場合、Sassだとメディアクエリ内で変数を定義できないので、CSS変数もあわせて使うことで非常に便利になります。

より具体的な例を本章の「SassとCSSの変数、双方の利点を活かして柔軟にダークモード対応する」（P.230）で紹介しています。

コメントを活用してコードをわかりやすくする

Sass独自の//による1行コメントは手軽で便利なので、できるだけコメントを使い、どこに何が書いてあるかわかりやすくするといいでしょう。

「コメントはあまり使いたくない」という人や、「コメントに日本語を使いたくない」といったこだわりを持っている人もいると思いますが、コンパイル後は削除されるので、積極的にコメントを残したほうが後からコードを見たときのわかりやすさがだいぶ違ってきます。

図1　コメントを活用したスタイルガイドの記載例

例えば、パーシャルファイルをインポートするSassファイルに、簡単なスタイルガイドを記載しておくことで、後から見返すときや他の人が編集する際にわかりやすくなります 図1。

1行コメントは便利ですが、コンパイル後は消えてしまうので、納品した後に担当者が変わる場合など、Sassファイルではなく直接CSSファイルを編集されてしまう可能性もあります。

そこで、Sassファイルの先頭にできるだけ目立つ形で注意書きのコメントを入れておけば、誤ってCSSファイルを直接編集されてしまう可能性を減らすことができます。

その際、アウトプットスタイルが「compressed」でもコメントが消えないよう「/*」の直後に「!」も入れておくといいでしょう。

Sass

```
/*! ==========================================
※※※※※※※※※※※※※※※※※※※※※※※※※※※※※※
このCSSファイルはSassから生成されていますので、
編集しないようご注意ください。
※※※※※※※※※※※※※※※※※※※※※※※※※※※※※※
========================================== */
```

大規模サイトで活用できるmeta.load-css()のネスト

大規模なWebサイトの場合、非常に多くの制作会社が関わることを前提としていることがほとんどです。そういった大規模案件では、標準テンプレートやモジュール集などがあらかじめ用意されており、新規コンテンツを追加する際には、それらを使いながらコーディングを進めつつも、そのコンテンツ専用のスタイルを書いたり、用意されていたモジュールのスタイルを上書きしてコーディングを進めていくというケースがあります。

具体的な例を見てみましょう。サイト内共通で使われているCSSを確認したところ、次のように書かれていました。

CSS

```
#contents p {
  margin-bottom: 15px;
}
```

このCSSだと、#contents内のすべてのp要素に対して上記のCSSが適用されますが、このスタイルが追加コンテンツではバッティングしてしまう可能性があります。

そういった場合、このスタイルを上書きする必要があるので、固有のIDを振ったdiv要素を追加して、次のようにCSSを書くことがあります。

CSS

```
#uniqueID p {
  margin-bottom: 0;
}
```

これで、追加したCSSを後から読み込ませれば元のスタイルを上書きすることができます。しかし、毎回IDから書くのは大変ですし、常に1階層ネストした状態で書くのも微妙です。

そこで、meta.load-css()のネストを使えば、毎回IDから書く必要もなくなり、スタイルの上書きも確実に行うことができます。

まずは、追加コンテンツ専用のSassファイルで次のように書きます。

Sass (import_local.scss)

```
@use "sass:meta";
#uniqueID {
  @include meta.load-css("_local.scss");
}
```

これで、パーシャルファイル (_local.scss) に書かれたすべてのスタイルは、親セレクタに#uniqueIDが付くため、次のようにシンプルにスタイルを書いていくことができます。

Sass (_local.scss)

```
p {
  margin-bottom: 0;
}
.notes {
  font-weight: bold;
}
```

固有のID (#uniqueID) を書く必要がなくなり、IDの付け忘れの心配もなくなりました。また、実際にスタイルを書いているSassファイルはパーシャルファイルになるので、ファイルを分割した際も、固有のID (#uniqueID) を意識することなく追加していくことができます。

なお、meta.load-css()をネストして使った場合、@at-rootや& (アンパサンド) を使っても、そのセレクタ (#uniqueID) 内に書き出されます。一時的にルートに書き出すことはできないので、その点には気をつけてください。

具体的には次のようになります。

Sass (_local.scss)

```
.notes {
  @at-root .w100 {
    width: 100%;
  }
  &__item {
    margin: 10px;
  }
  .box & {
    padding: 0;
  }
}
```

CSS (コンパイル後)

```
#uniqueID .w100 {
  width: 100%;
}
#uniqueID .notes__item {
  margin: 10px;
}
#uniqueID .box .notes {
  padding: 0;
}
```

SASS記法も使ってみよう

ヒント*9

2つの記法については下記を参照してください。

詳しくは → P.15

第1章でもSassには2つの記法[*9]があると紹介したように、SassにはSCSS記法の他に、SASS記法もあります。本書では、CSSの上位互換であるSCSS記法で解説していますが、SASS記法にもさまざまなメリットがあります。

百聞は一見にしかず。SCSS記法とSASS記法を見比べてみましょう。

SCSS記法

```
@mixin mgn($value: 10px) {
  margin: $value;
}

.list {
  @include mgn(5px);
  li {
    display: inline-block;
    a {
      font-size: 1.2rem;
      color: green;
    }
  }
}
```

SASS記法

```
=mgn($value: 10px)
    margin: $value

.list
  +mgn(5px)
  li
    display: inline-block
    a
      font-size: 1.2rem
      color: green
```

簡単なミックスインを使った例文を作成してみました。どうでしょう？ 文字数も行数も少なく、見た目にもだいぶ差があります。SASS記法の最大のメリットとして、タイプ数を減らし、より速くコードを書くことができる点が挙げられます。

SASS記法のルール

SASS記法のルールは次のようになっています。

- {}（波括弧）を使わない（波括弧を使うとコンパイルエラー）
- インデントでルールセットを表す（インデントがずれるとコンパイルエラーや誤ったCSSになる）
- プロパティと値は1行に1つ（複数を1行に書くとコンパイルエラー）
- 行末の；（セミコロン）がない（セミコロンを使うとコンパイルエラー）

- :(コロン)の後に半角スペース(スペースがないとコンパイルエラー)
- @mixinを「=」にできる(どちらも使用可能)
- @includeを「+」にできる(どちらも使用可能)

特に上から5つはコンパイルエラーになってしまう厳格な記法ルールがあります。慣れるまでは、エラーが頻発してしまうかもしれませんが、誰が書いても記述を統一できるというメリットとも考えられます。

@mixinを「=」、@includeを「+」にでき、特によく使う@includeが1文字になるのはとても便利です。しかし、残念ながら@extendや@at-rootなど他の@ディレクティブには省略記法はありません。

SASS記法の使いどころ

他の言語でもインデント記法を使っている場合により便利になります。テンプレートエンジンのPug(旧Jade)やSlimは、HTMLをインデントで書くことができます。SASS記法と一緒に使うと、どちらも同じように書くことができるため、テンポよくコードが書けます。

実際に、SASS記法のSassとPugのコードを見てみましょう。記法が似ているのがよくわかります。

Sass(SASS記法)

```
.list
  li
    display: inline-block
    a
      font-size: 1.2rem
      color: green
```

Pug

```
ul.list
  li アイテム1
    a(href="#") リンク
  li アイテム2
    a(href="#") リンク
```

例えば、Ruby on Railsの案件では、Rubyがインデント記法の言語ということもあり、CSSはSASS記法のSass、HTMLはSlim、JavaScriptはCoffeeScriptと、すべてインデント記法で統一することもあります。

SASS記法も使えれば、仕事の幅が広がるかもしれません。ぜひSASS記法も試してみてください。著者の森田は一時期ハマってずっとSASS記法で書いていました。

&（アンパサンド）を活用してBEM的な設計を快適に

本書の読者の皆さんにはご存じの方も多いと思いますが、BEMとはフロントエンド全般に関わる設計の方法論の1つで、Block、Element、Modifierの頭文字を取って名付けられています。

BEMに関する詳細は割愛しますが、BEMでは、Block、Element、Modifierを明確に区別するため、BlockとElementを__（アンダースコア2つ）で区切り、ElementとModifierを_（アンダースコア）で区切って書きます。この区切り（セパレーター）に関しては一貫したルールがあって、役割を明確に区別できれば好きに変更できますが、いずれにしてもBEMに従って書く場合は、必ずBlockから書く必要があります。

しかし、Blockから毎回書くのは非常に面倒です。そこで、Sassの親セレクタを参照できる&（アンパサンド）を使うと、BlockやElementを何度も書く必要がなくなるのでとても快適になります。

実際のコードを見比べてみましょう。

&を使わない場合のSass

```
.navigation {
  width: 100%;
}
.navigation__item {
  color: #666;
}
.navigation__item_state_active {
  color: #000;
}
```

&を使った場合のSass

```
.navigation {
  width: 100%;
  &__item {
    color: #666;
    &_state_active {
      color: #000;
    }
  }
}
```

このちょっとしたコードを見るだけでも&（アンパサンド）を使ったほうが圧倒的に楽になるのがわかります。

しかし、&（アンパサンド）を使って書いていると、少し困ってしまうことがあります。

ヒント*10

CSS Wizardryというブログの「MindBEMding」という記事で提唱された命名規則です。CSSの命名規則においては、本来のBEMより、このMindBEMdingのほうが普及しています。

まずは、次のCSSを見てください。なお、次のサンプルからは、Modifierのルールを変更した、MindBEMding[*10]で書いています。

CSS

```css
.info {
  margin-bottom: 50px;
}
.info__body {
  background: #fafafa;
  border: 1px solid #aaa;
}
.info--new .info__body {
  border: 1px solid #d75893;
}
```

.infoというBlockの状態を変化させるために--newのModifierを付けていますが、スタイルを変更したいのは.info--new .info__bodyといった場合、次のように書くことはないでしょうか？

Sass

```scss
.info {
  margin-bottom: 50px;
  &__body {
    background: #fafafa;
    border: 1px solid #aaa;
  }
  &--new {
    .info__body {
      border: 1px solid #d75893;
    }
  }
}
```

せっかく、&（アンパサンド）を使って書いているのに、&--new内では、再度Blockから書いています。もちろんこの書き方でも間違ってはいませんが、これだと、Blockのclass名が長いと書くのが手間だったり、Elementが多い場合効率が悪くなってしまったりします。

そこで、単純にネストを増やして書く方法と、変数を使って対応する方法を紹介します。

Sass（ネストを増やした方法）

```
.info {
  margin-bottom: 50px;
  &__body {
    background: #fafafa;
    border: 1px solid #aaa;
  }
  &--new {
    .info {
      &__body {
        border: 1px solid #d75893;
      }
    }
  }
}
```

Sass（変数を使った方法）

```
.info {
  $block: &;
  margin-bottom: 50px;
  &__body {
    background: #fafafa;
    border: 1px solid #aaa;
  }
  &--new {
    #{$block}__body {
      border: 1px solid #d75893;
    }
  }
}
```

ネストを増やした方法は、結局Blockを再度書いていますが、Elementが多い場合には毎回書くより楽になります。また、変数やミックスインを使っていないので、シンプルでわかりやすいといえます。

変数を使った方法では、最初にBlockを&（アンパサンド）を使って変数として定義しておき、値を呼び出すことでBlockを再度書く必要がなくなります。かなりシンプルな方法なので、変数を使っていますがパッと見でもわかりやすいといえます。

また、変数名はBlockであることを伝わりやすくするため$blockとしていますが、JavaScriptなどの慣例的に$thisなどのほうがなじみがある場合、変数名を変更し、自身やチーム内で統一すれば管理もしやすくなります。

このように一工夫することで、SassでBEM的な記述をするのがより快適になります。

なお、今回紹介した&（アンパサンド）を使った方法は、エディタで実際のclass名で検索ができなくなってしまうので、修正したいルールセットにたどり着くのが大変になってしまうという問題があります。

この問題に対しては、できるだけBlock単位でSassファイルを分割して、1つのSassファイルが大きくなりすぎないようにしたほうがいいでしょう。

@keyframesをルールセット内に書いて関係性をわかりやすくする

CSSでanimationを使う場合、@keyframesはルートに書かなければいけないので、関係性がわかりにくくなりやすいです。

そこで、Sassならルールセット内に書いてもルートに書き出されるので、特定の要素のみで使うアニメーションの場合、次のようにルールセット内に@keyframesも書いておくと関係性がわかりやすくなります。

Sass

```
.example {
  animation: anima-example 0.9s linear 500ms 1;
  @keyframes anima-example {
    0% {
      transform: translate(0%, -100%);
    }
    100% {
      transform: translate(0%, 0%);
    }
  }
}
```

これをコンパイルすると次のようになります。

CSS（コンパイル後）

```
.example {
  animation: anima-example 0.9s linear 500ms 1;
}
@keyframes anima-example {
  0% {
    transform: translate(0%, -100%);
  }
  100% {
    transform: translate(0%, 0%);
  }
}
```

無事にルートに書き出されました。ちょっとしたことですが、まとまるだけでも管理しやすくなると思います。

エクステンドはスコープを決めて利用する

ヒント*11

エクステンドに関しては第4章の「スタイルの継承ができるエクステンド（@extend）」にて詳しく説明しています。

詳しくは → P.110

エクステンド[*11]は、スタイルの継承が簡単にできる非常に便利な機能の1つです。しかし、継承元が別ファイルだったり、複雑に連鎖されていると、どこからどんなスタイルを継承しているのかがわからなくなってしまい、それらを把握するのが難しくなってしまうという側面もあります。

この問題に対処するには、どこからどんなスタイルが継承されているか明確にするため、エクステンドが参照できる範囲（スコープ）を決めて使うといいでしょう。具体的には、同一のSassファイル内に限定し、さらにモジュールやブロック内でエクステンドが完結するようにします。

例えば、次のような感じで、.btnというブロックがあったとします。エクステンドを使って、継承してよいのはこのブロック内に限定させます。

Sass

```
.btn {
  display: inline-block;
  margin-bottom: 15px;
  padding: 10px;
}
.btn--blue {
  @extend .btn;
  background-color: blue;
}
.btn--red {
  @extend .btn;
  background-color: red;
}
```

この、.btnに書いたスタイルと同じスタイルを使いたいとしても、エクステンドを使った継承は行わず、再度同じスタイルを書くようにします。

Sass（NG例）

```scss
.local-nav__list {
  @extend .btn;
  color: black;
  background-color: #ccc;
}
```

Sass（OK例）

```scss
.local-nav__list {
  display: inline-block;
  margin-bottom: 15px;
  padding: 10px;
  color: black;
  background-color: #ccc;
}
```

まずはNG例を見てください。NG例は、一見すると行数も少なく効率的に書けているように見えます。実際、コンパイル後のCSSの文字数をカウントした場合でも、エクステンドを使ったほうが少なくなるので、理にかなっているのは間違いありません。

しかし、@extend .btn;という情報だけでは、継承元のスタイルに何が書いてあるかがすぐにはわかりません。継承元が直前に書かれていればすぐに見つかりますが、これが別ファイルだったとしたら探すのがかなり大変になるのがわかると思います。この例ではエクステンドが1つしかないのでまだ複雑にはなっていませんが、スコープを決めずにエクステンドが大量に使われていると、影響範囲が見えづらく、下手に変更すると破綻してしまう可能性もあります。

一方、OK例のほうは、.btnに書いたスタイルと同じようなスタイルを書いているので、2度手間になってしまいますし、コンパイル後のCSSも容量は増えてしまいますが「影響範囲がわかりやすいコード」といえます。そのため、後々のメンテナンス性がよくなります。

このような理由から、エクステンドを使う場合はスコープを決めておくことが重要だといえます。

なお、今回紹介したスコープはあくまでも一例ですので、これが必ずしも正しいというわけではありません。案件に応じて、スコープも調整し、ルールを決めておくことが大切です。

コントラスト比を計算し WCAGの達成基準かどうかチェックする

Webアクセシビリティを向上させるために、前景色と背景色のコントラスト比をチェックすることは重要です。

コーディング中にもコントラスト比をチェックできると、効率的にアクセシビリティを向上させることができるでしょう。

Sassを使ってコントラスト比を計算し、その結果をWCAGの達成基準[*12]に基づいて評価するミックスインを紹介します。複数の関数を組み合わせてコントラスト比を計算し、WCAGの達成基準をチェックし、コンソールに出力するミックスインです[*13]。

各関数とミックスインの解説

- **相対輝度を計算する関数**

calculate-luminance関数は、引数で受け取った色の相対輝度を計算します。計算方法についてはWCAG 2.2[*14]の計算式に準拠しています。

- **コントラスト比を計算する関数**

contrast-ratio関数は、引数で受け取った2つの色のコントラスト比を計算します。計算方法についてはWCAG 2.2[*15]の計算式に準拠しています。

- **コントラスト比が達成基準を満たしているかチェックする関数**

success-criterion関数は計算されたコントラスト比をもとに、WCAGの基準[*16]に従って、"AAA"、"AA"、"AA(Large Text)"、"Fail"のいずれかを返します。

- **小数点以下2桁で切り下げる関数**

floor-to-2decimals関数は、引数で受け取った数値を小数点以下2桁で切り下げます。

- **実行してコンソールに出力するミックスイン**

check-contrastミックスインは、2つの引数に前景色と背景色を入力します。上記の関数を実行し、コントラスト比と達成基準のレベルを@debugディレクティブを使ってコンソールに出力します。

ヒント*12

WCAG(Web Content Accessibility Guidelines)は、ウェブコンテンツのアクセシビリティを向上させるためのガイドラインです。コントラスト比は達成基準1.4.3と1.4.6で規定されています。
達成基準はA,AA,AAAの3つのレベルがあり、AAAが最も厳しい基準です。

ヒント*13

結果をコンソールに出力する@debugディレクティブについては、第4章で説明しています。

詳しくは ➔ P.159

ヒント*14

https://www.w3.org/TR/WCAG22/#dfn-relative-luminance

ヒント*15

https://www.w3.org/TR/WCAG22/#dfn-contrast-ratio

ヒント*16

レベルAA
https://www.w3.org/TR/WCAG22/#contrast-minimum
レベルAAA
https://www.w3.org/TR/WCAG22/#contrast-enhanced

Sass

```
@use 'sass:math';
@use 'sass:color';

// 相対輝度を計算する関数
@function calculate-luminance($color) {
  $r: math.div(color.channel($color, "red"), 255);
  $g: math.div(color.channel($color, "green"), 255);
  $b: math.div(color.channel($color, "blue"), 255);
  // 計算方法の参考: https://www.w3.org/TR/WCAG22/#dfn-relative-luminance
  $r: if($r < 0.04045, math.div($r, 12.92), math.pow(math.div(($r + 0.055),⏎
 1.055), 2.4));
  $g: if($g < 0.04045, math.div($g, 12.92), math.pow(math.div(($g + 0.055),⏎
 1.055), 2.4));
  $b: if($b < 0.04045, math.div($b, 12.92), math.pow(math.div(($b + 0.055),⏎
 1.055), 2.4));
  @return 0.2126 * $r + 0.7152 * $g + 0.0722 * $b;
}

// コントラスト比を計算する関数
@function contrast-ratio($color1, $color2) {
  $l1: calculate-luminance($color1);
  $l2: calculate-luminance($color2);
  @if $l1 > $l2 {
    // 計算方法の参考: https://www.w3.org/TR/WCAG22/#dfn-contrast-ratio
    @return floor-to-2decimals(math.div(($l1 + 0.05), ($l2 + 0.05)));
  } @else {
    @return floor-to-2decimals(math.div(($l2 + 0.05), ($l1 + 0.05)));
  }
}

// コントラスト比がWCAGの達成基準を満たしているかチェックする関数
@function success-criterion($contrast) {
  @if $contrast >= 7 { @return "AAA"; }
  @else if $contrast >= 4.5 { @return "AA";}
  @else if $contrast >= 3 { @return "AA (Large Text)"; }
  @else { @return "Fail"; }
}

// 小数点以下2桁で切り下げる関数
@function floor-to-2decimals($number) {
  $factor: 100;
  @return math.div(math.floor($number * $factor), $factor);
}

// ミックスインにまとめる
@mixin check-contrast($foreground, $background) {
  $contrast-ratio: contrast-ratio($foreground, $background);
  $accessibility: success-criterion($contrast-ratio);
  @debug 'コントラスト比:#{$contrast-ratio} #{$accessibility}';
}

// 使用
@include check-contrast(#ffffff, #bf4080); // 出力結果「コントラスト比:4.92 AA」
```

EditorConfigとstylelintでコーディングルールを統一する

コーディングルールは個人によってバラバラになりやすく、コーディングルールの統一はSassを書く上でも重要なポイントです。例えば、インデントはタブやスペースなど好みがわかれます。1人で行う場合は好きに書いて問題ありませんが、チームでプロジェクトを進める場合はルールを統一したいところです。

そこで、EditorConfigとstylelintを使いコーディングルールを統一してみましょう 図2。

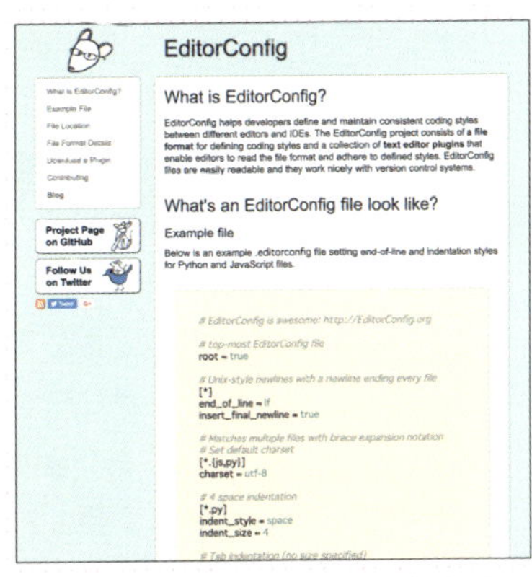

図2 EditorConfig公式サイト
(https://editorconfig.org/)

EditorConfigでエディタ間のルールを統一する

EditorConfigは、さまざまなエディタで統一したコーディングルールを定義できます。主要なエディタ[*17]やIDE(統合開発環境)[*18]に対応しており、拡張機能をインストールするだけで使用することができます。

プロジェクトルートに「.editorconfig」という設定ファイルを置くだけで、ファイルの初期設定を行ってくれます。実際によく使う項目を設定しました。見てみましょう。

ヒント*17

Sublime Text、Visual Studio Code、Vim、WebStromなど。

ヒント*18

Integrated Development Environmentの略で、開発に必要な機能を1つにまとめたソフトウェアです。

.editorconfig

```
root = true //プロジェクトルートであることを示す

[*] //すべての言語の設定
indent_style = space //インデントの種類(spaceかtab)
indent_size = 2 //インデントのサイズ
end_of_line = lf //改行コード
charset = utf-8 //文字コード
```

「.editorconfig」をチーム間で共有して使うことによりエディタの設定を統一化できます 図3。このファイルはGitのリポジトリなど共有する環境に含めるといいでしょう。

図3 「.editorconfig」で各種エディタのインデントや改行コードなどの設定が統一化された

stylelintでコードを解析しエラーを表示する

stylelintはコードチェックツールです。Sassの書き方に一貫したルールを持たせることができます。stylelintはエディタ、タスクランナー、テストツールなどさまざまなパターンで使うことができますが、今回は視覚的にわかりやすいエディタでコードチェックしてみます。EditorConfigと同様に主要エディタ[*19]は拡張機能をインストールするだけで使用できます。

また、stylelintの動作にはnpmパッケージのインストールも必要です[*20]。

図4 Visual Studio Codeでコードチェックした結果。赤い下線でエラーを表示している

ヒント*19

Sublime Text、Visual Studio Code、Vim、WebStromなど。

ヒント*20

stylelint - https://www.npmjs.com/package/stylelint

```
npm install --global stylelint
```

プロジェクトルートに「.stylelintrc」という設定ファイルを置けば、コードのチェックを行ってくれます 図4 。「.stylelintrc」はJSON形式で書きます。次のコードはよく使う項目の設定例です。

.stylelintrc

```
{
  "rules": {
    "indentation": 2, //インデントのサイズ
    "string-quotes": "double", //ダブルクォーテーションを指定
    "number-leading-zero": "never", //1未満の小数点に0を ⏎
使わない
    "declaration-block-trailing-semicolon": "never", ⏎
//セミコロン必須
    "declaration-colon-space-before": "never", ⏎
//コロンの前にスペース禁止
    "declaration-colon-space-after": "always", ⏎
//コロンの後にスペース必須
  }
}
```

ヒント*21

Rules | Stylelint - https://stylelint.io/user-guide/rules/

ヒント*22

stylelint-scss - https://www.npmjs.com/package/stylelint-scss

よく使うものをピックアップしましたが、stylelintは他にも150以上のルールが用意されており、より細かな設定が可能です。詳しくはドキュメント[*21]をご確認ください。また、@ディレクティブなどのルール設定もできる「stylelint-scss[*22]」というstylelint拡張もあります。

Column

他の人を思いやってSass設計をしよう

本章ではSassに関するTipsを色々とご紹介していますが、Web制作会社やチームでコーディングを行う場合、運用フェーズに入ったら他の人が触る場合などを考慮して、多くの人がわかりやすく後で困らないよう「予測しやすい」「保守しやすい」「再利用しやすい」「拡張しやすい」Sass(CSS)設計を行う必要があります。
特に、複雑で難解なミックスインや、過剰なエクステンドによるスタイルの継承などがその最たる例ですが、自分にとってはわかりやすく非常に効率的に書けていたとしても、他の人が見た場合にわかりやすいとは限りません。
本書のシリーズ『Web制作者のためのCSS設計の教科書』の著者が提唱しているFLOCSS(フロックス)を例に挙げると、エクステンドに関して次のルールが決められています。

> *セレクタを継承するためのExtendは、原則そのモジュールで完結する継承以外では利用を禁止します。レイヤーやモジュールを超えてExtendによる継承をおこなった場合、FLOCSSの構成・設計は破綻し、カスケーディングルールも複雑にしてしまう可能性があるためです。*
> *https://github.com/hiloki/flocss#cssプリプロセッサのextendより*

このようにルールの複雑化や、管理が煩雑になりやすいなど、エクステンドの多用によって問題が生じてしまうケースもあります。
ミックスインに関しては、その機能の強力さゆえにどんどん複雑化していき、解読が困難になってしまうケースもあります。特にプログラム経験がある人にとっては、色々なミックスインを作ってみたくなると思いますが、他の人もSassを触る可能性がある場合は、使い方などのコメントをできるだけ詳しく書いておき、他の人がパッと見でわかるようにしておくことが大切です。
いくらでも複雑に書けるSassにおいては、自分だけがわかりやすい設計をするのではなく、他の人が触ってもわかりやすくする「思いやり」が大切です。

5

⑤-2 レイアウト・パーツで使えるテクニック

本節のサンプルコード

https://book3.scss.jp/code/c5-2/

ナビゲーションやサイドバーなどのレイアウトで使えるテクニックや、リストなどパーツ関係で使っていける内容を紹介します。

clearfixをミックスインで活用する

昨今、clearfixが必要なことはほとんどないと思いますが、必要な時に使えると便利なので、ミックスインとして定義しておくと使い勝手がよくなります。

次のように、clearfix用のミックスインを定義しておきます[*23]。

ヒント*23

clearfixにはさまざまなバリエーションがあるので、本書内のサンプルと皆さんが普段から使っているものとは多少違いがあるかもしれません。

Sass (_mixin.scss)

```
@mixin clearfix {
  &::after {
    content: "";
    display: block;
    clear: both;
  }
}
```

そして、clearfixを使いたいルールセットに対して、先ほど定義したミックスインを@includeで呼び出します。

Sass (style.scss)

```
@use "mixin" as *;

.item {
  @include clearfix;
}
```

CSS (コンパイル後)

```
.item::after {
  content: "";
  display: block;
  clear: both;
}
```

都度書くと大変なclearfixもこれで大幅に記述量を減らせるようになりました。また、clearfixには対応ブラウザに応じたバリエーションも多いので、コードを変更した場合も1カ所変更するだけで済むようになります。

nullで簡単に条件分岐をしてレイアウトをする

Sassでは、プロパティの値を定義しない場合、条件分岐を使ってプロパティも書き出さないようにすることが簡単にできます。変数で値を定義し、@ifでプロパティごと条件分岐する書き方が一般的です。

Sass

```
$height: false;
.item {
  width: 500px;
  @if $height {
    height: $height;
  }
}
```

CSS（コンパイル後）

```
.item {
  width: 500px;
}
```

@ifで値を「false」にすると、条件分岐でプロパティも書き出さないようにしています。これと同様のことが、変数の値に「null[*24]」を使うことで、より簡単に実現できます。次の例を見てみましょう。

ヒント*24

「null」はデータタイプの1つで、空の値を意味しています。その他のデータタイプに関しては、第4章の「Sassのデータタイプについて」を参照してください。

詳しくは ➔ P.166

Sass

```
// 高さが必要な場合は値を単位付きで。不要な場合はnull。
$height: null;
.item {
  width: 500px;
  height: $height;
}
```

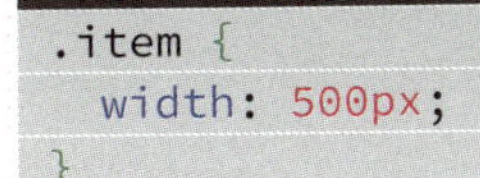

CSS（コンパイル後）

```
.item {
  width: 500px;
}
```

このように、nullを使ったことでプロパティも書き出されなくなりました。この方法は、Sassの書き方を把握していないとわからないので、他にも編集者がいる場合は「false」と書いてしまう恐れがあります。コメントで使い方を明記しておくといいでしょう。

ミックスインを使うことで複数のプロパティをnullでコントロールできます。次のコードは、width、height、margin、paddingをまとめて指定するミックスインです。

Sass

```
@mixin itemBox($width, $height, $margin:null, ⏎
$padding:null) {
  width: $width;
  height: $height;
  margin: $margin;
  padding: $padding;
}

.itemA {
  // 不要なプロパティはnull。
  @include itemBox(100px, null, 10px, 20px);
}
.itemB {
  @include itemBox(null, auto, 20px auto);
}
```

CSS（コンパイル後）

```
.itemA {
  width: 100px;
  margin: 10px;
  padding: 20px;
}

.itemB {
  height: auto;
  margin: 20px auto;
}
```

不要なプロパティは引数でnullを指定します。marginとpaddingは初期値にnullを設定しているので省略可能です。

コンパイル後のCSSのように引数でnullを定義したプロパティは消えています。ルールセットごとにまとめて指定する場合は、引数よりミックスインが管理しやすいでしょう。今回はボックスレイアウトの横幅と余白でミックスインにしましたが、色々なプロパティと組み合わせて使うことができるでしょう。

なお、nullは単一の値の場合のみプロパティも消えるので、値が複数ある場合は、プロパティは消えずその値のみがなくなります。そのため、次のような場合は、値の一部が空になるだけです。

Sass

```
$duration: null;
a {
  transition: all $duration linear;
}
```

CSS（コンパイル後）

```
a {
  transition: all linear;
}
```

$duration がなくなりました。

複数のベンダープレフィックスをまとめて制御したい場合などは、@ifを使用したほうがいいでしょう。「null」の特性を理解することで条件分岐などをより作りやすくなります。

calc()とSassを組み合わせて四則演算を便利に使う

CSSにはネイティブで四則演算できるcalc()という関数があります。

Sassでも四則演算はできますが、calc()はSassにはできない単位の違う計算や、動的な計算ができるので、組み合わせて効果的に使うことができます。今回は横幅100%のボックスからボーダーの横幅を引くcalc()をサンプルに、Sassとcalc()を一緒に使う方法を説明します。

まずはcalc()をSass内で使ってみます。

Sass

```
.item {
  width: calc(100% - 1px * 2);
}
```

CSS（コンパイル後）

```
.item {
  width: calc(100% - 2px)
}
```

100%の横幅から左右ボーダー1px分の2pxを引くイメージのルールセットです。単位が違う計算はSassではできないので、calc()を使わないとコンパイルエラーになります。

calc()の括弧内の演算は1px * 2の部分が処理されました。

このままでも問題はありませんが、汎用性を考えて変数に入れてみましょう。

Sass

```
$border: 1px;
.item {
  width: calc(100% - $border * 2);
}
```

CSS（コンパイル後）

```
.item {
  width: calc(100% - 2px);
}
```

calc()の中に書いた変数は処理され、続く * 2の計算結果を返しています。

calc()の式のまま使うには、#{～}のインターポレーションで囲みます。

Sass

```
$border: 1px;
.item {
  width: calc(100% - #{$border} * 2);
}
```

CSS（コンパイル後）

```
.item {
  width: calc(100% - 1px * 2);
}
```

これでcalc()の式のままコンパイルされました。

変数内に演算を書いてしまうと、Sassは計算した値を渡してしまうので注意が必要です。次の例では「100% - 2px」は単位が違うので、Sassではコンパイルエラーになってしまうため、単位を変えています。

Sass

```
$box: 100px - 1px * 2;
.item {
    width: calc(#{$box});
}
```

CSS（コンパイル後）

```
.item {
  width: calc(98px);
}
```

calc()内にはSassが処理した計算結果が表示されてしまいます。この場合は変数をクォートで囲んで文字列にします。

Sass

```
$box: "100px - 1px * 2";
.item {
    width: calc(#{$box});
}
```

CSS（コンパイル後）

```
.item {
  width: calc(100px - 1px * 2);
}
```

これでcalc()内にそのまま計算式が入りました。

複数の計算を組み合わせることも可能です。

Sass

```
$box: "100px - 1px * 2";
$contents: "100% - 20px";
.item {
    width: calc(#{$contents} - ⏎
#{$box});
}
```

CSS（コンパイル後）

```
.item {
  width: calc(100% - 20px - 100px ⏎
- 1px * 2);
}
```

calc()はブラウザで動的に計算ができ、Sassの四則演算は計算済みの値をCSSにコンパイルします。

メリットを理解し、適宜使い分けをしましょう。

@forを使って余白調整用のclassを生成する

イレギュラーな要素に対して余白を入れたい場合、毎回意味のあるclass名を考えるのは実際のところ難しい部分があります。そんなとき、余白調整用のclassがあるとやはり便利です（もちろん、頼りきりになってしまうのはよくありませんが……）。

さて、この余白調整用のclassは、制御構文の@forを使うことで一気に生成することができます。生成するclassの数を簡単に変えられるのもSassならではのメリットです。

次の例を見てください。

Sass

```
$spaceClass: true !default;
$spacePadding: false !default;
$endValue: 10 !default;

@if $spaceClass {
  @for $i from 0 through $endValue {
    .mt#{$i * 5} {
      margin-top: 5px * $i !important;
    }
    .mb#{$i * 5} {
      margin-bottom: 5px * $i !important;
    }
    @if $spacePadding {
      .pt#{$i * 5} {
        padding-top: 5px * $i !important;
      }
      .pb#{$i * 5} {
        padding-bottom: 5px * $i !important;
      }
    }
  }
}
```

最初に、変数を使って余白調整用のclassの設定ができるようになっています。$spaceClassは、余白調整用のclassを使うなら「true」、使わないなら「false」にすることで設定できます。$spacePaddingは、paddingによる余白調整用classを使うか使わないかの設定ができます。最後の$endValueは、@forの終了の数値を変数にしているので、値を増減することで繰り返す数(生成するclassの数)を調整できます。

これをコンパイルすると次のようになります。

CSS(コンパイル後)

```
.mt0 {
  margin-top: 0px !important;
}

.mb0 {
  margin-bottom: 0px !important;
}

.mt5 {
  margin-top: 5px !important;
}

.mb5 {
  margin-bottom: 5px !important;
}

...(略)...

.mt50 {
  margin-top: 50px !important;
}

.mb50 {
  margin-bottom: 50px !important;
}
```

これで、margin-topとmargin-bottomが0px～50pxまで、5px単位で生成されました。padding-topとpadding-bottomも追加したい場合は、「$spacePadding」の値を「true」にすることで、margin-top、margin-bottom同様に、padding-top、padding-bottomのclassが5px単位で生成されます。

もし、classを100px分まで生成したい場合は「$endValue」の値を「20」にすればOKです。ただ、余白調整用のclassが増えすぎると、当然CSSのコード量も増えすぎてしまうので計画的に利用してください。

リストマーカー用の連番を使ったclass名を作成する

1つのサイト内でも、ページや用途によって、似たようなリスト用のマーカー画像を、複数スライスして使うことがあります。その際、リスト用のスタイルに、連番を使ったclassを用意してスタイルを使うといったことがあると思います。

次のように@for（@whileでも可能）を活用すれば、連番のスタイルを簡単に作ることができます。

Sass

```
%markBase {
  padding-left: 15px;
  background-position: 0em .5em;
  background-repeat: no-repeat;
}

@for $i from 1 through 3 {
  .mark_#{$i} {
    @extend %markBase;
    background-image: url(../ img/⏎
mark_#{$i}.png);
  }
}
```

CSS（コンパイル後）

```
.mark_3, .mark_2, .mark_1 {
  padding-left: 15px;
  background-position: 0em .5em;
  background-repeat: no-repeat;
}

.mark_1 {
  background-image: url(../img/ ⏎
mark_1.png);
}

.mark_2 {
  background-image: url(../img/ ⏎
mark_2.png);
}

.mark_3 {
  background-image: url(../img/ ⏎
mark_3.png);
}
```

@forの中で共通のスタイルを書いてしまうとその都度生成されるので、エクステンド専用のプレースホルダーセレクタを使って、リストマーカー用のベーススタイルを書いておきます。そして、数値が変わるスタイルだけを@for内に書いておきます。また、変数名「$i」をセレクタやファイル名で使っているので、#{ ～ }で囲うインターポレーションを忘れずに付けておきましょう。

リストの数が多くなる場合、終了の値「3」を増やすだけで対応できるのでとても便利です。

連番を使ったclass名のゼロパディング（0埋め）をする

前項の例では、連番がmark_1.png、mark_2.png……のようになっていました。しかし、実際に画像のファイル名を連番で付ける際などは、mark_01.png、mark_02.png……というようにゼロパディングをしているケースが多いのではないでしょうか？ そういった場合は、次のように書くことでゼロパディングに対応することができます。

Sass

```
@for $i from 1 through 15 {
  $tmp: if(
    $i < 10, "0#{$i}", "#{$i}"
  );
  .mark_#{$tmp} {
    background-image: url(../img/mark_#{$tmp}.png);
  }
}
```

連番の数が10未満のときだけ、ゼロパディングするようにしています。これをコンパイルすると次のようになります。

CSS（コンパイル後）

```
.mark_01 {
  background-image: url(../img/mark_01.png);
}

.mark_02 {
  background-image: url(../img/mark_02.png);
}

...（略）...

.mark_14 {
  background-image: url(../img/mark_14.png);
}

.mark_15 {
  background-image: url(../img/mark_15.png);
}
```

文字リンクカラーのミックスインを作る

文字のリンクカラーをミックスインで簡単に作成しましょう。ネストと&(アンパサンド)による擬似クラスを指定してもいいのですが、ミックスインを使えばより楽に指定できます。

Sass

```
@mixin link-color($normal, $hover) {
  color: $normal;
  &:hover {
    color: $hover;
    text-decoration: none;
  }
}

a {
  @include link-color(#f00, #00f);
}
```

通常色とホバー時の色と下線なしを指定した「link-color」ミックスインです。@includeして引数で色を指定します。これをコンパイルすると次のようになります。

CSS（コンパイル後）

```
a {
  color: #f00;
}
a:hover {
  color: #00f;
  text-decoration: none;
}
```

マウスオーバーまで指定することができました。今回は:hoverのみ指定しましたが、用途に応じて:visitedなどの擬似クラスも追加するといいでしょう。

先ほどの例から少し変更を加え、変数を定義しておくと、使いまわす場合に楽になります。次のコードを見てください。

Sass

```
$normal: #f00;
$hover: #00f;
@mixin link-color($n:$normal, ⏎
$h:$hover) {
  color: $n;
  &:hover {
    color: $h;
    text-decoration: none;
  }
}

a {
  @include link-color;
}
```

CSS（コンパイル後）

```
a {
  color: #f00;
}
a:hover {
  color: #00f;
  text-decoration: none;
}
```

変数で初期値を定義しているので引数がない場合は変数の値が使われます。

変数もしくは第2引数で、マウスオーバーの色も指定しましたが、色の関数を使ってマウスオーバーの色を自動作成することもできます。

Sass

```
@use 'sass:color';

@mixin link-color2($n) {
  color: $n;
  &:hover {
    color: color.adjust($n, ⏎
$lightness: 30%);
    text-decoration: none;
  }
}

a {
  @include link-color2(#f00);
}
```

CSS（コンパイル後）

```
a {
  color: #f00;
}
a:hover {
  color: #ff9999;
  text-decoration: none;
}
```

color.adjust()関数に、$lightnessを使いマウスオーバーの色を指定した文字色から30%明るくしました。反対に暗くしたい場合は、マイナス値を指定することで可能です。他にも$alphaを使えば透明度を変更できたりするので、目的に応じてカスタマイズして使えるでしょう。

今回は、絶対値指定（加算）のcolor.adjust()関数を使いましたが、color.scale()関数を使えば相対値指定（乗算）で変更することが可能です。

複数の値を@eachでループし、ページによって背景を変更する

ヒント*25

@each文については下記を参照してください。

詳しくは ➔ P.143

@eachは、配列（リスト）の要素それぞれに対して記述した処理を実行して出力することができます。第4章の「制御構文で条件分岐や繰り返し処理を行う」で使用した@each文[*25]を見てみましょう。

Sass

```
$nameList: top, about, company, contact;

@each $name in $nameList {
  .body-#{$name} {
    background-image: url(../img/bg_#{$name}.png);
  }
}
```

変数を配列にセットして、セレクタと画像名をループしています。

CSS（コンパイル後）

```
.body-top {
  background-image: url(../img/bg_top.png);
}
.body-about {
  background-image: url(../img/bg_about.png);
}
.body-company {
  background-image: url(../img/bg_company.png);
}
.body-contact {
  background-image: url(../img/bg_contact.png);
}
```

このように、class名と画像名に変数の配列で定義した値がループして作成されます。

変数に多次元配列を使えば、それぞれ違う値を割り振ることもできます。次のように変数を定義します。

Sass

```
$bgSetList: top red, about blue, company green, contact⏎
yellow;
```

ただし、このままではスペースを含めた値として表示してしまうので、list.nth()関数を使い配列から値を取得します。

Sass

```
@use 'sass:list';

@each $bgSet in $bgSetList {
  .body-#{list.nth($bgSet, 1)} {
    background-image: url(../img/bg_#{list.nth⏎
($bgSet, 2)}.png);
  }
}
```

ヒント*26

list.nth()関数に関しては下記を参照してください。

詳しくは → P.154

list.nth()関数[*26]でclass名には1番目の値、画像名には2番目の値を指定します。これをコンパイルすると次のようになります。

CSS（コンパイル後）

```
.body-top {
  background-image: url(../img/bg_red.png);
}

...(略)...

.body-contact {
  background-image: url(../img/bg_yellow.png);
}
```

class名と画像名それぞれが別の値でループすることができました。今回は画像名でしたが、色やリピートの方向などにも応用できるでしょう。

変数を,（カンマ）で区切り、配列にしましたが、( )（丸括弧）でも配列にできるので、次のように書いても、同じ結果をコンパイルできます。

Sass

```
$bgSetList: (top red)(about blue)(company green) ⏎
(contact yellow);
$bgSetList: (top,red)(about,blue)(company,green) ⏎
(contact,yellow);
$bgSetList: ((top)(red))((about)(blue))((company)⏎
(green))((contact)(yellow));
```

ここでは、List型による多次元配列を使いましたが、本章の「Map型と@eachを使ってSNSアイコンを管理する」（P.217）で紹介しているMap型でも可能です。

シンプルなグラデーションのミックスインを作る

色の関数を使い、シンプルなグラデーションのミックスインを作ってみましょう。少し色が変化する線形グラデーションは、シンプルですが一番使うことが多いグラデーションです。

Sass

```
@use "sass:color";

@mixin linear-gradient($color: #f00, $way: to bottom, ⏎
$percent: 20%) {
  background-image: linear-gradient($way, $color 0%, ⏎
color.adjust($color, $lightness: $percent) 100%);
}
```

「linear-gradient」というミックスイン名で作成しました。これを引数なしでコンパイルすると次のようになります。

Sass

```
.item {
  @include linear-gradient;
}
```

CSS（コンパイル後）

```
.item {
  background-image: linear-gradient(to bottom, #f00 0%,⏎
#ff6666 100%);
}
```

初期値は上から下に向かって、赤が20%明るくなる線形のグラデーションです 図5。

なお、引数は次のように設定しています。

図5　初期値のグラデーション

```
@include linear-gradient(開始色, 方向, 明るくするパーセント);
```

ヒント*27

color.adjust()関数については下記を参照してください。

詳しくは → P.278

引数を変えることでグラデーションの色と方向を変えることができます。方向はCSSと同じ記法の「to」+「向かう方向」で指定します。終了色はcolor.adjust()関数*27で明るくしています。

Sass

```
.item {
  @include linear-gradient(#999, to right, 50%);
}
```

右に向かってグレーが50%明るくなるグラデーションを指定しました 図6 。これをコンパイルすると次のようになります。

CSS（コンパイル後）

```
.item {
  background-image: linear-gradient(to right, #999 0%, ⏎
hsl(0, 0%, 110%) 100%);
}
```

初期値を定義しているので、第1引数のみ定義して、第2、第3引数を省略することもできます。また、第2のみ第3のみを記述したい場合は、「@include linear-gradient($percent: 6%) ;」のように引数名を指定して対応します。終了色を暗くしたい場合は第3引数の%（パーセント）をマイナス値にすればOKです。

図6 グレーのグラデーション

Map型と@eachを使ってSNSアイコンを管理する

データタイプのMap型[*28]を組み合わせると、ボタンなどのパーツ類や色の管理がしやすくなります。ここでは多くのサイトで使われるSNSアイコンの管理を例に紹介します。

ヒント*28

Map型に関しては、第4章の「Sassのデータタイプについて」で説明しています。

詳しくは → P.168

各SNSごとに背景画像と背景色を変更する

まずは、簡単な例としてSNSごとに背景画像と背景色を変更したい場合のコードを見てみましょう。

Sass

```
// Map型を使って定義
$sns-colors: (
  x: #000,
  facebook: #1877f2,
  instagram: #cf2e92,
);

// SNSアイコン
.sns {
  &__btn {
    background-repeat: no-repeat;
    // @each で処理を繰り返す
    @each $key, $value in $sns-colors {
      &.-#{$key} {
        background-image: url(/img/icon_#{$key}.png);
        background-color: $value;
      }
    }
  }
}
```

最初に、Map型を使いサービス名と背景色を定義しています。そして、定義した$sns-colorsを@each[*29]を使って繰り返しています。

@eachに続く「$key, $value」は好きに付けられるので「$name, $color」など自身がわかりやすければ何でも問題ありません。

これをコンパイルすると次のようになります。

ヒント*29

@each文については下記を参照してください。

詳しくは → P.143

CSS（コンパイル後）

```
.sns__btn {
  background-repeat: no-repeat;
}
.sns__btn.-x {
  background-image: url(/img/icon_x.png);
  background-color: #000;
}
.sns__btn.-facebook {
  background-image: url(/img/icon_facebook.png);
  background-color: #1877f2;
}
.sns__btn.-instagram {
  background-image: url(/img/icon_instagram.png);
  background-color: #cf2e92;
}
```

Map型で定義した背景画像と背景色が無事に展開されました。SNSアイコンを増やしたい場合は、キーと値のペアを足すだけなので管理が楽になります。

サービス名とファイル名が異なる場合

次は、サービス名とファイル名が異なる場合の例を見てみましょう。

何らかの事情で画像のファイル名がすでに決められていたり、拡張子がSNSアイコンによって違うといった状況があるかもしれません。そんなときはMap型でもList型と同様に多次元配列を使って定義することで対応できます。

Sass

```
// Mapを使ってファイル名と背景色を定義
$sns-colors: (
  x: '01.png' '#000',
  facebook: '02.jpg' '#1877f2',
  instagram: 'insta.png' '#cf2e92',
);
```

先ほどは、キーに対して値が1つでしたが、2つになったのが確認できます。

しかし、このままでは多次元配列で定義した値を先ほどと同じように取得すると、スペースを含めた1つの値として取得してしまいます。ですので、次のようにlist.nth()関数[*30]を使って取得する必要があります。

ヒント*30

list.nth()関数に関しては下記を参照してください。

詳しくは → P.154

Sass

```
@use 'sass:list';

// SNSアイコン
.sns {
  &__btn {
    background-repeat: no-repeat;
    // @each で処理を繰り返す
    @each $key, $values in $sns-colors {
      &.-#{$key} {
        background-image: url(/img/icon/#{list.⏎
nth($values, 1)});
        background-color: #{list.nth($values, 2)};
      }
    }
  }
}
```

これをコンパイルすると次のようになります。

CSS（コンパイル後）

```
.sns__btn {
  background-repeat: no-repeat;
}
.sns__btn.-x {
  background-image: url(/img/icon/01.png);
  background-color: #000;
}
.sns__btn.-facebook {
  background-image: url(/img/icon/02.jpg);
  background-color: #1877f2;
}
.sns__btn.-instagram {
  background-image: url(/img/icon/insta.png);
  background-color: #cf2e92;
}
```

それぞれのサービス名とファイル名、背景色がちゃんと生成されました。

SNSアイコンの幅も変更できるようにする

最後に、SNSアイコンの幅を設置場所に応じて変更できるようにした例を見てみましょう。

Map型はネストできるので、次のようにまとめて書くことができます。

Sass

```
// SNS設定
$sns-config: (
  colors: (
    x: #000,
    facebook: #1877f2,
    instagram: #cf2e92,
  ),
  sizes: (
    sm: 25%,
    md: 50%,
    lg: 100%,
  )
);
```

このネストしたMap型の値を取得するには、map.get関数を使います。

Sass

```
@use 'sass:map';

// SNSアイコン
.sns {
  &__btn {
    @each $name, $color in map.get($sns-config, 'colors') {
      &.-#{$name} {
        background: $color url(/img/icon_#{$name}.png)⏎
no-repeat center;
      }
    }
    @each $size, $width in map.get($sns-config, 'sizes') {
      &.-#{$size} {
        width: $width;
      }
    }
  }
}
```

Map型の値を取得するのがやや手間になってしまいますが、Map型をネストして使うことで、グルーピングされるため、どこからどこまでがSNS関係の定義をしているかがわかりやすくなります。

これをコンパイルすると次のようになります。

CSS（コンパイル後）

```
.sns__btn.-x {
  background: #000 url(/img/icon_x.png) no-repeat center;
}
.sns__btn.-facebook {
  background: #1877f2 url(/img/icon_facebook.png) ⏎
no-repeat center;
}
.sns__btn.-instagram {
  background: #cf2e92 url(/img/icon_instagram.png) ⏎
no-repeat center;
}
.sns__btn.-sm {
  width: 25%;
}
.sns__btn.-md {
  width: 50%;
}
.sns__btn.-lg {
  width: 100%;
}
```

SNSごとの背景色と背景画像に加え、幅を調整するためのスタイルも書き出されました。

ここで紹介したMap型と@eachを使ったSNSアイコンの管理はリスト型でも同じことが可能ですが、Map型を活用することで見通しのよいコードになり、管理もしやすくなります。

また、Map型にはmap.get関数を始めとする専用の関数[*31]も用意されているので、List型に比べデータが扱いやすいのもメリットの1つです。

ヒント*31

Map型専用の関数に関しては下記を参照してください。

詳しくは ➔ P.287

値が比較しづらいz-indexをMap型で一括管理する

z-indexはサイト全体で値の比較がしづらく、ボックスの重ね順がうまくいかなかったり、z-indexの値がどんどん大きくなってしまうことがよくあります。

そんなときはマップを使ってz-indexを一括管理してみましょう。

まずは変数$layerをMap型にし、キーにレイヤー名、値にz-indexの数値を定義します。

Sass

```
$layer: (
  modal        : 100,
  header       : 20,
  tooltip      : 10,
  default      : 1
);
```

Map型を取得するにはmap.get()関数を使いますが、z-indexと値はセットと考えられますので、ミックスインでまとめてしまいましょう。

Sass

```
@use 'sass:map';

@mixin z-index($key) {
  z-index: map.get($layer, $key);
}
.modal {
  @include z-index(modal);
}
.header {
  @include z-index(header);
}
.tooltip {
  @include z-index(tooltip);
}
```

CSS（コンパイル後）

```
.modal {
  z-index: 100;
}

.header {
  z-index: 20;
}

.tooltip {
  z-index: 10;
}
```

作成したz-index管理用のミックスインに、引数でレイヤー名を指定すればマップで定義した値になります。これでz-indexの値を一括管理し、重ね順が変わったりレイヤーが増えたりしても変数の値を変えるだけで管理できるようになりました。

@functionを使ってpx指定する感覚でフォントサイズをrem指定する

CSSを書いていると、rem指定したい場合に「14px相当は何remを指定すればよかったっけ？」と迷うことがあります。次のように@functionを使い独自の関数を定義しておけば、簡単にrem指定ができるようになります。

Sass

```
@use 'sass:math';

$baseFontSize: 16;
html {
  font-size: $baseFontSize + px;
}
@function rem($pixels, $context: $baseFontSize) {
  @return math.div($pixels, $context) * 1rem;
}
```

remのベースサイズとなるpx数を変数$baseFontSizeに定義します。そして、自作関数remに、第1引数は指定するpx値、第2引数はベースサイズを定義します。

関数内で「指定したpx」÷「ベースサイズ」×1remで計算した値を返してくれます。

これを実際に使う場合、次のように書きます。

Sass

```
.text {
  font-size: rem(12);
}
```

CSS（コンパイル後）

```
.text {
  font-size: 0.75rem;
}
```

このように、px指定する感覚でrem指定できます。

一時的にベースサイズを変更したい場合も第2引数を指定すれば変更することが可能です。

Sass

```
.text {
  font-size: rem(14, 12);
}
```

CSS（コンパイル後）

```
.text {
  font-size: 1.1666666667rem;
}
```

このようにベースサイズ12pxの場合の14pxのremを計算できました。

5-3 スマホ・マルチデバイス、ブラウザ対応で使えるテクニック

本節のサンプルコード
https://book3.scss.jp/code/c5-3/

スマートフォンや、タブレット端末などマルチデバイス対応で使えるテクニックや、ブラウザ対応に関するテクニックを紹介します。

スマホサイトでよく見る、リストの矢印をミックスインで管理する

スマートフォン向けサイトやタブレット向けのサイトの場合、右側に「>」などの矢印を付けたデザインがよく使われます 図7。

そこで、この矢印をミックスインとしてあらかじめ定義しておき、いつでも呼び出せるようにします。まずは、基本となるミックスインを用意します。

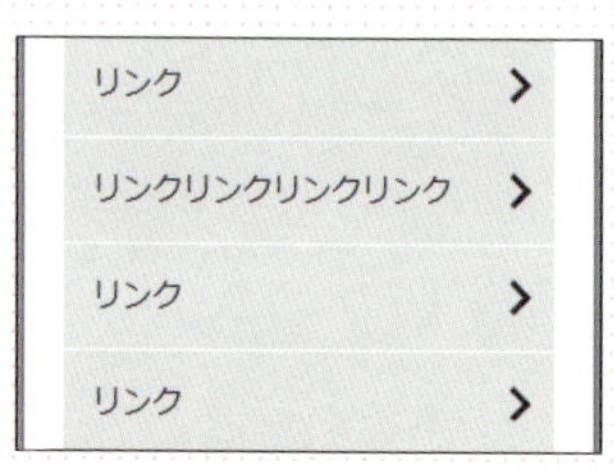

図7 スマホ向けサイトなどでよく見かける矢印が付いたリンク

このミックスインを、呼び出したいルールセットで@includeします。

Sass
```
@mixin linkIcon($color: #333) {
  &::before {
    content: "";
    position: absolute;
    top: 50%;
    right: 15px;
    width: 10px;
    height: 10px;
    margin-top: -7px;
    border-top: 3px solid $color;
    border-right: 3px solid $color;
    transform: rotate(45deg);
  }
}
```

Sass（ミックスインを呼び出す）

```
ul.linkList {
  margin: 20px;
  li {
    list-style: none;
    margin: 0 0 1px;
    a {
      position: relative;
      display: block;
      padding: 15px {
        right: 27px;
      }
      background: #eee;
      color: #333;
      text-decoration: none;
      @include linkIcon();
      }
  }
}
```

CSS（コンパイル後）

```
ul.linkList {
  margin: 20px;
}
ul.linkList li {
  list-style: none;
  margin: 0 0 1px;
}
ul.linkList li a {
  ...(略)...
}
ul.linkList li a::before {
  content: "";
  position: absolute;
  top: 50%;
  right: 15px;
  width: 10px;
  height: 10px;
  margin-top: -7px;
  border-top: 3px solid #333;
  border-right: 3px solid #333;
  transform: rotate(45deg);
}
```

このミックスインでは引数にborder-colorを渡しているので、「@include linkIcon(#383F9A);」などと書けば簡単に矢印の色を変更することができます 図8。

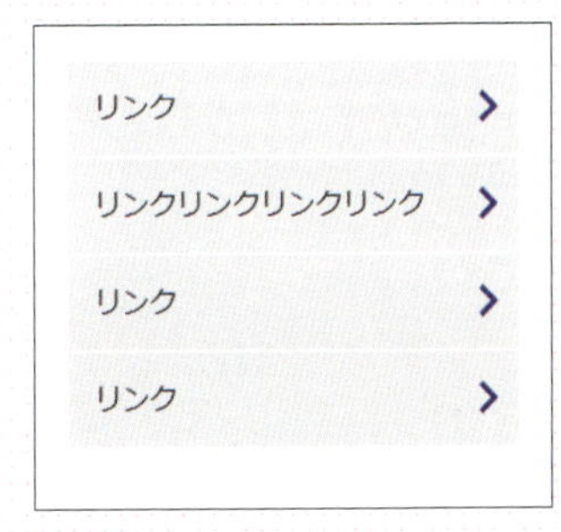

図8 引数の値を変えるだけで、矢印の色を変更することができる

メディアクエリ用のミックスインを作成して楽々レスポンシブ対応

レスポンシブWebデザインの場合、メディアクエリ（Media Queries）を使って対応するため、次のようにCSS内に@mediaを書く必要があります。

CSS
```
@media (width <= 767px) { ... }
@media (width <= 320px) { ... }
```

このようにメディアクエリを毎回書くのは結構な手間になってしまいますし、後からブレイクポイントを変更したい場合、すべて変更する必要があるので、非常に効率が悪くなってしまいます。

そこで、メディアクエリ用のミックスインをあらかじめ作成しておけば、効率よくSassコーディングが進められるようになります。メディアクエリ用のミックスインはいくつかの方法がありますが、今回はMap型で複数のブレイクポイントを定義して管理する方法を紹介します。

まずは、Map型でブレイクポイントを定義します。

Sass
```
$breakpoints: (
  xs: "(width <= 320px)",
  s : "(width <= 575px)",
  m : "(width <= 767px)",
  l : "(width <= 991px)",
  xl: "(width <= 1199px)",
);
```

値はデータタイプのString型（文字列）にするため、"（ダブルクォーテーション）で囲っています。キーと値はもちろん自由に変更できるので、案件に応じて適所変更すれば柔軟に対応できます。

次に、ミックスインを作成します。

```scss
@use 'sass:map';

@mixin media($breakpoint) {
  @media #{map.get($breakpoints, $breakpoint)} {
    @content;
  }
}
```

ヒント*32

@contentについては下記を参照してください。

詳しくは → P.127

Map型で定義した値を取得するためにmap.get()関数を使い、@content[*32]でルールセットやスタイルをミックスインに渡して展開されるようにしています。

そして、このミックスインを使う場合は次のように書きます。

Sass

```scss
body {
  background-color: white;
  @include media(l) {
    background-color: blue;
  }
  @include media(m) {
    background-color: green;
  }
}
```

CSS（コンパイル後）

```css
body {
  background-color: white;
}
@media (width <= 991px) {
  body {
    background-color: blue;
  }
}
@media (width <= 767px) {
  body {
    background-color: green;
  }
}
```

コンパイル前後のコードを見比べると、記述量の違いは歴然かと思います。これで、レスポンシブ対応が楽に行え、ルールセット内で完結するのでコードの見通しもよくなります。

しかし、この方法は気軽にメディアクエリが書けるようになる反面、ルールセット内で頻繁に使いすぎてしまう傾向があります。そうすると、コンパイル後のCSSでは大量のメディアクエリが書き出され、ファイル容量が増えてしまうという問題も生じてしまいます。

この問題に関しては、本章の「バラバラになったメディアクエリをまとめてコード量を削減してスッキリさせる」（P.253）に書かれている方法で解決することができます。

マップのキーの有無をmap.has-key()で判定してわかりやすいエラー表示にする

本項では、前項で紹介した「メディアクエリ用のミックスインを作成して楽々レスポンシブ対応」(P.226)で作成したミックスインに手を加えていきたいと思います。

作成したメディアクエリ用のミックスインを使う際、存在しないキーをミックスインの引数に使ってしまうと次のようなエラーが表示されます 図9。

● Dart Sass 1.79.3で表示されるエラーメッセージ

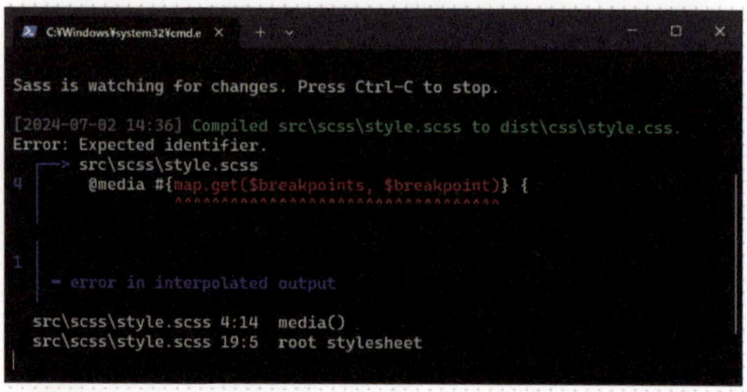

```
C:¥Windows¥system32¥cmd.e

Sass is watching for changes. Press Ctrl-C to stop.

[2024-07-02 14:36] Compiled src\scss\style.scss to dist\css\style.css.
Error: Expected identifier.
  ┌──> src\scss\style.scss
4 │     @media #{map.get($breakpoints, $breakpoint)} {
  │              ^^^^^^^^^^^^^^^^^^^^^^^^^^^^^^^^^^^^
  │
  │
1 │
  │ - error in interpolated output

  src\scss\style.scss 4:14  media()
  src\scss\style.scss 19:5  root stylesheet
```

図9 PowerShellに表示されるエラーログ

エラーが出ていることはわかりますが、具体的にどこがエラーなのかすぐにわかりません。そこで、エラーをわかりやすくするために、@errorを使ってメディアクエリ用のミックスインを次のように変更します。

Sass

```
@use 'sass:map';

@mixin media($breakpoint) {
  @if map.has-key($breakpoints, $breakpoint) {
    @media #{map.get($breakpoints, $breakpoint)} {
      @content;
    }
  }
  @else {
    @error "$breakpoints に #{$breakpoint} ってキーは無いよ ⏎
！";
  }
}
```

まず、4行目の@if map.has-key($breakpoints, $breakpoint)でキーの有無を判定しています。Map型専用のmap.has-key()関数は、マップ内に特定のキーがあるかどうかを調べるための関数です。キーがあればそのまま処理をし、キーがない場合は10行目に記述したエラーの内容を返すようにしています。

では、この変更でエラーになった場合、実際にどうなるか見てみましょう 図10。

● **Dart Sass 1.79.3で表示されるエラーメッセージ**

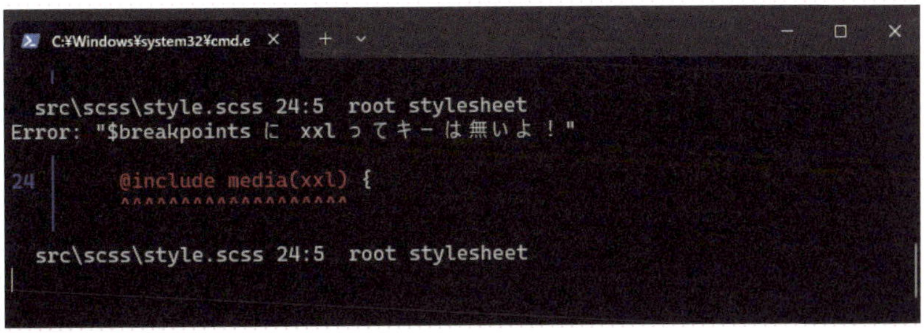

```
C:¥Windows¥system32¥cmd.e

  src\scss\style.scss 24:5  root stylesheet
Error: "$breakpoints に xxl ってキーは無いよ！"

24 │     @include media(xxl) {
   │     ^^^^^^^^^^^^^^^^^^^

  src\scss\style.scss 24:5  root stylesheet
```

図10 PowerShellに表示されるエラーログ

ログに「Error: "$breakpoints に xxl ってキーは無いよ！"」と表示されたことで、エラーの原因が一発でわかるようになりました。

メディアクエリ用のミックスインは使用頻度が高いので、その分打ち間違えなどケアレスミスも発生しやすいと思いますが、どこがエラーなのかわかりやすくすることで、エラー特定に時間を使わずに済みます。

ここではPowerShellでのエラー表示をサンプルで使用していますが、Sassのバージョンや環境によって表示方法が異なる可能性がありますので、ご利用の環境での表示方法を確認してください。

SassとCSSの変数、双方の利点を活かして柔軟にダークモード対応する

Sassに変数を追加するだけでCSS変数（カスタムプロパティ）にダークモードのカラー設定を展開できるようにします。

まずは次のように、Sassの変数を使いライトモードとダークモードのカラー設定をします。

Sass（style.scss）

```
$theme-colors: (
  background: (
    light: #ffffff,
    dark: #1a1a1a
  ),
  text: (
    light: #000000,
    dark: #ffffff
  ),
  link: (
    light: #002375,
    dark: #cad4ed
  ),
  primary: (
    light: #3498db,
  ),
  secondary: (
    light: #bf4080,
  )
);
```

CSS変数では、階層を持って変数を管理できませんが、Sassの変数を使うことにより、カラー設定を見通し良くまとめることができます。primary、secondaryのようなライトモードとダークモードが同じカラー設定の場合、ライトモードのみ設定します。

この設定したSassの変数を、@eachディレクティブを使い、$theme-colorsマップの各keyとvalueに対してループを実行し、次のようにCSS変数のフォーマットに展開します。ダークモードの判定はメディアクエリの(prefers-color-scheme: dark)を利用します。

Sass (style.scss)

```scss
@use 'sass:map';

:root {
  @each $key, $value in $theme-colors {
    --#{$key}: #{map.get($value, light)};
  }

  @media (prefers-color-scheme: dark) {
    @each $key, $value in $theme-colors {
      @if map.has-key($value, dark) {
        --#{$key}: #{map.get($value, dark)};
      }
    }
  }
}
```

CSS（コンパイル後）

```css
:root {
  --background: #ffffff;
  --text: #000000;
  --link: #002375;
  --primary: #3498db;
  --secondary: #bf4080;
}
@media (prefers-color-scheme: dark) {
  :root {
    --background: #1a1a1a;
    --text: #ffffff;
    --link: #cad4ed;
  }
}
```

メディアクエリの中でも@eachディレクティブを使い、再度$theme-colorsマップをループします。map.has-key()関数[*33]で、darkキーが存在するかチェックし、存在しない場合はスキップします。

あとはvar(--text)のような形で、var()関数で変数を読み出せばダークモードで色が切り替わるようになります。CSS変数で使うことで値を動的に変更可能となり、ユーザーによるテーマ切り替えなど柔軟な機能追加も可能になります。

このようにSassの変数とCSS変数の双方の利点を活かし、メンテナンス性と拡張性の高いダークモード対応を実現できます。

ヒント*33

Map型専用の関数に関しては下記を参照してください。

詳しくは → P.287

CSSハックをミックスインにして便利に使う

まだ使うことがあるかもしれない、Internet Explorer 11用のCSSハックを、ミックスインにして便利に使う方法を紹介します。

Sass（style.scss）

```
@mixin hack-ie11 {
  @at-root {
    @media all and (-ms-high-contrast: none) {
      *::-ms-backdrop, & {
        @content;
      }
    }
  }
}
```

ポイントは@at-rootで一度セレクタをルートに戻している点です。@at-rootがないと、セレクタの先頭にも.boxが付与されてCSSハックが適用されなくなってしまいます。

使用するには、@include hack-ie11をネストしてスタイルを指定します。

Sass（style.scss）

```
.box {
  background: red;
  @include hack-ie11 {
    background: blue;
  }
}
```

CSS（コンパイル後）

```
.box {
  background: red;
}
@media all and (-ms-high-contrast: none) {
  *::-ms-backdrop, .box {
    background: blue;
  }
}
```

これでInternet Explorer 11のみハックされbackground: blue;が上書きされます。

CSSハックは使わないに越したことはありませんが、ミックスインとして定義しておくことで、いざというときに便利です。なお、Sassやブラウザのアップデートなどにより、CSSハックの方法は変更される可能性があるので注意してください。

5-4 AIを活用したSassテクニック

AIはSassにおいても有用に使える場面が多いです。本節ではそんなAIを活用したテクニックを紹介します。

本節のサンプルコード

https://book3.scss.jp/code/c5-4/

本節では主に米OpenAIが開発したChatGPT[*34]にて解説しています。ChatGPTはメールアドレスの登録のみで無料で利用できるため、気軽に試すことができます。なお、AIは同じプロンプト[*35]でも結果が異なることがありますので、その場合は、より具体的なプロンプトにして試してください。

ヒント*34

まるで人間と対話しているかのように質問した内容に回答する対話型のAIサービスです。
https://openai.com/chatgpt/

ヒント*35

プロンプトとは、ユーザーが入力する指示や質問のことです。

CSSをSassの機能を活かしたSassに変換してもらう

CSSをSassに変換したい場合、CSS to Sassのような変換サービスを使っても可能ですが、AIを使うとSassの機能を活かした形で変換してくれます。簡単な例として、次のCSSをSassに変換した場合を見てみましょう。

CSS

```css
#side {
  width: 240px;
}
body.top #side {
  width: 300px;
}
#side ul.bnr {
  margin-bottom: 10px;
}
```

プロンプト

```
以下のCSSをSassの機能を活用してSCSS形式に変換してください。
...(CSS省略)...
```

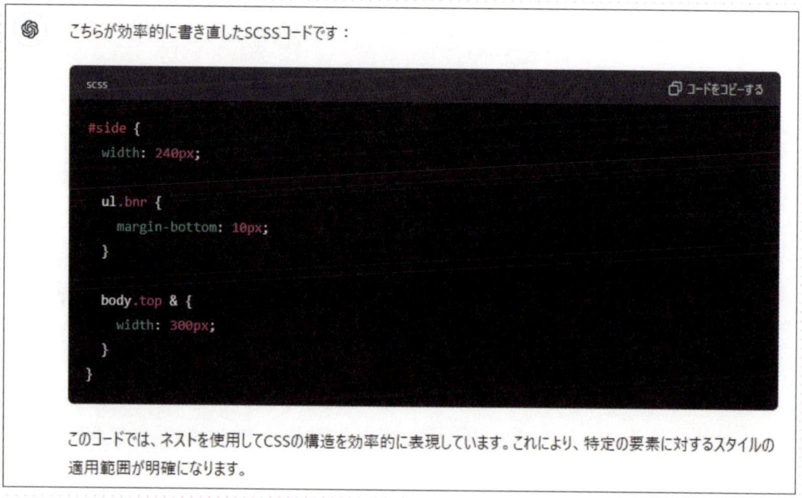

こちらが効率的に書き直したSCSSコードです：

```scss
#side {
  width: 240px;

  ul.bnr {
    margin-bottom: 10px;
  }

  body.top & {
    width: 300px;
  }
}
```

このコードでは、ネストを使用してCSSの構造を効率的に表現しています。これにより、特定の要素に対するスタイルの適用範囲が明確になります。

図11 実際に変換された様子

しっかりネストして、&(アンパサンド)も使って変換してくれています 図11。

CSS to Sassのような変換サービスだと、簡単なネストくらいは対応してくれますが、&(アンパサンド)を使った変換までは行ってくれません。より、Sassの機能を活用した変換を行いたい場合、AIを使ってみるといい結果を得られることも多いです。

Column

AIはミスや間違いも多い

かなり便利で賢いAIですが、残念ながら現状では、エラーになってしまうコードを提示したり、間違った情報を伝えることも多々あります。そのため、AIが作成したコードは必ず動作チェックを行い、コンパイル後のCSSが問題ないか確認するようにしましょう。

また、質問をした際も鵜呑みにはせず、他に信憑性の高い情報を探すようにしましょう。著者の平澤も、かなり自然な返答にうっかり騙されそうになったこともあります。

コードを書かずにSassを書いてもらう

具体的なコードを提示しなくとも、文書からSassを書いてもらうことも可能です。次のプロンプトを試してみましょう。

プロンプト

> about, products, company, contact ...と複数のページがあり、それぞれのページではbody要素にbody-[ページ名] のようなclassを割り振りしています。
> そのclassを利用して、背景画像を変更するSass(SCSS形式)をeachなどを使って管理しやすいコードを書いてください。

具体的なプロンプトを書くことで、比較的狙った結果を得やすくなります。実際に、ChatGPT 4oが生成したコードは次のようになっています 図12。

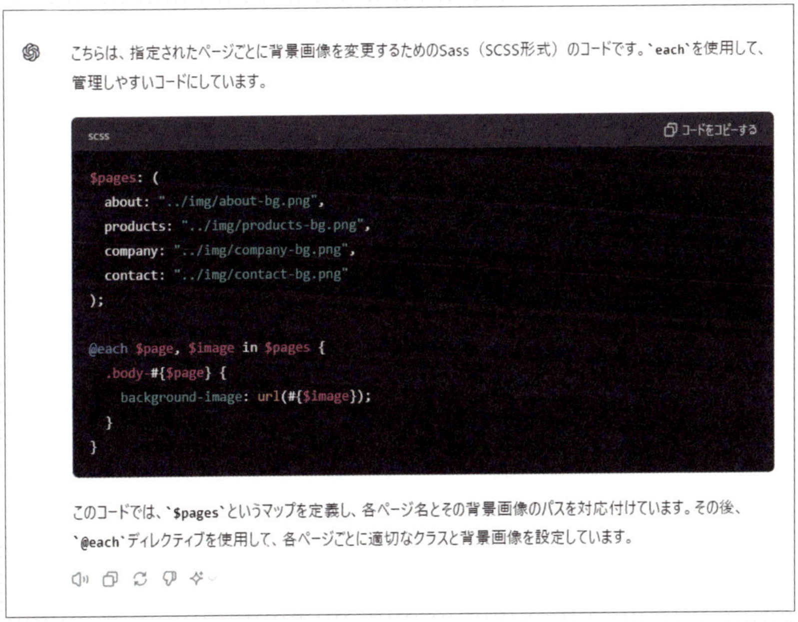

こちらは、指定されたページごとに背景画像を変更するためのSass（SCSS形式）のコードです。`each`を使用して、管理しやすいコードにしています。

scss　　コードをコピーする

```scss
$pages: (
  about: "../img/about-bg.png",
  products: "../img/products-bg.png",
  company: "../img/company-bg.png",
  contact: "../img/contact-bg.png"
);

@each $page, $image in $pages {
  .body-#{$page} {
    background-image: url(#{$image});
  }
}
```

このコードでは、`$pages`というマップを定義し、各ページ名とその背景画像のパスを対応付けています。その後、`@each`ディレクティブを使用して、各ページごとに適切なクラスと背景画像を設定しています。

図12 Mapを定義し@eachで効率的なコードが生成された

今回、Mapを定義したコードでしたが、ページ名と画像名は共通管理で問題ない場合、次のようなプロンプトを追加すれば、いい感じに変更してくれます 図13。

プロンプト

Map型を使わずに、シンプルな配列で、ページ名と背景画像は同じパスの場合のコードをお願いします。

こちらは、指定されたページごとに背景画像を変更するためのSass（SCSS形式）のコードです。シンプルな配列を使用して、ページ名と背景画像のパスを同じにしています。

```scss
$pages: about, products, company, contact;

@each $page in $pages {
  .body-#{$page} {
    background-image: url(../img/#{$page}-bg.png);
  }
}
```

このコードでは、`$pages`という配列を定義し、各ページ名を含めています。`@each`ディレクティブを使用して、各ページ名に対して適切なクラスと背景画像を設定しています。

図13 シンプルな配列のコードが生成された

このように、意図した結果と異なる場合は、より具体的な指示を出したり、何度も試すことで希望の結果に近づけることが可能です。

ChatGPT 4oが書いたSassをCSSにコンパイルすると次のようになりました。

CSS（コンパイル後）

```css
.body-about {
  background-image: url(../img/about-bg.png);
}
.body-products {
  background-image: url(../img/products-bg.png);
}
.body-company {
  background-image: url(../img/company-bg.png);
}
.body-contact {
  background-image: url(../img/contact-bg.png);
}
```

書いたSassを効率的に変換してもらう

CSSやSassを書いていると、同じようなコードを何回も書いているかも？というときがあります。次のSassを見てください。

Sass

```
.box {
  &.-dog { --keycolor: #81bead; }
  &.-cat { --keycolor: #819fcd; }
  &.-rabbit { --keycolor: #e18aad; }
}
```

同じようなコードが繰り返されており、あまり効率がよくありません。そこで次のようなプロンプトを書いてみましょう。

プロンプト

下記のSassのコードを効率的に書けないでしょうか？
...(Sass省略)...

以下のSassコードを効率的に書くためには、`@each`ディレクティブとマップ（Sassのネストされたリスト）を使用する方法があります。これにより、重複を避けてコードを整理できます。

scss　コードをコピーする

```scss
$animals: (
  dog: #81bead,
  cat: #819fcd,
  rabbit: #e18aad
);

.box {
  @each $animal, $color in $animals {
    &.-#{$animal} {
      --keycolor: #{$color};
    }
  }
}
```

このように、動物と色のペアをマップとして定義し、`@each`ディレクティブでループすることで、効率的にスタイルを生成できます。

図14 Map型とeachを使ったコードにしてくれた

Map型で定義された 図14 ことで、増減の際に効率的に管理できるようになりました。

ミックスインを定義してもらう

今度は、先ほどのコードを試しにミックスインにしてみましょう。次のようなプロンプトを書きます。

プロンプト

@eachなども含めミックスインで管理したいです。その際、ミックスインは、.boxのルールセット内で呼び出して使えるようにしたいです。

ミックスインを使用して、`@each`ループを含むSassコードを以下のように効率的に管理できます：

scss　コードをコピーする

```scss
// カラーのマップを定義
$animal-colors: (
  dog: #81bead,
  cat: #819fcd,
  rabbit: #e18aad
);

// ミックスインを定義
@mixin animal-colors($map) {
  @each $animal, $color in $map {
    &.-#{$animal} {
      --keycolor: #{$color};
    }
  }
}

// .box内でミックスインを呼び出す
.box {
  @include animal-colors($animal-colors);
}
```

このようにすることで、カラーの設定を簡潔に管理し、必要に応じてミックスインを他の場所でも再利用できるようになります。

図15 ミックスインとして定義してくれた

図15 の例では実用性はないかもしれませんが、ミックスインの定義でも対応してくれるので、色々なSassの書き方を覚えるのにも使っていけます。

Sassのエラーを修正してもらう

Sassを覚えはじめのころや色々な機能を使い始めると、エラーにハマってしまうことがあると思います。何気ないミスでも、要因がわからずに数時間費やしてしまった……なんてこともありがちです。

そういった場合に、エラーになっているコードを伝えれば、具体的なエラー箇所の説明と、コードを修正してもらうことが可能です。

Sass（エラーがあるSass）

```
$marks: (
  1: 'mark_1.png',
  2: 'mark_2.png',
  3: 'mark_3.png',
);

@for $i from 1 through 3 {
  .mark-#{$i} {
    background-image: url(#{$img_path}/#{$marks[$i]});
  }
}
```

プロンプトは、エラーが出ている部分のコードを貼り付けて、修正方法を聞けば問題ありません。

プロンプト

下記のSassがエラーになってしまいます。具体的にどう修正したらいいでしょうか？
...（Sass省略）...

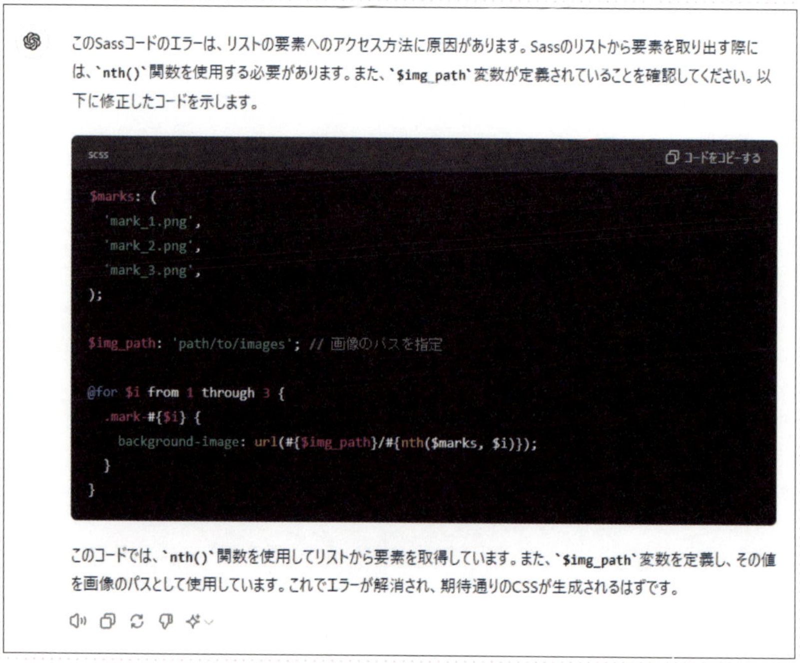

このSassコードのエラーは、リストの要素へのアクセス方法に原因があります。Sassのリストから要素を取り出す際には、`nth()`関数を使用する必要があります。また、`$img_path`変数が定義されていることを確認してください。以下に修正したコードを示します。

```scss
$marks: (
  'mark_1.png',
  'mark_2.png',
  'mark_3.png',
);

$img_path: 'path/to/images'; // 画像のパスを指定

@for $i from 1 through 3 {
  .mark-#{$i} {
    background-image: url(#{$img_path}/#{nth($marks, $i)});
  }
}
```

このコードでは、`nth()`関数を使用してリストから要素を取得しています。また、`$img_path`変数を定義し、その値を画像のパスとして使用しています。これでエラーが解消され、期待通りのCSSが生成されるはずです。

図16 エラー箇所の説明と、修正後のコードを教えてくれた

Sass（修正後）

```scss
$marks: (
  'mark_1.png',
  'mark_2.png',
  'mark_3.png',
);

$img_path: 'path/to/images'; // 画像のパスを指定

@for $i from 1 through 3 {
  .mark-#{$i} {
    background-image: url(#{$img_path}/#{nth($marks, ⏎
$i)});
  }
}
```

具体的なエラー箇所の説明と、修正後のコードの確認ができます 図16。この修正されたコードを試してみると、無事にコンパイルすることができました。

なお、同じ質問をしても、すべてのエラーが解消されないときもあったので、一度で必ずしも解消できるとは限りませんが、まだエラーが出てしまうと再度伝えることで解決することもあります。

処理内容に応じたコメントを追加してもらう

本章の「コメントを活用してコードをわかりやすくする」(P.186) でも触れましたが、引き継ぎが発生した場合など、適切なコメントを残しておくと、別の人が触る場合もわかりやすくなります。しかし、開発中にコメントを残さず、後から書こうと思うとわりと手間になってしまいます。そこで、AIにコメントを書いてもらいましょう。

次のようなリンクのカラーを管理しているミックスインがあります。現時点では何のコメントも付けていません。

Sass (コメントなし)

```
@mixin link-color($normal, $hover) {
  color: $normal;
  &:hover {
    color: $hover;
    text-decoration: none;
  }
}

a {
  @include link-color(#f00, #00f);
}
```

プロンプトはシンプルにコメントを付けて欲しいことを伝えれば問題ありません。

プロンプト

以下のSassで書いたミックスインのそれぞれの処理に適切なコメントを付与してください。
...(Sass省略)...

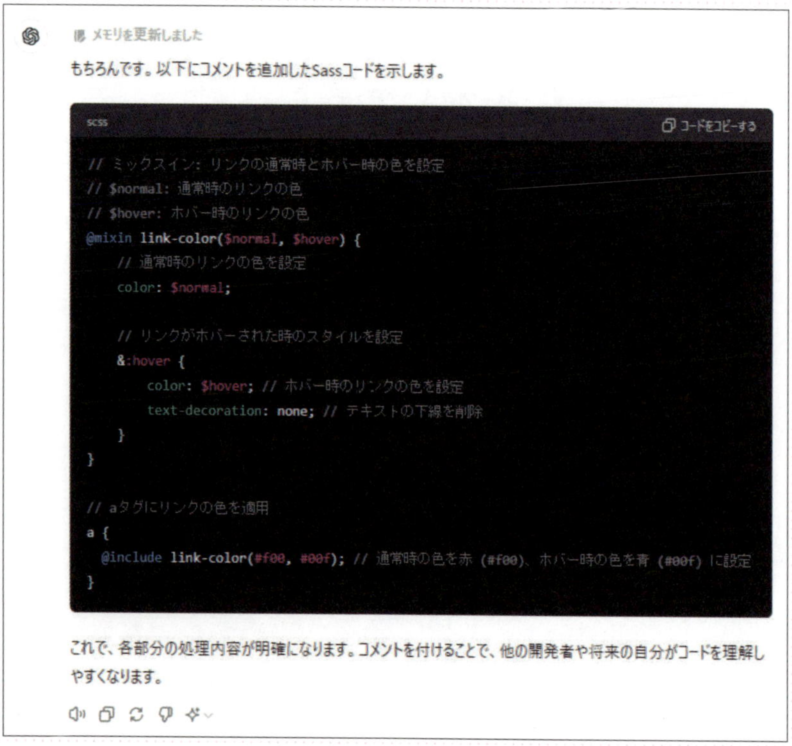

メモリを更新しました

もちろんです。以下にコメントを追加したSassコードを示します。

```scss
// ミックスイン: リンクの通常時とホバー時の色を設定
// $normal: 通常時のリンクの色
// $hover: ホバー時のリンクの色
@mixin link-color($normal, $hover) {
    // 通常時のリンクの色を設定
    color: $normal;

    // リンクがホバーされた時のスタイルを設定
    &:hover {
        color: $hover; // ホバー時のリンクの色を設定
        text-decoration: none; // テキストの下線を削除
    }
}

// aタグにリンクの色を適用
a {
  @include link-color(#f00, #00f); // 通常時の色を赤 (#f00)、ホバー時の色を青 (#00f) に設定
}
```

これで、各部分の処理内容が明確になります。コメントを付けることで、他の開発者や将来の自分がコードを理解しやすくなります。

図17 それぞれの処理にコメントが追加された

追加されたコメントを見ると 図17、やや過剰に追加されている部分もありますので、後からコメントを調整するなどしていい塩梅にしましょう。

Column

どのAIサービスがオススメ?

現在多くのAIサービスがありますが、著者が試した感じだと、ChatGPTとClaudeが頭一つ抜けている印象でした。特にChatGPT 4oとClaude 3.5 Sonnetになってからは、ほぼ想定したコードを提供してくれます。
次点で、GitHub Copilotが優秀です。プログラミング言語に強いのもあり、Sassでも希望の結果を得られることが多いです。また、Visual Studio Codeの拡張機能として使える点も非常に便利です。
なお、AIの進化は非常に速く、数カ月程度でも大幅に結果が変わる可能性もありますので、さまざまなAIサービスを試してみましょう。

PostCSSでSassをさらに便利にする

本節のサンプルコード

https://book3.scss.jp/code/c5-5/

ダウンロードURL

https://book3.scss.jp/dl/

第2章でSassをコンパイルする環境を作成しました。PostCSSでSassにはできない機能を拡張し、第2章で作成した環境をもっと便利にしてみましょう。

PostCSSの概要と事前準備

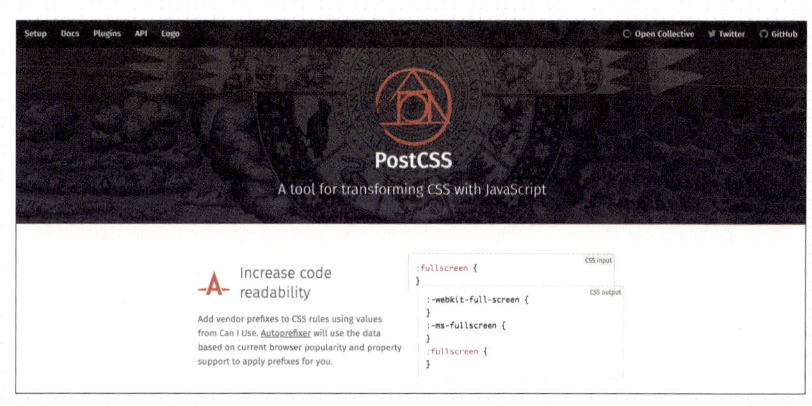

図18 PostCSS
公式サイト(https://postcss.org/)

PostCSSは、Node.js製のCSS変換ツールです 図18。プラグインを組み合わせることでさまざまな処理を行うことができます。CSSだけではなくSassにも使うことができるので、Sassの機能拡張に使ってみましょう。

PostCSSプラグイン

PostCSSの標準機能は解析とAPIの提供のみなので、CSSの処理にはプラグインが必要です。PostCSSのプラグインは、公式サイト「plugin」ページにプラグイン一覧のリンクが用意されているので、カテゴリごとに目的のプラグインが探せます。

現在350以上のプラグインが登録されています。

PostCSSのユースケース

PostCSSはSassにも使えますが、SassをCSSにコンパイル（変換）することはできません。あくまでも、Sassを処理し、出力もSassのままです。そのため、Sassと併用する場合は、次の組み合わせでの使用となります。

ヒント*36

Sassの 処 理 に は PostCSS SCSS Syntax プラグインが必要です。
https://github.com/postcss/postcss-scss

● Sassを処理

Sassファイルを Sassファイルに処理します[*36] 図19。

その後、SassをCSSにコンパイルします。Sassでコンパイルできない処理をPostCSSで事前に行います。

図19 SassをPostCSSで処理、その後SassをCSSにコンパイル

● コンパイルしたCSSを処理

SassをCSSにコンパイルしたCSSを処理します 図20。ポストプロセッサと呼ばれている方法です。

図20 SassをCSSにコンパイルしてからCSSをPostCSSで処理

● サンドイッチで処理

Sassのコンパイル前後で処理を行います 図21。

図21 PostCSSでSassを処理、SassをCSSにコンパイル、さらにCSSをPostCSSで処理

これらの組み合わせ指定は、一見複雑そうに見えますが、後述するnpm-scriptsやタスクランナーなどで簡単に順番を指定できます。

また、組み合わせ次第で複雑な処理を行いますが、PostCSSのコンパイルは非常に高速なのでSassのコンパイルと体感にあまり差は感じません。

PostCSSのインストール

PostCSSを黒い画面で使えるようにする準備として、npmから「postcss」パッケージと「postcss-cli」パッケージ[*37]をインストールしましょう。次のコマンドをプロジェクトのルートフォルダで実行します[*38]。

```
npm install --save-dev postcss postcss-cli
```

インストール後、postcssコマンドが使えるようになります。

次のように指定します。

postcssコマンド

```
postcss ./css/sample.css --output ./css/dist.css
```

Sassでコンパイルされたsample.cssをpostcssで処理し、dist.cssに書き出します。

本書では出力結果をわかりやすくするために、dist.cssというファイル名を指定していますが、適宜ファイル名を変更して結構です。

同じファイルを指定すると元のファイルが上書きされます。

npm-scriptsにpostcssコマンドを追加

第2章のsassコマンドと同様に、postcssコマンドを実行するために、npm-scriptsに追加します。sassコマンドと同様にWatch（監視）オプションが使えるので、そのコマンドもあわせて追加します。

ヒント*37

PostCSS CLI - https://github.com/postcss/postcss-cli

ヒント*38

カレントフォルダの移動やnpm installなどについては第2章を参照してください。

詳しくは → P.50

package.json

```
"scripts": {
  "sass": "sass ./sass:./css",
  "watch:sass": "sass ./sass:./css --watch",
  "postcss": "postcss ./css/sample.css --output ./css/⏎
dist.css",
  "watch:postcss": "postcss ./css/sample.css --output⏎
./css/dist.css --watch"
  },
```

これを実行するには、次のコマンドを入力します。

```
npm run postcss
# Watchの場合は
npm run watch:postcss
```

ただし、このコマンドではPostCSSのみの処理となってしまうので、Sassのコンパイルと別々に実行する必要があります。

納品時のみpostcssコマンドを実行する場合であれば問題ありません。

npm-run-all2でnpm-scriptsを並列実行する

npm-run-all2パッケージ[*39][*40]を導入して、Sassのコンパイルを行ったCSSに、PostCSSのコンパイルをワンライナーで実行できるようにしましょう。

npm-run-all2は、複数のnpm-scriptsを並列または直列に実行するためのパッケージです。

次のコマンドでインストールします。

```
npm install --save-dev npm-run-all2
```

コマンドをインストールしたら、さっそくpackage.jsonのscriptsに「dev」スクリプトを追加します。

ヒント*39

npm-run-all2 - https://github.com/bcomnes/npm-run-all2

ヒント*40

元はnpm-run-allでしたがメンテナンスが止まっており、フォークされたnpm-run-all2として引き継がれています。

package.json

```
"scripts": {
  "sass": "sass ./sass:./css",
...(略)...
  "dev": "npm-run-all --parallel watch:sass ⏎
watch:postcss"
},
```

devスクリプトに、npm-run-allコマンドで、watch:sassコマンドとwatch:postcssコマンドの並列処理を指定しました。

--parallelオプションは並列処理を行うオプションです。

これを実行するには、次のコマンドを入力します。

```
npm run dev
```

実行すると、SassとPostCSSのWatchが同時に行われます。

Sassファイルを更新すると、CSSファイルにコンパイルされ、そのCSSファイルがさらにPostCSSで処理されたCSSファイルになります。

● npm-run-all2の省略記法

npm-run-all2は省略するコマンド（エイリアス）も用意されています。run-pコマンドを使うと、「npm-run-all --parallel」を省略して記述できます。また、globも使えるので、「*」でワイルドカードの指定が可能です。

省略記法とglobを使い、次のように記述できます。

package.json

```
"scripts": {
  // ~省略~
  "dev": "run-p watch:*"
},
```

この指定ですと、watch:sassスクリプト、watch:postcssスクリプト以外のwatch:スクリプトが追加された場合は、それも同時に実行されます。

しかし、現時点ではPostCSSの設定を何もしていないので実行してもsample.cssとdist.cssは同じCSSが出力されるだけです。

プラグインを導入して処理を追加しましょう。

PostCSSの設定ファイル

PostCSSは設定ファイルを使ってプラグインの設定をします[*41]。

postcss.config.jsというファイルをルートフォルダに作成しましょう。

ヒント*41
コマンドラインでプラグインを使うこともできますが、設定ファイルを使うことで設定の保存や共有を簡単に行えます。

postcss.config.js
```
module.exports = {
  plugins: {
    // ここにプラグインの設定を書く
  },
};
```

ファイルの拡張子からもわかるように、JavaScript記法で設定を行います。

postcss.config.jsファイルを作成したら、右図のようなフォルダ構成となります 図22。

css
dist.css
sample.css
sample.css.map
node_modules
sass
sample.scss
package-lock.json
package.json
postcss.config.js

図22 PostCSSの設定ファイルを作成

ベンダープレフィックスを自動付与する

Autoprefixerはベンダープレフィックスを自動付与してくれるプラグインです。PostCSSで1番使われている定番プラグインです。Autoprefixerがあればミックインなどでベンダープレフィックスを付与する必要はありません。

インストールと設定

npmから「autoprefixer」パッケージをインストールしましょう[*42]。

ヒント*42
autoprefixer - https://github.com/postcss/autoprefixer

```
npm install --save-dev autoprefixer
```

パッケージをインストールしたら、postcss.config.jsにプラグイン設定を指定します。

postcss.config.js

```
module.exports = {
  plugins: {
    autoprefixer: {}
  },
};
```

Autoprefixerのプラグインを設定したので、試しにsample.scssにルールセットを追加してコンパイルしてみましょう。

Sass（sample.scss）

```
::placeholder {
  color: gray;
}
.box {
  user-select: none;
}
```

CSS（dist.css）

```
::-moz-placeholder {
  color: gray;
}

::placeholder {
  color: gray;
}

.box {
  -webkit-user-select: none;
     -moz-user-select: none;
          user-select: none;
}
```

プロパティによって必要なベンダープレフィックスが自動で付与されました。

対象ブラウザを設定する

Autoprefixerは、デフォルトでは「0.5%以上のシェア、最新から2バージョン前まで、Firefox延長サポート版」を対象ブラウザにしています。

しかし、プロジェクトによって対象ブラウザは違うでしょう。Autoprefixerは、対象ブラウザの指定を簡単にすることができるので設定してみましょう。

Browserslist*43というライブラリを使いCan I Use*44などのデータを元に対象ブラウザを指定しています。

BrowserslistのGithubページの記述方法を参考に指定します。

ヒント*43

Browserslist - https://github.com/browserslist/browserslist

ヒント*44

CSSのブラウザサポート情報を提供するサイトです - https://caniuse.com/

package.json

```
{
  "scripts": {
    //～略～
  },
  "browserslist": [
    "last 4 versions"
  ],
}
```

"last 4 versions"と最新から4バージョン前までを指定してみました。

もしもWatchが動いている場合は、一度停止して再度実行してください。

コンパイル結果を見てみましょう。

CSS (dist.css)

```
::-webkit-input-placeholder {
  color: gray;
}

::-moz-placeholder {
  color: gray;
}

:-ms-input-placeholder {
  color: gray;
}

::-ms-input-placeholder {
  color: gray;
}
```

次のページへ続く➡

```
::placeholder {
  color: gray;
}

.box {
  -webkit-user-select: none;
     -moz-user-select: none;
      -ms-user-select: none;
          user-select: none;
}
```

ベンダープレフィックスが指定した対象ブラウザに合わせて大量に付与されました。

本書では紹介しきれませんが、backgroundのグラデーションやdisplay:gridなどの旧記法も追加してくれます。

対象ブラウザを確認するには

browsersl.istというサイトで対象になるブラウザを確認することができます。下図では、デフォルトでカバーされるブラウザを確認してみました 図23 。

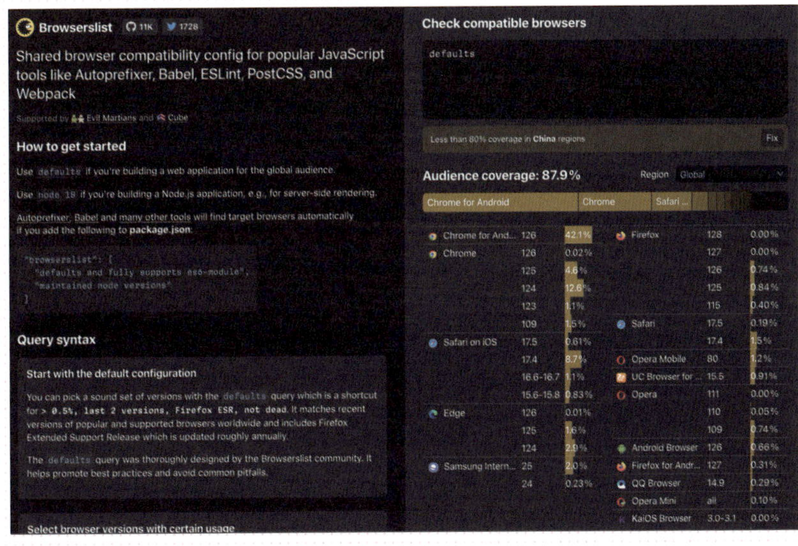

図23 browsersl.ist（https://browsersl.ist）

CSSプロパティの記述順を自動でソートする

CSSプロパティの順番に気を使って書いている方は多いと思います。著者もそうです。「css-declaration-sorter」プラグインを使えばプロパティを自動でソートしてくれるので、順番を気にせず書いても大丈夫です。

インストールと設定

npmから「css-declaration-sorter」パッケージ[*45]をインストールしましょう。

ヒント*45

css-declaration-sorter - https://github.com/Siilwyn/css-declaration-sorter

コマンドライン

```
npm install --save-dev css-declaration-sorter
```

パッケージをインストールしたら、postcss.config.jsにプラグインの設定を追記します。

postcss.config.js

```
module.exports = {
  plugins: {
    "css-declaration-sorter": { "order": "smacss" }
  },
};
```

設定が完了したら次のプロパティの順番を適当に書いたSassをコンパイルしてみます。もしもWatchが動いている場合は、一度停止して再度実行してください。

Sass（sample.scss）

```
.test {
  color: #C55;
  display: flex;
  justify-content: space-between;
  border: 0;
  background: #eee;
  transition: all .5s;
  animation: none;
}
```

CSS（dist.css）

```
.test {
  display: flex;
  justify-content: space-between;
  border: 0;
  background: #eee;
  color: #C55;
  animation: none;
  transition: all 0.5s;
}
```

並び替えが確認できました。並び順のオーダーを選択することができ、「smacss*46」を指定しています。

他にも「alphabetical（アルファベット順）」や「concentric-css*47」などが指定できます。

このようにプロパティの順番を気にせず書いても、自動でソートしてくれるので、コードの書きやすさが向上します。

並び替えはstylelintでも行うことができます。開発環境によってPostCSSかstylelintを使うか検討してください。

ヒント*46

SMACSSが定義するレイアウトに最も重要な順にソートします
Grouping Properties - https://smacss.com/book/formatting#grouping

ヒント*47

Concentric CSSが提唱するボックスモデルの外側から内側の順にソートします。
Concentric CSS - https://github.com/brandon-rhodes/Concentric-CSS

バラバラになったメディアクエリをまとめてコード量を削減してスッキリさせる

Sassにはメディアクエリをネストして書ける便利な機能がありますが、コンパイルされると同じ条件のメディアクエリであってもバラバラに書き出されてしまいます。

「PostCSS Sort Media Queries*48」プラグインを使えばバラバラになったメディアクエリをまとめてくれるので、ネストを使ってメディアクエリを多用したとしても、コード量が増えることを気にせず使うことができます。

ヒント*48

PostCSS Sort Media Queries - https://github.com/yunusga/postcss-sort-media-queries

```
npm install --save-dev postcss-sort-media-queries
```

パッケージをインストールしたら、postcss.config.jsにプラグイン設定を追記します。

postcss.config.js

```
module.exports = {
  plugins: {
    "postcss-sort-media-queries": {}
  },
};
```

設定が完了したら、まずはPostCSS Sort Media Queriesプラグインを使用せずに、Sassのみでコンパイルした結果を確認してみましょう。

Sass (sample.scss)

```scss
.list {
  width: 380px;
  @media (width <= 767px) {
    width: 50%;
  }
  @media (width >= 1200px) {
    width: 100%;
  }
}

.banner {
  width: 800px;
  @media (width <= 767px) {
    width: 500px;
  }
  @media (width >= 1200px) {
    width: 100%;
  }
}
```

CSS (dist.css)

```css
.list {
  width: 380px;
}
@media (width <= 767px) {
  .list {
    width: 50%;
  }
}
@media (width >= 1200px) {
  .list {
    width: 100%;
  }
}

.banner {
  width: 800px;
}
@media (width <= 767px) {
  .banner {
    width: 500px;
  }
}
@media (width >= 1200px) {
  .banner {
    width: 100%;
  }
}
```

ネストで書いたメディアクエリが、それぞれバラバラに書き出されているのがわかります。これを多用したらCSSのコード量がとても増えてしまいます。

では、PostCSS Sort Media Queriesプラグインを有効にしてコンパイルしてみましょう。

CSS (dist.css)

```css
.list {
  width: 380px;
}

.banner {
  width: 800px;
}
```

次のページへ続く➡

```
@media (width >= 1200px) {
  .list {
    width: 100%;
  }
  .banner {
    width: 100%;
  }
}

@media (width <= 767px) {
  .list {
    width: 50%;
  }
  .banner {
    width: 500px;
  }
}
```

メディアクエリがまとまっているのがわかります。コード量も減りスッキリしました。

わずかですがCSSファイルのサイズ削減やレンダリング効率の向上などの効果も期待できます。

メディアクエリをデスクトップファーストの並び順にする

PostCSS Sort Media Queriesは、デフォルトではモバイルファーストの並び順でメディアクエリをまとめます。

これをデスクトップファーストの並び順に変更する設定も用意されています。

postcss.config.js

```
module.exports = {
  plugins: {
    "postcss-sort-media-queries": {
      sort: "desktop-first"
    },
  },
};
```

sort設定を"desktop-first"に変更しました。コンパイルしてみましょう。

CSS（dist.css）

```
.list {
  width: 380px;
}

.banner {
  width: 800px;
}

@media (width <= 767px) {
  .list {
    width: 50%;
  }
  .banner {
    width: 500px;
  }
}

@media (width >= 1200px) {
  .list {
    width: 100%;
  }
  .banner {
    width: 100%;
  }
}
```

デスクトップの幅であるwidth >= 1200pxを後に出力し、優先度を上げているのがわかります。

PostCSSのプラグインを使うことで、Sassにはない機能を追加することができました。

本書では紹介しきれませんでしたが、不要なプロパティを削除したり、画像のパスやサイズを取得したり、独自の便利なCSSプロパティを追加するプラグインなど、他にも便利なPostCSSのプラグインはたくさんありますので、オリジナルのPostCSSメニューを組み上げてSassをさらに便利にしましょう。

オープンソースで有志の方が作られているプラグインが大半なので、同じような機能のプラグインも複数あります。更新状況を確認しアップデートやメンテナンスされてるものを選ばれることをお勧めします。

第6章

さまざまなフレームワークやツールでSassを使う

第6章では、Sassが使えるフレームワークやコンパイラを紹介します。ひと通りSassが使いこなせるようになって、その魅力や面白さに引き込まれた方は、ぜひ本章を参考にしてより一層充実したSassライフをお楽しみください。

6-1 Sassが使えるフレームワーク紹介 …… 258

6-2 SassのGUIコンパイラ …… 263

6-1 Sassが使えるフレームワーク紹介

紹介サイトのリンク

https://book3.scss.jp/link/

サイト制作に関連するフレームワークの多くは、Sassをサポートしており、ちょっとセットアップするだけで簡単に使えるようになっています。本節では、それら便利なフレームワークを紹介します。

Webフレームワーク

コーディング関連の環境が整っているWebフレームワークを紹介します。ほとんどが標準でSassをサポートしており、インストールや設定をするだけで使えるようになります。

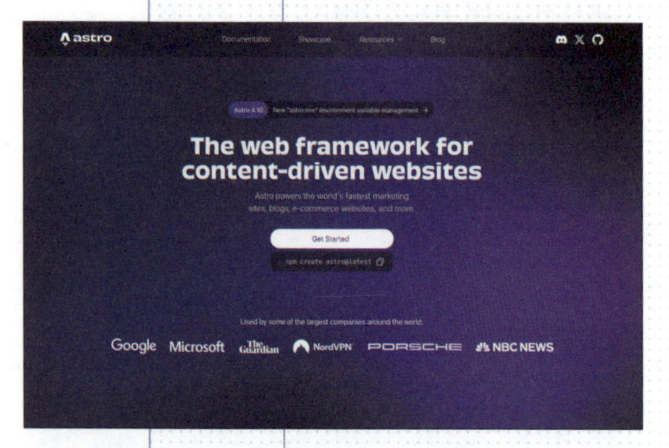

Astro

https://astro.build/

サイト・ブログなどコンテンツ駆動のWebサイト向けオールインワンフレームワークです。独自のフロントエンドアーキテクチャにより非常に優れたパフォーマンスを発揮します。インテグレーションという連携機能があり、Sassの導入も簡単です。

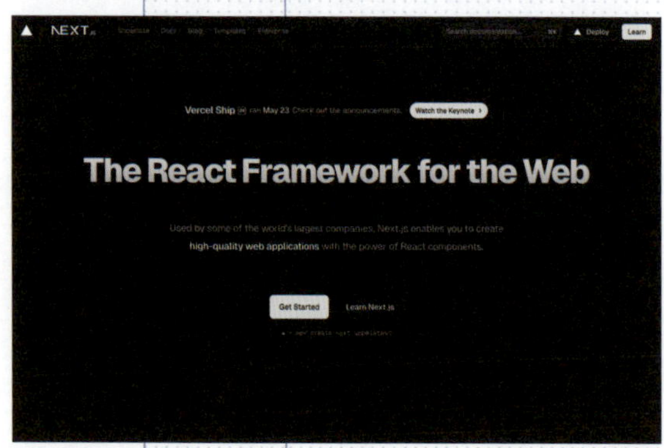

Next.js

https://nextjs.org/

Reactベースのフルスタック Webアプリケーションフレームワークです。Sassはパッケージをインストールするだけで使えます。CSS Modulesという CSSのスコープを限定する機能と一緒に使うことが一般的です。

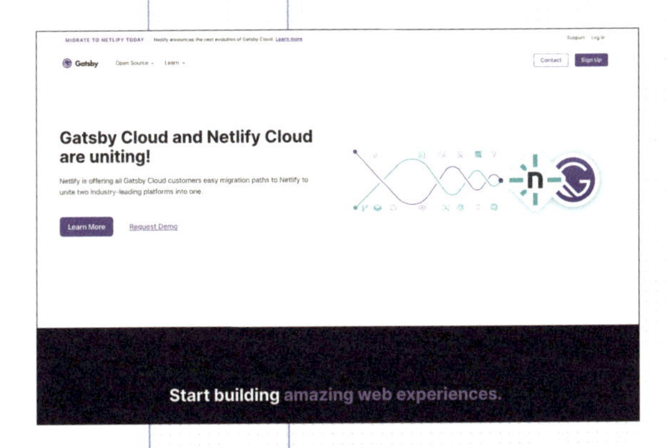

Gatsby

https://www.gatsbyjs.com/

Reactベースの静的サイトジェネレーターです。優れたパフォーマンスと拡張性が特徴で、GraphQLでデータを簡単に取得可能です。

Sassの導入はプラグインとパッケージをインストールするだけで簡単にできます。

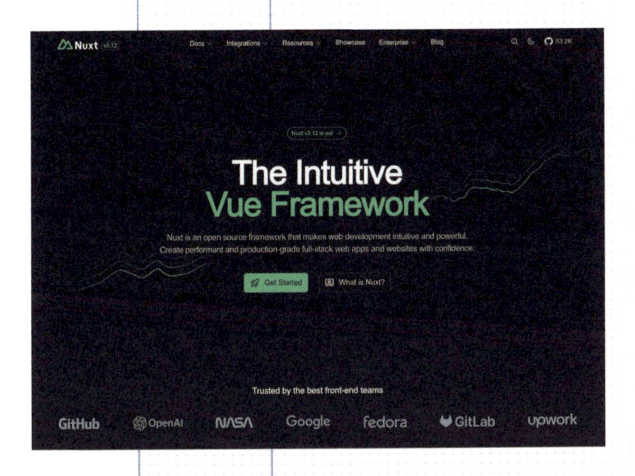

Nuxt

https://nuxt.com/

Vue.jsベースのオープンソースWebアプリケーションフレームワークです。Sassはパッケージインストールと設定をするだけで使用可能です。Vue.jsの特徴である単一ファイルコンポーネントで1つのファイルにHTMLやJavaScriptと一緒にSassを書けるのが特徴です。

SvelteKit

https://kit.svelte.jp/

SvelteベースのオープンソースWebアプリケーションフレームワークです。SvelteとSvelteKitは、同じコミュニティにより開発されているため一貫性が高いです。vitePreprocessという機能があり、Sassの導入も簡単です。

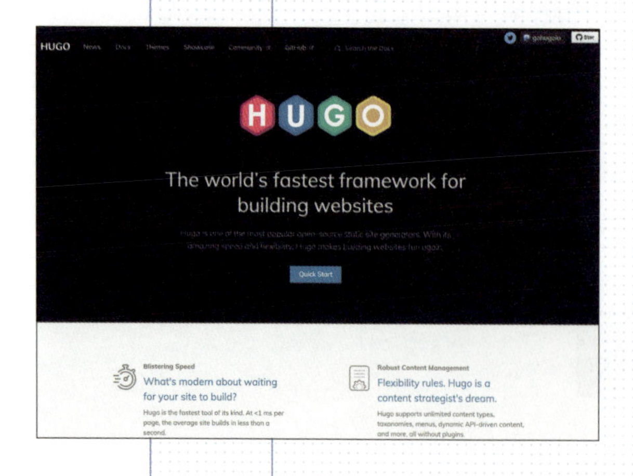

HUGO

https://gohugo.io/

Goで開発された静的サイトジェネレーターです。標準でSassをコンパイルする機能があり、Sassファイルを配置するだけで使えます。なお、Dart Sassを使うにはパッケージのインストールが必要です。

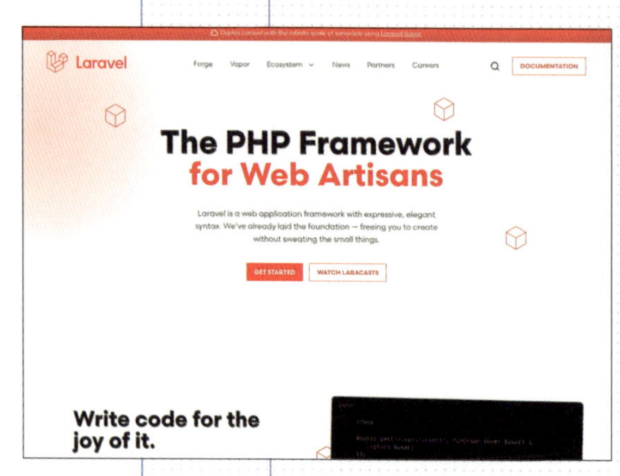

Laravel

https://laravel.com/

PHPで開発されたWebアプリケーションフレームワークです。PHPフレームワークの中でトップのシェアを誇ります。Sassはパッケージインストールと設定をするだけで使用可能です。

Column

WordPressでSassを使うには

世界で最も使われているCMSのWordPressでもSassを使うと便利です。
以前はコンパイルができるプラグインなども存在しましたが、現在はSassを使うためのプラグインはあまり使われていません。
WordPressでSassを使う場合は、テーマのディレクトリにSassファイル「style.scss」を配置し、テーマCSSファイルである「style.css」にコンパイルする方法がよく使われます。
詳しくは第2章の「Sassの利用環境を整えよう」(P.33)で紹介した方法を参考にしてください。

Sassのフレームワーク

紹介サイトのリンク

https://book3.scss.jp/link/

グリッドシステムにレスポンシブ対応、フォームやボタンなどの各パーツ、アイコンやJavaScriptのカルーセルなど、サイトで使うものがほぼすべて用意されているフレームワークです。

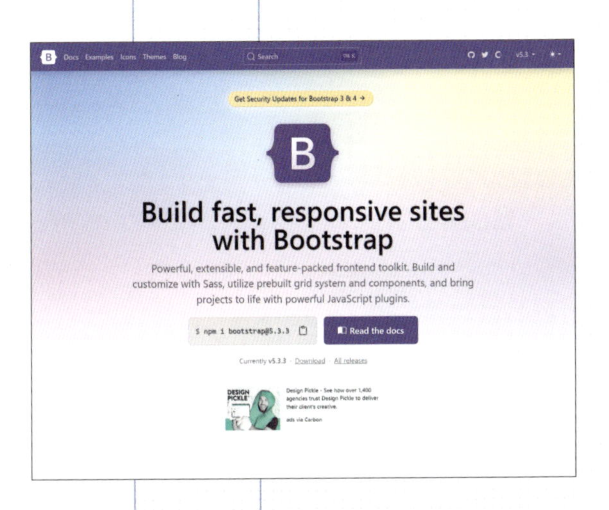

Bootstrap

https://getbootstrap.com/

最も人気のあるWebアプリケーションフレームワーク。元々はLESSで作られていましたが、現在はSassに移行しています。HTMLにクラスを付けるだけで簡単にレイアウトすることができます。Bootstrapをベースにしたテンプレートも多数配布されており、拡張性も高いです。

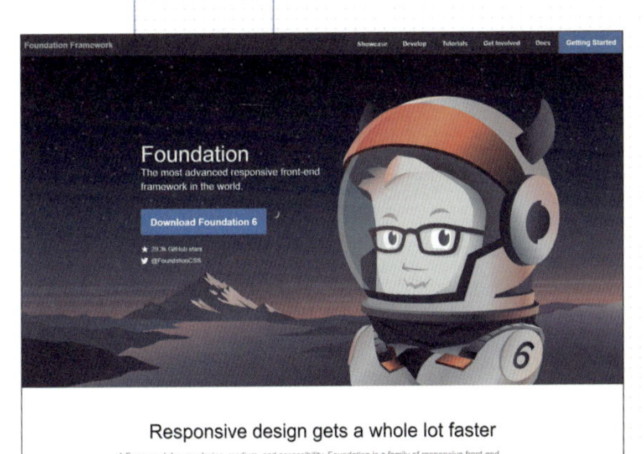

Foundation

https://get.foundation/

モバイルファーストに重点を置いたレスポンシブフレームワーク。非常に多機能で、アクセシビリティにも配慮されています。Sassで使う場合はnpmからインストールします。コンパイラもバンドルされているのですぐに開発を始めることができます。

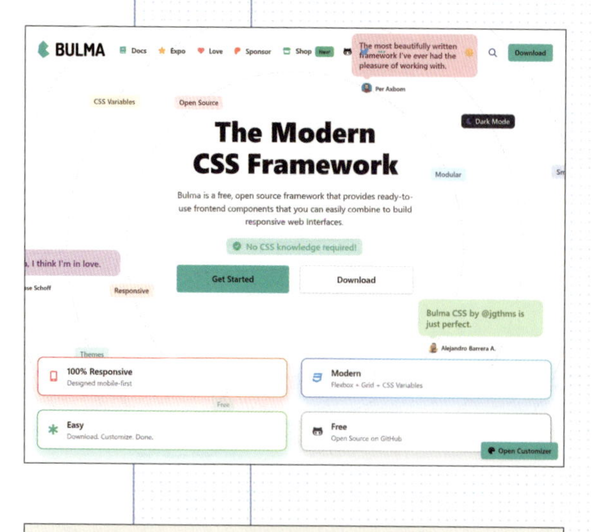

Bulma

https://bulma.io/

JavaScriptを使わず、CSS（Sass）だけで動作する軽量なレスポンシブフレームワーク。レイアウトはFlexboxベースのグリッドシステムで作られており、Metro UIスタイルのパーツやコンポーネントも豊富に用意されています。

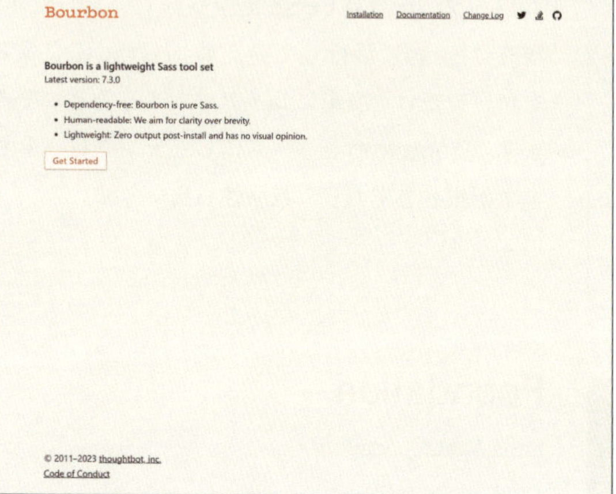

Bourbon

https://www.bourbon.io/

シンプル・軽量を売りにしているミックスイン集。ミックスインと少しの関数が加わるだけなので、公式サイトのドキュメントを見れば簡単に使うことができるでしょう。PreprosやCodeKitなど、Bourbonを内蔵しているGUIコンパイラも多くあります。

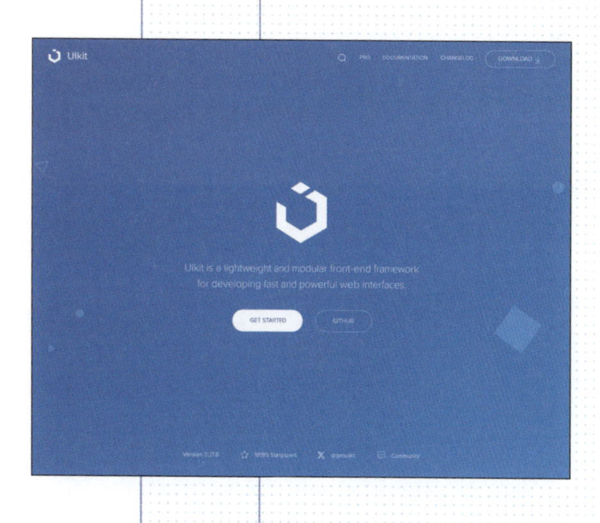

UIkit

https://getuikit.com/

Webインターフェースを開発するための、軽量で拡張性の高いフロントエンドフレームワーク。Vue.jsやReactなどのJavaScriptフレームワークと相性がいいといわれています。カテゴリだけでも70以上のコンポーネントが用意されており、HTMLにクラスを付与することでレイアウトできます。

6-2 SassのGUIコンパイラ

本節では、対応するプラットフォーム別にSassのGUIコンパイラを紹介します。

紹介サイトのリンク

https://book3.scss.jp/link/

黒い画面が苦手だったりあまり慣れていない場合は、GUIコンパイラという選択肢もあります。

どのコンパイラもUIは洗練されており、直感的に使えるので基本的な操作で困ることはあまりないでしょう。なお、価格・開発元などの情報は執筆時点（2024年8月）の情報となります。

Windows/Mac両対応

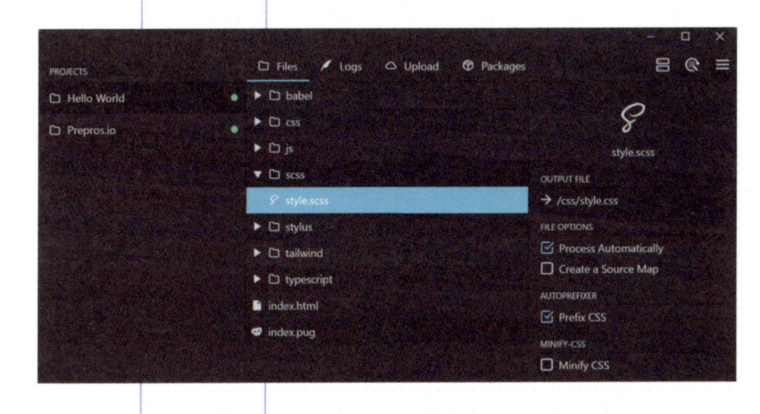

Prepros

- 価　格：$29（試用期間無期限）
- 開発元：Subash Pathak
- サイト：https://prepros.io/

第2章の「GUIコンパイラでSassを使ってみよう」（P.67）で紹介したコンパイラ。

主要なプリプロセッサ言語はほぼ対応しており、オートリロードやローカルサーバー、ブラウザシンク、FTP機能、Autoprefixerなど非常に多機能です。有料ですが試用期間が無期限のため、無料で使い続けることも可能です（購入を促すポップアップが定期的に表示されます）。

Macのみ対応

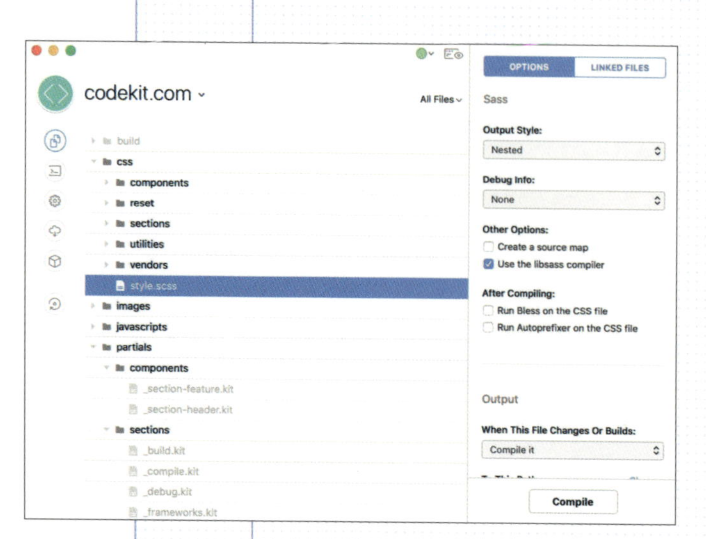

CodeKit

・価　格：$39～$46
・開発元：incident57
・サイト：https://codekitapp.com/

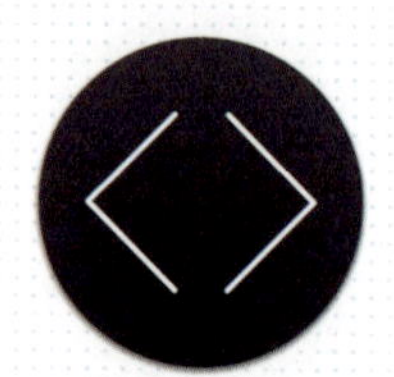

主要なプリプロセッサ言語はほぼ対応しており、オートリロードやローカルサーバー、Autoprefixer、画像圧縮など非常に多機能です。

独自のHTML拡張言語「kit」や、Bourbon、Foundationなど各種フレームワークにも対応しています。

GUIコンパイラは、Sassおよびサイト制作に必要な環境を簡単に手に入れることができます。

特に環境構築や黒い画面の操作が難しいと感じるユーザーにとって、GUIコンパイラは理想的な選択肢です。

クライアントや初心者にはGUIコンパイラを勧めつつ、規模が大きくなるプロジェクトや高度なカスタマイズが必要なケースでは、黒い画面との併用や移行を検討するのがいいでしょう。

第7章

Sass 全機能リファレンス

第7章では、Sassの全機能をギュッと濃縮しました。ある程度Sassを使いこなせるようになってから、「あの機能ってどうやって使うんだっけ?」など、ざっとSassの機能に目を通すのに役立つと思います。主要な各機能の詳細に関しては他の章で説明しているので、本章ではコンパクトにまとめました。

7-1 Sassの基本と高度な機能 …… 266
7-2 Sassの関数一覧 …… 275
7-3 Sass JavaScript API …… 307

⑦-1 Sassの基本と高度な機能

第3章(P.71)と第4章(P.109)で紹介した基本機能と高度な機能のリファレンスです。

Sassで扱える文字コード

SassではUTF-8のみサポートしています。@charsetは、必要に応じて自動的に出力されるため、Sassファイルに書く必要はありません。

Sass

```
body {
  font-family: "游ゴシック体", sans-serif;
}
```

CSS（コンパイル後）

```
@charset "UTF-8";
body {
  font-family: "游ゴシック体", sans-serif;
}
```

詳しくは → P.72

ルールのネスト (Nested Rules)

ルールセットをネスト(入れ子)で書くことができます。

Sass

```
.item {
  p {
    margin: 0;
  }
}
```

CSS（コンパイル後）

```
.item p {
  margin: 0;
}
```

詳しくは → P.74

@mediaのネスト

Sassの@mediaはルールセット内でも使うことができます。

Sass

```
.side {
  width: 300px;
  @media (width < 600px) {
    width: 500px;
  }
}
```

CSS（コンパイル後）

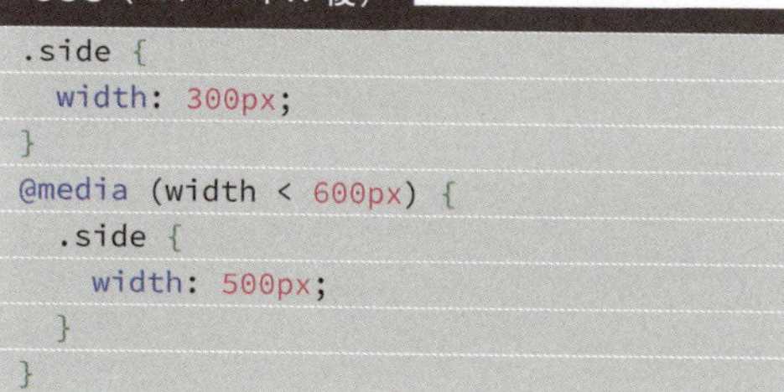

```
.side {
  width: 300px;
}
@media (width < 600px) {
  .side {
    width: 500px;
  }
}
```

詳しくは → P.77

親セレクタの参照 &（アンパサンド）

&（アンパサンド）を使うことで、ネスト内で親セレクタを参照することができます。

Sass

```
a {
  background: #eee;
  &:hover {
    background: #ccc;
  }
}
.block {
  width: 500px;
  &__element {
    margin-bottom: 2em;
  }
}
```

CSS（コンパイル後）

```
a {
  background: #eee;
}
a:hover {
  background: #ccc;
}

.block {
  width: 500px;
}
.block__element {
  margin-bottom: 2em;
}
```

詳しくは → P.80

プロパティのネスト (Nested Properties)

ショートハンドで書くことが可能なプロパティをネストで書くことができます。

Sass

```
section {
  border: 1px solid #999 {
    top-color: #a99;
    bottom: 0;
  }
}
```

CSS（コンパイル後）

```
section {
  border: 1px solid #999;
  border-top-color: #a99;
  border-bottom: 0;
}
```

詳しくは → P.83

Sassで使えるコメント

1行コメント

CSSで使える/* ～ */に加え、// ～による1行コメントが可能です。

Sass

```
// ここはコメントです。
section { ... }
```

詳しくは → P.85

compressedでも消えないコメント

CSSのコメントの/*の直後に「!」を入れることで、アウトプットスタイルを「compressed」にしていても、コンパイル後のCSSでコメントが残るようになります。

Sass

```
/* 消えるコメント */
/*! 消えないコメント */
```

詳しくは → P.86

変数 (Variables)

変数とは、あらかじめ好きな名前（変数名）と値を定義しておくことで、任意の場所で変数名を参照して、値を呼び出すことができる機能です。

Sass

```
$red: #cf2d3a;

.notes {
  color: $red;
}
```

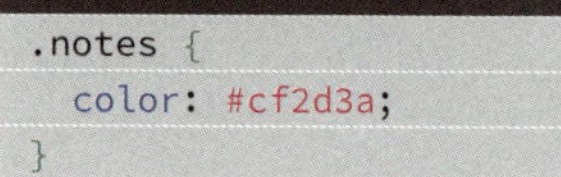

CSS（コンパイル後）

```
.notes {
  color: #cf2d3a;
}
```

詳しくは → P.87

演算

Sassでは、基本的な四則演算をサポートしています。割り算に関しては、sass:mathモジュールを読み込んでmath.div()関数を使うか、CSSのcalc()関数を使います。

Sass

```
@use 'sass:math';

// 足し算
.example01 {
  width: 500px + 80;
}

// 引き算
.example02 {
  width: 500px - 80;
}

// 掛け算
.example03 {
  width: 500px * 8;
}

// 割り算
.exmaple04 {
  width: math.div(500px, 8);
  width: calc(500px / 8);
}

// 余り
.example05 {
  width: 20px % 4;
  width: 20px % 3;
}
```

CSS（コンパイル後）

```
.example01 {
  width: 580px;
}
.example02 {
  width: 420px;
}
.example03 {
  width: 4000px;
}
.example04 {
  width: 62.5px;
  width: 62.5px;
}
.example05 {
  width: 0px;
  width: 2px;
}
```

詳しくは → P.92

文字列の演算

+（プラス）の演算は文字列の連結にも使うことができます。

Sass

```
p::after {
  content: "今日は、" + "暑いです。";
  font-family: sans- + serif;
}
```

CSS（コンパイル後）

```
p::after {
  content: "今日は、暑いです。";
  font-family: sans-serif;
}
```

詳しくは → P.95

CSSファイルを生成しないパーシャル（Partials）

Sassファイルのファイル名の最初に_（アンダースコア）を付けることで、コンパイルしてもCSSファイルが生成されないパーシャルファイルになります。

Sassのインポート（@use、@forward）

@use

別のファイルをインポートします。メンバーを名前空間付きで利用するためにも使われる@ルールです。

Sass

```
@use "variables" as v;
```

詳しくは → P.98

@forward

転送に特化したインポート方法です。主に複数段階のインポート時にハブ的な役割で使われる@ルールです。

Sass

```
@forward "header";
```

詳しくは → P.104

@import（廃止予定）

別のファイルをインポートします。Sassの@importは廃止が決定していますので、今後@importは使わないようにしましょう。

Sass

```
@import "main";
```

詳しくは → P.108

スタイルの継承ができるエクステンド（@extend）

指定したセレクタのスタイルを継承することができる機能です。

Sass

```scss
.box {
  margin: 0 0 30px;
  padding: 15px;
}
.item {
  @extend .box;
}
```

CSS（コンパイル後）

```css
.box, .item {
  margin: 0 0 30px;
  padding: 15px;
}
```

詳しくは → P.110

エクステンド専用のプレースホルダーセレクタ

コンパイル後にセレクタが生成されない、エクステンド専用のセレクタです。

Sass

```scss
%btnBase {
  text-align: center;
  text-decoration: none;
}
.btn {
  @extend %btnBase;
}
```

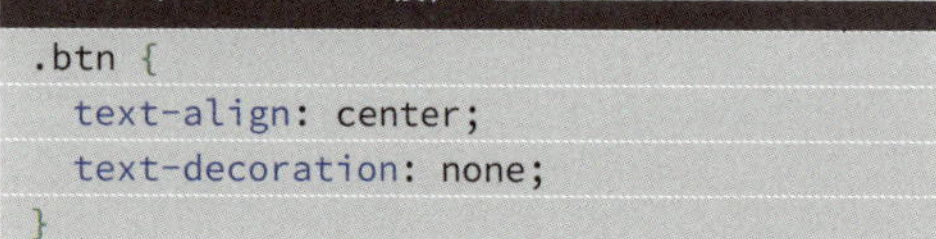

CSS（コンパイル後）

```css
.btn {
  text-align: center;
  text-decoration: none;
}
```

詳しくは → P.114

警告を抑止する!optionalフラグ

存在しないセレクタに対してエクステンドを使った場合に出る警告を出さないようにするための機能です。

Sass

```scss
.btn {
  @extend %btnBase !optional;
}
```

詳しくは → P.117

柔軟なスタイルの定義が可能なミックスイン（@mixin）

スタイルの集まりを定義しておき、それを他の場所で呼び出して使うことができます。引数の指定をすることで、値を一部変更して使うなど非常に柔軟な処理が可能です。

Sass

```scss
@mixin kadomaru($value) {
  border-radius: $value;
}
.box {
  @include kadomaru(3px);
}
.item {
  border: 1px solid #999;
  @include kadomaru(5px 10px);
}
```

CSS（コンパイル後）

```css
.box {
  border-radius: 3px;
}

.item {
  border: 1px solid #999;
  border-radius: 5px 10px;
}
```

詳しくは → P.118

ミックスインにコンテントブロックを渡す @content

ルールセットやスタイルなどのコンテントブロックをミックスインに渡す機能です。渡されたルールセットやスタイルは、@contentが書かれた位置で展開されます。

Sass

```
@mixin media($width-media: 768px) {
  @media (width < $width-media) {
    @content;
  }
}

.item {
  display: flex;
  .image {
    flex: 1;
    @include media {
      flex: none;
    }
  }
  .text {
    overflow: hidden;
    margin-left: 15px;
    @include media {
      margin-left: 0;
    }
  }
}
```

CSS（コンパイル後）

```
.item {
  display: flex;
}
.item .image {
  flex: 1;
}
@media (width < 768px) {
  .item .image {
    flex: none;
  }
}
.item .text {
  overflow: hidden;
  margin-left: 15px;
}
@media (width < 768px) {
  .item .text {
    margin-left: 0;
  }
}
```

詳しくは → P.127

ネストしているセレクタをルートに戻せる @at-root

記述した場所より親のセレクタや@mediaなどを除外し、ルートに戻すことができる機能です。

Sass

```
.box {
  .item {
    @at-root {
      p {
        margin-bottom: 10px;
      }
    }
  }
}
```

CSS（コンパイル後）

```
p {
  margin-bottom: 10px;
}
```

詳しくは → P.130

使いどころに合わせて補完（インターポレーション）してくれる #{}

変数を#{}で囲うことで、変数が参照できない場所でも使うことができるようになる機能です。

Sass

```
$name: notes;
$imgPath: '../img/';

div.#{$name} {
  background: url(#{$imgPath + $name}.⏎
png);
}
```

CSS（コンパイル後）

```
div.notes {
  background: url(../img/notes.png);
}
```

詳しくは → P.134

制御構文で条件分岐や繰り返し処理を行う

@if

「もし～ならば～を実行する」というような、「特定の条件」を元に、その後の処理を行います。@else ifや@elseと組み合わせることで条件を増やすこともできます。

Sass

```
$generalStyle: true;

@if $generalStyle {
  .mb_0 {
    margin-bottom: 0;
  }
}
```

CSS（コンパイル後）

```
.mb_0 {
  margin-bottom: 0;
}
```

詳しくは → P.137

@for

繰り返しの命令文の1つで、@forを使うことで指定した開始の数値から終了の数値まで、1つずつ増やしながら繰り返して処理されます。

Sass

```
@for $value from 1 through 3 {
  .mb_#{$value} {
    margin-bottom: 1px * $value;
  }
}
```

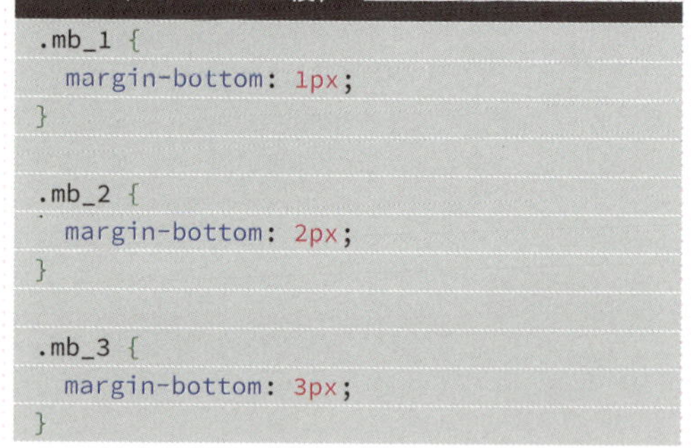

CSS（コンパイル後）

```
.mb_1 {
  margin-bottom: 1px;
}

.mb_2 {
  margin-bottom: 2px;
}

.mb_3 {
  margin-bottom: 3px;
}
```

詳しくは → P.140

@each

配列の要素それぞれに対して記述した処理を実行して出力することができます。

Sass

```
$nameList: top, about;

@each $name in $nameList {
  .body-#{$name} {
    background: url(bg_#{$name}.png);
  }
}
```

CSS（コンパイル後）

```
.body-top {
  background: url(bg_top.png);
}

.body-about {
  background: url(bg_about.png);
}
```

詳しくは → P.143

@while

@forと似たような繰り返し処理を行う命令文の1つで@forより複雑な繰り返し処理を行うことができます。

Sass

```
$value: 20;

@while $value > 0 {
  .mb_#{$value} {
    margin-bottom: $value + px;
  }
  $value: $value - 10;
}
```

CSS（コンパイル後）

```
.mb_20 {
  margin-bottom: 20px;
}

.mb_10 {
  margin-bottom: 10px;
}
```

詳しくは → P.142

関数を使ってさまざまな処理を実行する

関数は引数からデータを受け取って定められた処理を実行してくれる機能です。Sassにはあらかじめ多くの関数が用意されています。Dart Sassからはあらかじめモジュールをインポートしておく必要があります。

Sass

```
@use 'sass:color';

body {
  color: color.scale(#000, $lightness:
30%);
}
```

CSS（コンパイル後）

```
body {
  color: rgb(76.5, 76.5, 76.5);
}
```

詳しくは → P.145

自作関数を定義する@function

自作関数を定義することができます。

Sass

```
@use 'sass:math';

@function halfSize($value) {
  @return math.div($value, 2);
}
.boxA {
  width: halfSize(100px);
}
```

CSS（コンパイル後）

```
.boxA {
  width: 50px;
}
```

詳しくは → P.156

テストやデバッグで使える@debug、@warn、@error

@debug

出力の値を黒い画面に表示し、処理した値がどうなっているかを確認することができます。

@warn

黒い画面に警告文を表示することができます。

@error

黒い画面にエラー文を表示することができ、処理も停止します。

変数の振る舞いをコントロールする !defaultと!global

!defaultフラグ

デフォルト値を設定するフラグです。デフォルト値とは、上書きされることを前提にした変数の初期値です。

Sass

```
$radius: 10px;

.item {
  $radius: 5px !default;
  border-radius: $radius;
}
```

CSS（コンパイル後）

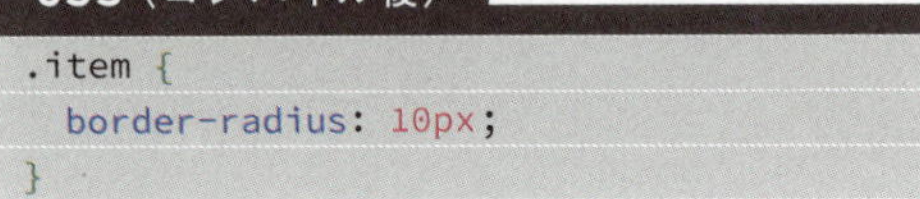

```
.item {
  border-radius: 10px;
}
```

詳しくは ➔ P.163

!globalフラグ

ローカル変数をグローバル変数にするフラグです。グローバル変数とはドキュメントルートで宣言した、どこからでも参照できる変数のことです。

Sass

```
$width: 320px;

.boxA {
  width: $width;
}
.boxB {
  $width: 33.3% !global;
  width: $width;
}
.boxC {
  width: $width;
}
```

CSS（コンパイル後）

```
.boxA {
  width: 320px;
}

.boxB {
  width: 33.3%;
}

.boxC {
  width: 33.3%;
}
```

詳しくは ➔ P.164

Sassのデータタイプについて

Sassには、値に関してデータの型が定義されています。Dart Sass 1.79.3時点では、次の8種類のデータタイプがあります。

- Number型（数値）
- Color型（色）
- String型（文字列）
- Boolean型（真偽）
- Null型（空の値）
- List型（配列）
- Map型（連想配列）
- Function型（関数）

詳しくは ➔ P.166

7-2 Sassの関数一覧

本節では、第4章で紹介しきれなかった関数の一覧を紹介します。掲載している関数はDart Sass 1.79.3時点の内容になります。

関数を実行した結果が、CSSのルールだとエラーになる例（プロパティ部分が「property」となっているもの）に関しては、スタイルを適用する目的ではなく、主に変数や制御構文などに使われる関数になります。そのため、実際の使い方とは異なっていますが、コンパイルして結果が確認できたほうがわかりやすいと思いますので、この一覧では便宜上そのように記述しています。
グローバル関数以外の関数を使うにはDart Sassが必須で、@useルールを使って事前にモジュールを読み込む必要があります。Dart Sass 1.79.3時点ではLibSassとの互換性のため多くの関数がモジュール不要で使用可能ですが、将来的には非推奨になる予定のため、本書ではすべてモジュールを読み込む前提で記載しています。

グローバル関数

従来のSass同様、モジュールを読み込まずにグローバルで使える関数です。

color($space $channel1 $channel2 $channel3) / color($space $channel1 $channel2 $channel3 / $alpha)

指定した色空間とチャンネルの値に基づいて、CSS color()関数で色を返します。srgb、srgb-linear、display-p3、a98-rgb、prophoto-rgb、rec2020、xyz、xyz-d50、xyzとそのエイリアスであるxyz-d65の色空間をサポートしています。

Sass

```
.example {
  property: color(srgb 10% 60% 100%);
  property: color(xyz 30% 0% 90% / 50%);
}
```

CSS（コンパイル後）

```
.example {
  property: color(srgb 0.1 0.6 1);
  property: color(xyz 0.3 0 0.9 / 0.5);
}
```

hsl($hue $saturation $lightness) / hsl($hue $saturation $lightness / $alpha) / hsl($hue, $saturation, $lightness, [$alpha])

HSL形式の値をCSSで扱える値に変換します。アルファ値を含む場合、hsla()に変換されます。

Sass

```
.example {
  color: hsl(210deg 100% 20%);
  color: hsl(34, 35%, 92%, 0.2);
  color: hsl(210deg 100% 20% / 50%);
}
```

CSS（コンパイル後）

```
.example {
  color: hsl(210, 100%, 20%);
  color: hsla(34, 35%, 92%, 0.2);
  color: hsla(210, 100%, 20%, 0.5);
}
```

hsla($hue $saturation $lightness) / hsla($hue $saturation $lightness / $alpha) / hsla($hue, $saturation, $lightness, [$alpha])

HSLA形式の値をCSSで扱える値に変換します。アルファ値を含まない場合、hsl()に変換されます。

Sass
```
.example {
  color: hsla(210deg 100% 20%);
  color: hsla(34, 35%, 92%);
  color: hsla(210deg 100% 20% / 50%);
}
```

CSS（コンパイル後）
```
.example {
  color: hsl(210, 100%, 20%);
  color: hsl(34, 35%, 92%);
  color: hsla(210, 100%, 20%, 0.5);
}
```

hwb($hue $whiteness $blackness) / hwb($hue $whiteness $blackness / $alpha)

指定した色相、ホワイトネス、ブラックネス、および透明度を持つ色を返します。

Sass
```
.example {
  color: hwb(210deg 0% 60%);
  color: hwb(50deg 30% 40%);
  color: hwb(210 0% 60% / 0.5);
}
```

CSS（コンパイル後）
```
.example {
  color: #003366;
  color: hsl(50, 33.3333333333%, 45%);
  color: hsla(210, 100%, 20%, 0.5);
}
```

if($condition, $if-true, $if-false)

$conditionの条件が、真なら$if-trueの値を、偽なら$if-falseの値を返します。

Sass
```
.example {
  property: if(true, 1px, 2px);
  property: if(false, 1px, 2px);
  property: if(comparable(2px, 1px), ⏎
red, blue);
  property: if(comparable(20%, 10px), ⏎
red, blue);
}
```

CSS（コンパイル後）
```
.example {
  property: 1px;
  property: 2px;
  property: red;
  property: blue;
}
```

lab($lightness $a $b) / lab($lightness $a $b / $alpha)

CIELAB色空間で色を定義します。指定した明度(Lightness)とa、bの値に基づいてCSS lab()関数で色を返します。

Sass
```
.example {
  color: lab(50% -20 30);
  color: lab(80% 0% 20% / 0.5);
}
```

CSS（コンパイル後）
```
.example {
  color: lab(50% -20 30);
  color: lab(80% 0 25 / 0.5);
}
```

lch($lightness $chroma $hue) / lch($lightness $chroma $hue / $alpha)

LCH色空間で色を定義します。指定した明度(Lightness)、彩度(Chroma)、色相(Hue)に基づいて CSS lch()関数で色を返します。

Sass

```
.example {
  color: lch(50% 10 270deg);
  color: lch(80% 50% 0.2turn / 0.5);
}
```

CSS(コンパイル後)

```
.example {
  color: lch(50% 10 270deg);
  color: lch(80% 75 72deg / 0.5);
}
```

oklab($lightness $a $b) / oklab($lightness $a $b / $alpha)

OKlab色空間で色を定義します。指定した明度(Lightness)およびa、bの値に基づいてCSS oklab()関数で色を返します。

Sass

```
.example {
  color: oklab(50% -0.1 0.15);
  color: oklab(80% 0% 20% / 0.5);
}
```

CSS(コンパイル後)

```
.example {
  color: oklab(50% -0.1 0.15);
  color: oklab(80% 0 0.08 / 0.5);
}
```

oklch($lightness $chroma $hue) / oklch($lightness $chroma $hue / $alpha)

Oklch色空間で色を定義します。指定した明度(Lightness)、彩度(Chroma)、色相(Hue)に基づいて CSS oklch()関数で色を返します。

Sass

```
.example {
  color: oklch(50% 0.3 270deg);
  color: oklch(80% 50% 0.2turn / 0.5);
}
```

CSS(コンパイル後)

```
.example {
  color: oklch(50% 0.3 270deg);
  color: oklch(80% 0.2 72deg / 0.5);
}
```

rgb($red $green $blue) / rgb($red $green $blue / $alpha) / rgb($red, $green, $blue, [$alpha]) / rgb($color, $alpha)

RGB形式の値をCSSで扱える値に変換します。アルファ値を含む場合、rgba()に変換されます。

Sass

```
.example {
  color: rgb(10 225 210);
  color: rgb(100, 6, 5, 0.5);
}
```

CSS(コンパイル後)

```
.example {
  color: rgb(10, 225, 210);
  color: rgba(100, 6, 5, 0.5);
}
```

rgba($red $green $blue) / rgba($red $green $blue / $alpha) / rgba($red, $green, $blue, [$alpha]) / rgba($color, $alpha)

RGBA形式の値をCSSで扱える値に変換します。アルファ値を含まない場合、rgb()に変換されます。

Sass

```
.example {
  color: rgba(10 225 210);
  color: rgba(100, 6, 5, 0.5);
}
```

CSS（コンパイル後）

```
.example {
  color: rgb(10, 225, 210);
  color: rgba(100, 6, 5, 0.5);
}
```

色に関する関数 (sass:color)

sass:colorモジュールを事前に読み込みます。

Sass

```
@use 'sass:color';
```

color.adjust($color, [$red], [$green], [$blue], [$hue], [$saturation], [$lightness], [$whiteness], [$blackness], [$x], [$y], [$z], [$chroma], [$alpha], [$space])

RGB、hue、彩度、明度、透明度……あらゆる色の値を絶対値指定（加算）で一度に調整できます。指定できる値は、次の9種類です。

- $red
- $green
- $blue
- $hue
- $saturation
- $lightness
- $whiteness
- $blackness
- $alpha

Sass

```
.example {
  color: color.adjust(#6b717f, $red: 15);
  color: color.adjust(#d2e1dd, $red: -10, $blue: 10);
  color: color.adjust(#998099, $lightness: -30%, $alpha: -0.4);
}
```

CSS（コンパイル後）

```
.example {
  color: #7a717f;
  color: #c8e1e7;
  color: rgba(70.9868995633, 57.0131004367, 70.9868995633, 0.6);
}
```

color.change($color, [$red], [$green], [$blue], [$hue], [$saturation], [$lightness], [$whiteness], [$blackness], [$x], [$y], [$z], [$chroma], [$alpha], [$space])

RGB、hue、彩度、明度、透明度といった色の値を直接変更できます。

Sass

```
.example {
  color: color.change(#6b717f, $red: 100);
  color: color.change(#d2e1dd, $red: 100, $blue: 50);
  color: color.change(#998099, $lightness: 30%, $alpha: 0.5);
}
```

CSS（コンパイル後）

```
.example {
  color: #64717f;
  color: #64e132;
  color: rgba(84.8515283843, 68.1484716157, 84.8515283843, 0.5);
}
```

color.channel($color, $channel, [$space])

16進数のRGB値や透明度、hue値（色相）などの値を返します。

Sass

```
.example {
  property: color.channel(#35a625, ⏎
"red");
  property: color.channel(#35a625, ⏎
"red", $space: display-p3);
  property: color.channel(white, ⏎
"blue", $space: rgb);
  property: color.channel(black, ⏎
"green", $space: rgb);
  property: color.channel(hsl(80deg ⏎
30% 50%), "hue");
  property: color.channel(blue, "hue", ⏎
$space: oklch);
}
```

CSS（コンパイル後）

```
.example {
  property: 53;
  property: 0.3440596478;
  property: 255;
  property: 0;
  property: 80deg;
  property: 264.0520206381deg;
}
```

color.complement($color, [$space])

指定した色の補色（色相環で正反対に位置する色）を返します。

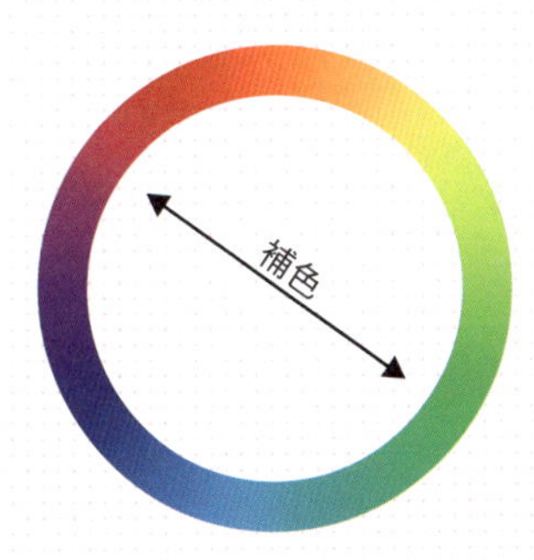

Sass

```
.example {
  color: color.complement(#556ac4);
  color: color.complement(red);
  color: color.complement(green);
}
```

CSS（コンパイル後）

```
.example {
  color: #c4af55;
  color: aqua;
  color: purple;
}
```

color.grayscale($color)

指定した色をグレースケールに変換します。

Sass

```
.example {
  color: color.grayscale(hsl(123, 60%,⏎
40%));
  color: color.grayscale(#556ac4);
  color: color.grayscale(red);
}
```

CSS（コンパイル後）

```
.example {
  color: hsl(123, 0%, 40%);
  color: rgb(140.5, 140.5, 140.5);
  color: rgb(127.5, 127.5, 127.5);
}
```

color.ie-hex-str($color)

指定した色を、Internet Explorer独自実装のfilterプロパティで利用できる形式に変換します。

Sass

```
.example {
  color: color.ie-hex-str(#000);
  color: color.ie-hex-str(green);
  color: color.ie-hex-str(rgba(125, 20,
60, .4));
}
```

CSS（コンパイル後）

```
.example {
  color: #FF000000;
  color: #FF008000;
  color: #667D143C;
}
```

color.invert($color, [$weight], [$space])

指定した色の反転または負の色を返します。

Sass

```
.example {
  color: color.invert(green);
  color: color.invert(green, 50%);
  color: color.invert(#556ac4);
}
```

CSS（コンパイル後）

```
.example {
  color: #ff7fff;
  color: rgb(127.5, 127.5, 127.5);
  color: #aa953b;
}
```

color.is-legacy($color)

指定したカラーが従来のカラースペースに属しているかどうかを真偽値で返します。

Sass

```
.example {
  property: color.is-legacy(#b37399);
  property: color.is-legacy(hsl(90deg 
30% 90%));
  property: color.is-legacy(oklch(70% 
10% 120deg));
}
```

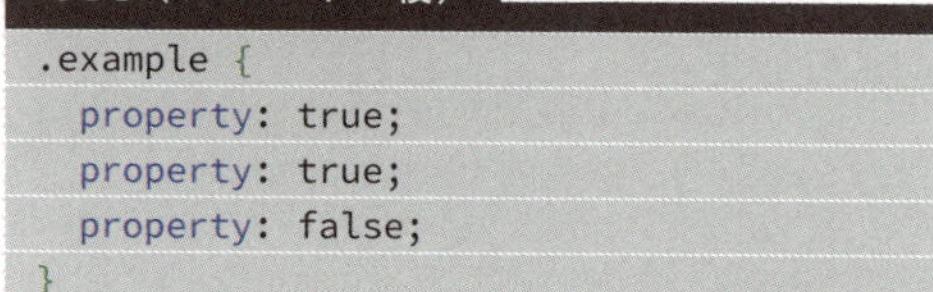

CSS（コンパイル後）

```
.example {
  property: true;
  property: true;
  property: false;
}
```

color.is-missing($color, $channel)

指定したカラーが指定したカラーチャンネルに存在しないかどうかを真偽値で返します。

Sass

```
.example {
  property: color.is-missing(#b37399, 
"green");
  property: color.is-missing(rgb(100 
none 200), "green");
  property: color.is-missing(color.
to-space(grey, lch), "hue");
}
```

CSS（コンパイル後）

```
.example {
  property: false;
  property: true;
  property: true;
}
```

color.is-powerless($color, $channel, [$space])

指定したカラーのカラーチャンネルがカラースペースで無効かどうかを真偽値で返します。$spaceが指定されていない場合は、$colorのカラースペースが使用されます。

Sass

```
.example {
  property: color.is-powerless(hsl
(180deg 0% 40%), "hue");
  property: color.is-powerless(hsl
(180deg 0% 40%), "saturation");
  property: color.is-powerless(#999, 
"hue", $space: hsl);
}
```

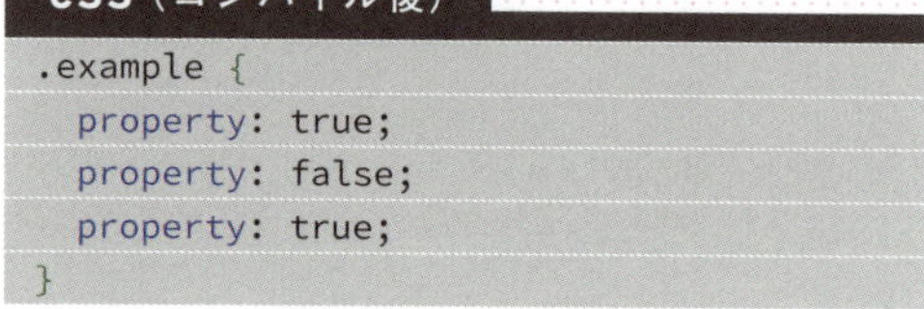

CSS（コンパイル後）

```
.example {
  property: true;
  property: false;
  property: true;
}
```

color.mix($color1, $color2, [$weight], [$method])

2つの色を混ぜて中間色を作り出します。

Sass

```
.example {
  color: color.mix(#000, #fff, 40%);
  color: color.mix(#036, #d2e1dd, 75%);
  color: color.mix(rgba(242, 236, 228,
0.5), #6b717f);
}
```

CSS（コンパイル後）

```
.example {
  color: #999999;
  color: rgb(52.5, 94.5, 131.75);
  color: rgba(140.75, 143.75, 152.25,
0.75);
}
```

color.same($color1, $color2)

2つの色を比較して、視覚的に同じ色として表示されるかどうかを真偽値で返します。

Sass

```
.example {
  property: color.same(#036, hsl(210,
100%,20%));
  property: color.same(#036, #037);
  property: color.same(#036, color.
to-space(#036, oklch));
  property: color.same(hsl(none 50%
50%), hsl(0deg 50% 50%));
}
```

CSS（コンパイル後）

```
.example {
  property: true;
  property: false;
  property: true;
  property: true;
}
```

color.scale($color, [$red], [$green], [$blue], [$saturation], [$lightness], [$whiteness], [$blackness], [$x], [$y], [$z], [$chroma], [$alpha], [$space])

RGB、hue、彩度、明度、透明度……あらゆる色の値を相対値指定（乗算）で一度に調整できます。指定できる値は、color.adjust()と同じです。

Sass

```
.example {
  color: color.scale(#6b717f, $red: 15%);
  color: color.scale(#998099, $alpha:
-40%);
  color: color.scale(white, $blackness:
25%);
}
```

CSS（コンパイル後）

```
.example {
  color: rgb(129.2, 113, 127);
  color: rgba(153, 128, 153, 0.6);
  color: #cccccc;
}
```

color.space($color)

カラースペースの名前を引用符なしの文字列として返します。

Sass

```
.example {
  property: color.space(#036);
  property: color.space(rgba(black,
0.3));
  property: color.space(hsl(120deg 40%
50%));
  property: color.space(color(xyz-d65
0.1 0.2 0.3));
}
```

CSS（コンパイル後）

```
.example {
  property: rgb;
  property: rgb;
  property: hsl;
  property: xyz;
}
```

color.to-gamut($color, [$space], [$method])

指定したカラーに似た色を指定した色域内で返します。

Sass

```
.example {
  property: color.to-gamut(#fe0000, ⏎
$method: local-minde);
  property: color.to-gamut(rgb(red, ⏎
.95), $method: local-minde);
  property: color.to-gamut(oklch(60% ⏎
70% 20deg), $space: rgb, $method: local-
minde);
  property: color.to-gamut(oklch(60% ⏎
70% 20deg), $space: rgb, $method: clip);
}
```

CSS（コンパイル後）

```
.example {
  property: #fe0000;
  property: rgba(255, 0, 0, 0.95);
  property: oklch(61.2058837805% ⏎
0.2466052582 22.0773321712deg);
  property: oklch(62.5026608983% ⏎
0.2528579733 24.1000460045deg);
}
```

color.to-space($color, $space)

指定したカラーを指定した色域に変換して返します。

Sass

```
.example {
  property: color.to-space(#036, ⏎
display-p3);
  property: color.to-space(grey, lch);
  property: color.to-space(lch(none ⏎
10% 30deg), oklch);
}
```

CSS（コンパイル後）

```
.example {
  property: color(display-p3 ⏎
0.0690923275 0.196438359 0.3861624224);
  property: lch(53.5850134522% 0 none);
  property: oklch(none 0.3782382557 ⏎
11.1889157942deg);
}
```

非推奨の色に関する関数

まだ使うことは可能ですが、現在は非推奨でDart Sass 2.0.0および3.0.0で削除予定になっている、色に関する関数の一覧です。非推奨になった各関数は、代わりにcolor.adjust()やcolor.scale()、color.channel()を使用します。

adjust-hue($color, $degrees)

指定した色のhue値（色相）の角度を変更します。

Sass

```
@debug adjust-hue(#6b717f, 60deg); ⏎
// #796b7f
```

color.alpha($color) / color.opacity($color)

指定した色の透明度を0から1までの数値で返します。

Sass

```
@debug color.opacity(rgb(210, 225, ⏎
221, 0.4)); // 0.4
```

color.blackness($color)

ブラックネスを0%〜100%の範囲の数値として返します。

Sass

```
@debug color.blackness(#e1d7d2); ⏎
// 11.7647058824%
```

color.blue($color)

16進数のRGB値のB値（青）を0〜255の数値で返します。

Sass

```
@debug color.blue(#e1d7d2); // 210
```

darken($color, $amount)

指定した色の明度を下げて暗くします。

Sass

```
@debug darken(#f2ece4, 40%); 
// rgb(175.7, 139.1, 90.3)
```

desaturate($color, $amount)

指定した色の彩度を下げます。

Sass

```
@debug desaturate(#036, 20%); 
// rgb(10.2, 51, 91.8)
```

color.green($color)

16進数のRGB値のG値（緑）を0～255の数値で返します。

Sass

```
@debug color.green(#e1d7d2); // 215
```

color.hue($color)

hue値（色相）を0deg～360degの間で返します。

Sass

```
@debug color.hue(#e1d7d2); // 20deg
```

color.hwb($hue $whiteness $blackness) / color.hwb($hue $whiteness $blackness / $alpha) / color.hwb($hue, $whiteness, $blackness, [$alpha])

指定された色相、ホワイトネス、ブラックネスおよび透明度を持つ色を返します。本関数は、hwb()関数としてグローバル関数になりました。

Sass

```
@debug color.hwb(210 0% 60% / 0.5); 
// hwb(210 0% 60% / 0.5)
```

lighten($color, $amount)

指定した色の明度を上げて明るくします。

Sass

```
@debug lighten(#036, 60%); // #99ccff
```

color.lightness($color)

lightness値（明度）を返します。

Sass

```
@debug color.lightness(#e1d7d2); 
// 85.2941176471%
```

opacify($color, $amount) / fade-in($color, $amount)

指定した色の透明度を下げてより不透明にします。

Sass

```
@debug opacify(rgba(#6b717f, 0.5), 
0.2); // rgba(107, 113, 127, 0.7)
@debug fade-in(rgba(#e1d7d2, 0.5), 
0.4); // rgba(225, 215, 210, 0.9)
```

color.red($color)

16進数のRGB値のR値（赤）を0～255の数値で返します。

Sass

```
@debug color.red(#e1d7d2); // 225
```

saturate($color, $amount)

指定した色の彩度を上げます。

Sass

```
@debug saturate(#c69, 20%); 
// rgb(224.4, 81.6, 153)
```

color.saturation($color)

指定した色の彩度を％（パーセント）で返します。

Sass

```
@debug color.saturation(#e1d7d2); // 20%
```

transparentize($color, $amount) / fade-out($color, $amount)

指定した色の透明度を上げてより透明にします。

Sass

```
@debug transparentize(rgba(#6b717f, 
0.5), 0.2); // rgba(107, 113, 127, 0.3)
@debug fade-out(rgba(#e1d7d2, 0.5), 
0.4); // rgba(225, 215, 210, 0.1)
```

color.whiteness($color)

ホワイトネスを0%〜100%の範囲の数値として返します。

Sass

```
@debug color.whiteness(#e1d7d2); 
// 82.3529411765%
```

リストを操作する関数 (sass:list)

sass:listモジュールを事前に読み込みます。

Sass

```
@use 'sass:list';
```

list.append($list, $val, [$separator])

リストの最後に単一の値を追加します。

Sass

```
.example {
  property: list.append(10px 20px, 30px);
  property: list.append((blue, red), 
green);
  property: list.append(10px, 20px, 
$separator: comma);
  property: list.append(10px, 20px, 
$separator: space);
}
```

CSS（コンパイル後）

```
.example {
  property: 10px 20px 30px;
  property: blue, red, green;
  property: 10px, 20px;
  property: 10px 20px;
}
```

list.index($list, $value)

リストの中のある値を見つけ出しそのインデックスを返します。値がない場合はnullを返すのでコンパイル後は何も表示されません。

Sass

```
.example {
  property: list.index(1px 0 3px white, 
white);
  property: list.index(1px solid red, 
solid);
  property: list.index(5px 10px 15px, 
20px); // null
}
```

CSS（コンパイル後）

```
.example {
  property: 4;
  property: 2;
}
```

list.is-bracketed($list)

リストの[]（角括弧）の有無によって真偽値を返します。

Sass

```
.example {
  property: list.is-bracketed(1px 2px 3px);
  property: list.is-bracketed([1px, 2px, 3px]);
}
```

CSS（コンパイル後）

```
.example {
  property: false;
  property: true;
}
```

list.join($list1, $list2, [$separator, $bracketed])

2つのリストを1つに結合します。なお、単一の値をリストに追加する場合は、list.append()が推奨されています。

Sass

```
.example {
  property: list.join(10px, 5px);
  property: list.join(1px 2px 5px, 30%);
  property: list.join(0 10 255, 0.5, comma);
  property: list.join(0 10 255, 0.5, comma, default);
}
```

CSS（コンパイル後）

```
.example {
  property: 10px 5px;
  property: 1px 2px 5px 30%;
  property: 0, 10, 255, 0.5;
  property: [0, 10, 255, 0.5];
}
```

list.length($list)

指定したリストの項目数（半角スペースで区切られた数）を返します。

Sass

```
.example {
  property: list.length((width: 10px, height: 20px));
  property: list.length(15px);
  property: list.length(1px solid white);
}
```

CSS（コンパイル後）

```
.example {
  property: 2;
  property: 1;
  property: 3;
}
```

list.separator($list)

リストの区切りが何なのかを返します。

Sass

```
.example {
  property: list.separator(1px 2px 3px);
  property: list.separator((1px, 2px, 3px));
  property: list.separator('Helvetica');
}
```

CSS（コンパイル後）

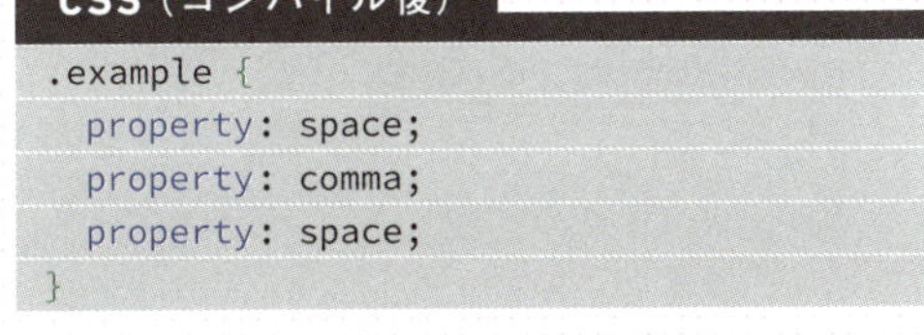

```
.example {
  property: space;
  property: comma;
  property: space;
}
```

list.nth($list, $n)

指定したリストのうち、N番目にある値を返します。

Sass
```
.example {
  property: list.nth(10px 12px 16px, 2);
  property: list.nth(1px 2px 5px 10px, 3);
  property: list.nth([line1, line2, line3], -1);
}
```

CSS（コンパイル後）
```
.example {
  property: 12px;
  property: 5px;
  property: line3;
}
```

list.set-nth($list, $n, $value)

指定したインデックス $n の要素を $value に置き換えた値を返します。

Sass
```
.example {
  property: list.set-nth(10px 20px 30px, 1, 2em);
  property: list.set-nth(10px 20px 30px, -1, 8em);
  property: list.set-nth((Helvetica, Arial, sans-serif), 3, Roboto);
}
```

CSS（コンパイル後）
```
.example {
  property: 2em 20px 30px;
  property: 10px 20px 8em;
  property: Helvetica, Arial, Roboto;
}
```

list.slash($elements...)

/（スラッシュ）区切りのリストを返します。なお、この関数は、現時点（2024年8月）ではスラッシュが割り算に使われているため、古い構文が削除されるまでは新しい構文に使用できません。

Sass
```
.example {
  property: list.slash(1px, 50px, 100px);
}
```

CSS（コンパイル後）
```
.example {
  property: 1px / 50px / 100px;
}
```

list.zip($lists...)

複数のリストを、1つの多次元リストに統合します。

Sass
```
$shadow_x: 0 1px 5px;
$shadow_y: 1px 3px -5px;
$shadow_grd: 3px 5px 33px;
$shadow_color: #222 white red;
.example {
  text-shadow: list.zip($shadow_x, $shadow_y, $shadow_grd, $shadow_color);
  property: list.zip(10px 50px 100px, short mid long);
}
```

CSS（コンパイル後）
```
.example {
  text-shadow: 0 1px 3px #222, 1px 3px 5px white, 5px -5px 33px red;
  property: 10px short, 50px mid, 100px long;
}
```

Map型を操作する関数 (sass:map)

sass:mapモジュールを事前に読み込みます。

Sass
```
@use 'sass:map';
```

map.deep-merge($map1, $map2)

2つのマップをマージして新しい1つのマップを返します。この関数はmap.merge()と同じですが、ネストされたマップの値も再帰的にマージされます。

Sass
```
$light: (
  "weights": (
    "lightest": 100,
    "light": 300
  )
);
$heavy: (
  "weights": (
    "medium": 500,
    "bold": 700
  )
);

$mergemap2: map.deep-merge($light, ⏎
$heavy);

.example {
  font-weight: map.get($mergemap2, ⏎
"weights", "light");
  font-weight: map.get($mergemap2, ⏎
"weights", "bold");
}
```

CSS（コンパイル後）
```
.example {
  font-weight: 300;
  font-weight: 700;
}
```

map.deep-remove($map, $key, $keys...)

指定したキーを削除して、新しいマップを返します。$keysが空でない場合、左から右へ$keyを含むキーのセットをたどり、更新対象のネストされたマップを見つけます。

Sass
```
$fonts: (
  "Helvetica": (
    "weights": (
      "regular": 400,
      "medium": 500,
      "bold": 700
    )
  )
);

@debug map.deep-remove($fonts, ⏎
"Helvetica", "weights", "regular");
```

コマンド
```
Debug: ("Helvetica": ("weights": ⏎
("medium": 500, "bold": 700)))
```

map.get($map, $key, $keys...)

指定したキーの値を取得します。

Sass
```
$sns-colors: (
  twitter: #1b95e0,
  facebook: #3b5998,
);
$fonts: (
  "Helvetica": (
    "weights": (
      "regular": 400,
      "medium": 500,
      "bold": 700
    )
  )
);

.example {
  background-color: map.get⏎
($sns-colors, facebook);
  font-weight: map.get($fonts, ⏎
"Helvetica", "weights", "regular");
}
```

CSS（コンパイル後）

```
.example {
  background-color: #3b5998;
  font-weight: 400;
}
```

map.has-key($map, $key, $keys...)

キーの有無によって真偽値を返します。

Sass

```
$map: (
  key1: value1,
  key2: value2,
);
.example {
  property: map.has-key($map, key1);
  property: map.has-key($map, key3);
}
```

CSS（コンパイル後）

```
.example {
  property: true;
  property: false;
}
```

map.keys($map)

マップのキーをリスト形式で返します。

Sass

```
$map: (
  key1: value1,
  key2: value2,
  key3: value3,
);
.example {
  property: map.keys($map);
}
```

CSS（コンパイル後）

```
.example {
  property: key1, key2, key3;
}
```

map.merge($map1, $map2) / map.merge($map1, $keys..., $map2)

２つのマップを結合して新しい１つのマップを返します。

Sass

```
$light: ("lightest": 100, "light": 300);
$heavy: ("medium": 500, "bold": 700);

$merge: map.merge($light, $heavy);

.example {
  font-weight: map.get($merge, lightest);
  font-weight: map.get($merge, bold);
}
```

CSS（コンパイル後）

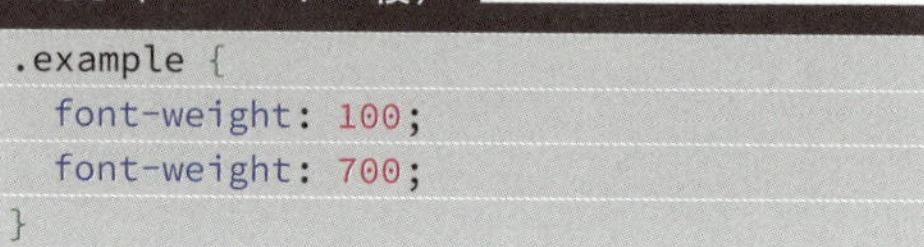

```
.example {
  font-weight: 100;
  font-weight: 700;
}
```

map.remove($map, $keys...)

指定したキーを削除して、新しいマップを返します。

Sass

```
$map: (
  key1: value1,
  key2: value2,
  key3: value3,
);
@debug map.remove($map, key2);
```

コマンドライン

```
Debug: (key1: value1, key3: value3)
```

map.set($map, $key, $value) / map.set($map, $keys..., $key, $value)

指定したキーの値を設定した値に返します。

Sass

```
$font-weights: (
  "regular": 400,
  "medium": 500
);

$setmap: map.set($font-weights,
"regular", 300);

.example {
  font-weight: map.get($font-weights,
"regular");
  font-weight: map.get($setmap,
"regular");
}
```

CSS（コンパイル後）

```
.example {
  font-weight: 400; /* map.setを不使用 */
  font-weight: 300; /* map.setを使用 */
}
```

map.values($map)

マップの値をリスト形式で返します。

Sass

```
$map: (
  key1: value1,
  key2: value2,
  key3: value3,
);
.example {
  property: map.values($map);
}
```

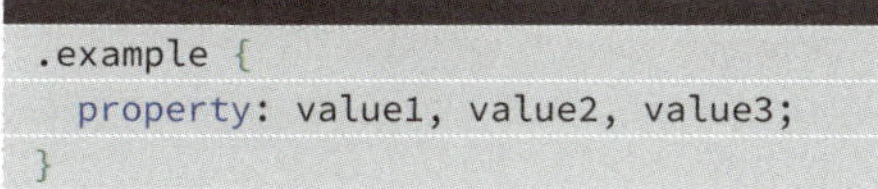

CSS（コンパイル後）

```
.example {
  property: value1, value2, value3;
}
```

数値を操作する関数 (sass:math)

sass:mathモジュールを事前に読み込みます。

Sass

```
@use 'sass:math';
```

math.$e

数学定数eの最も近い64ビット浮動小数点近似値を返します。

Sass

```
.example {
  property: math.$e;
}
```

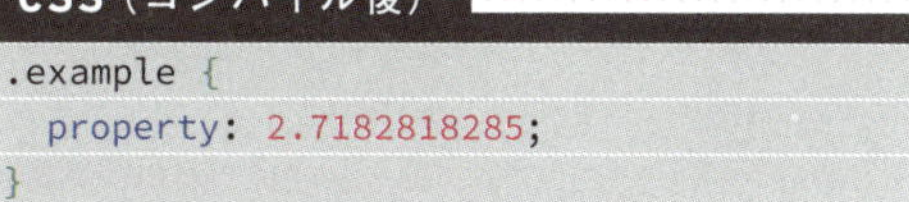

CSS（コンパイル後）

```
.example {
  property: 2.7182818285;
}
```

math.$epsilon

1と1より大きい最小の64ビット浮動小数点数の差を返します。Sassの数値は10桁の精度を持つため、多くの場合0になります。

Sass

```
.example {
  property: math.$epsilon;
}
```

CSS（コンパイル後）

```
.example {
  property: 0;
}
```

math.$max-number

64ビット浮動小数点数として表現できる最大の有限数を返します。

Sass

```
.example {
  property: math.$max-number;
}
```

CSS（コンパイル後）

```
.example {
  property: 1.7976931348623157 × 10^308;
}
```

※紙面の都合上指数にしていますが、実際のコンパイル結果は整数で返されます。

math.$max-safe-integer

nとn + 1の両方が64ビット浮動小数点数として正確に表現できる最大の整数を返します。

Sass

```
.example {
  property: math.$max-safe-integer;
}
```

CSS（コンパイル後）

```
.example {
  property: 9007199254740991;
}
```

math.$min-number

64ビット浮動小数点数として表現できる最小の正の数。Sassの精度により、多くの場合0を返します。

Sass

```
.example {
  property: math.$min-number;
}
```

CSS（コンパイル後）

```
.example {
  property: 0;
}
```

math.$min-safe-integer

nとn - 1の両方が64ビット浮動小数点数として正確に表現できる最小の整数を返します。

Sass

```
.example {
  property: math.$min-safe-integer;
}
```

CSS（コンパイル後）

```
.example {
  property: -9007199254740991;
}
```

math.$pi

数学定数π（円周率）の最も近い64ビット浮動小数点近似値を返します。

Sass

```
.example {
  property: math.$pi;
}
```

CSS（コンパイル後）

```
.example {
  property: 3.1415926536;
}
```

math.ceil($number)

指定した数値を切り上げた値を返します。

Sass

```
.example {
  margin: math.ceil(10.25px);
  padding: math.ceil(15.7px);
}
```

CSS（コンパイル後）

```
.example {
  margin: 11px;
  padding: 16px;
}
```

math.clamp($min, $number, $max)

$number を $min と $max の範囲に制限します。$number が $min より小さい場合は $min を返し、$number が $max より大きい場合は $max を返します。

Sass

```
.example {
  margin: math.clamp(-10, 10, 1);
  margin: math.clamp(1px, -1px, 10px);
  margin: math.clamp(-1in, 1cm, 10mm);
}
```

CSS（コンパイル後）

```
.example {
  margin: 1;
  margin: 1px;
  margin: 10mm;
}
```

math.floor($number)

指定した数値を切り捨てた値を返します。

Sass

```
.example {
  margin: math.floor(10.25px);
  padding: math.floor(15.7px);
}
```

CSS（コンパイル後）

```
.example {
  margin: 10px;
  padding: 15px;
}
```

math.max($number...)

指定した複数の値のうち、最大値を返します。

Sass

```
.example {
  margin: math.max(10px, 4px, 120px,⏎
8px);
  padding: math.max(1.2cm, 6cm, 50px);
}
```

CSS（コンパイル後）

```
.example {
  margin: 120px;
  padding: 6cm;
}
```

math.min($number...)

指定した複数の値のうち、最小値を返します。

Sass

```
.example {
  margin: math.min(10px, 4px, 120px,⏎
8px);
  padding: math.min(1.2cm, 6cm, 50px);
}
```

CSS（コンパイル後）

```
.example {
  margin: 4px;
  padding: 1.2cm;
}
```

math.round($number)

指定した数値を四捨五入した値を返します。

Sass

```
.example {
  property: math.round(10.25px);
  property: math.round(15.7px);
}
```

CSS（コンパイル後）

```
.example {
  property: 10px;
  property: 16px;
}
```

math.abs($number)

指定した数値の絶対値を返します。

Sass

```
.example {
  margin-top: math.abs(-99px);
}
```

CSS（コンパイル後）

```
.example {
  margin-top: 99px;
}
```

math.hypot($number...)

各$numberを成分とするn次元ベクトルの長さを返します。例えば、a、b、cに対しては$\sqrt{(a^2 + b^2 + c^2)}$を返します。

Sass

```
$lengths: 1in, 10cm, 50px;

.example {
  property: math.hypot(3, 4);
  property: math.hypot($lengths...);
}
```

CSS（コンパイル後）

```
.example {
  property: 5;
  property: 4.0952775683in;
}
```

math.log($number, [$base])

対数の計算結果を返します。$baseがnullの場合は自然対数を計算します。

Sass

```
.example {
  property: math.log(10);
  property: math.log(10, 10);
}
```

CSS（コンパイル後）

```
.example {
  property: 2.302585093;
  property: 1;
}
```

math.pow($base, $exponent)

累乗の計算結果を返します。

Sass

```
.example {
  property: math.pow(10, 2);
  property: math.pow(100, math.div(1, 
3));
  property: math.pow(5, -2);
}
```

CSS（コンパイル後）

```
.example {
  property: 100;
  property: 4.6415888336;
  property: 0.04;
}
```

math.sqrt($number)

平方根を返します。

Sass

```
.example {
  property: math.sqrt(100);
  property: math.sqrt(math.div(1, 3));
  property: math.sqrt(-1);
}
```

CSS（コンパイル後）

```
.example {
  property: 10;
  property: 0.5773502692;
  property: calc(NaN);
}
```

math.cos($number)

コサインを返します。

Sass

```
.example {
  property: math.cos(100deg);
  property: math.cos(1rad);
  property: math.cos(1);
}
```

CSS（コンパイル後）

```
.example {
  property: -0.1736481777;
  property: 0.5403023059;
  property: 0.5403023059;
}
```

math.sin($number)

サインを返します。

Sass

```
.example {
  property: math.sin(100deg);
  property: math.sin(1rad);
  property: math.sin(1);
}
```

CSS（コンパイル後）

```
.example {
  property: 0.984807753;
  property: 0.8414709848;
  property: 0.8414709848;
}
```

math.tan($number)

タンジェントを返します。

Sass

```
.example {
  property: math.tan(100deg);
  property: math.tan(1rad);
  property: math.tan(1);
}
```

CSS（コンパイル後）

```
.example {
  property: -5.6712818196;
  property: 1.5574077247;
  property: 1.5574077247;
}
```

math.acos($number)

アークコサインを角度（deg）で返します。

Sass

```
.example {
  property: math.acos(0.5);
  property: math.acos(1);
  property: math.acos(2);
}
```

CSS（コンパイル後）

```
.example {
  property: 60deg;
  property: 0deg;
  property: calc(NaN * 1deg);
}
```

math.asin($number)

アークサインを角度（deg）で返します。

Sass

```
.example {
  property: math.asin(0.5);
  property: math.asin(1);
  property: math.asin(2);
}
```

CSS（コンパイル後）

```
.example {
  property: 30deg;
  property: 90deg;
  property: calc(NaN * 1deg);
}
```

math.atan($number)

アークタンジェントを角度（deg）で返します。

Sass

```scss
.example {
  property: math.atan(0.5);
  property: math.atan(1);
  property: math.atan(2);
}
```

CSS（コンパイル後）

```css
.example {
  property: 26.5650511771deg;
  property: 45deg;
  property: 63.4349488229deg;
}
```

math.atan2($y, $x)

$yと$xの2つの引数のアークタンジェントを角度（deg）で返します。

Sass

```scss
.example {
  property: math.atan2(1, -1);
  property: math.atan2(6, 2);
  property: math.atan2(2, 10);
}
```

CSS（コンパイル後）

```css
.example {
  property: 135deg;
  property: 71.5650511771deg;
  property: 11.309932474deg;
}
```

math.compatible($number1, $number2)

指定した2つの数値が、比較・追加可能かどうかを真偽値で返します。

Sass

```scss
.example {
  property: math.compatible(2px, 1px);
  property: math.compatible(100px, 3em);
  property: math.compatible(10cm, 3mm);
}
```

CSS（コンパイル後）

```css
.example {
  property: true;
  property: false;
  property: true;
}
```

math.is-unitless($number)

指定した数値に単位がないかどうかを真偽値で返します。

Sass

```scss
.example {
  property: math.is-unitless(100);
  property: math.is-unitless(100px);
  property: math.is-unitless(1.5em);
}
```

CSS（コンパイル後）

```css
.example {
  property: true;
  property: false;
  property: false;
}
```

math.unit($number)

単位の文字列を返します。

Sass

```
.example {
  property: math.unit(100);
  property: math.unit(100px);
  property: math.unit(5px * 10px);
  property: math.unit(math.div(5px, 1s));
}
```

CSS（コンパイル後）

```
.example {
  property: "";
  property: "px";
  property: "px*px";
  property: "px/s";
}
```

math.div($number1, $number2)

割り算の計算結果を返します。

Sass

```
.example {
  property: math.div(1, 2);
  property: math.div(100px, 5px);
  property: math.div(100px, 4);
}
```

CSS（コンパイル後）

```
.example {
  property: 0.5;
  property: 20;
  property: 25px;
}
```

math.percentage($number)

指定した数値をパーセント形式に変換します。

Sass

```
.example {
  width: math.percentage(0.2);
  width: math.percentage(math.div⏎
(100px, 80px));
}
```

CSS（コンパイル後）

```
.example {
  width: 20%;
  width: 125%;
}
```

math.random([$limit])

Sassファイルがコンパイルされるたびに引数にしていた数値までのランダムな整数を返します。引数なしの指定は非推奨となっています。

Sass

```
.example {
  property: math.random(1000);
  property: math.random(50);
  property: math.random(); // 非推奨
}
```

CSS（コンパイル後）

```
.example {
  property: 280;
  property: 16;
  property: 0.8154268004;
}
```

メタプログラミング用の関数（sass:meta）

sass:metaモジュールを事前に読み込みます。

Sass
```
@use 'sass:meta';
```

meta.apply($mixin, $args...)

ミックスインに引数を渡して適用します。

Sass
```
@mixin apply-to-all($mixin, $list) {
  @each $element in $list {
    @include meta.apply($mixin, ⏎
$element);
  }
}

@mixin font-class($size) {
  .font-#{$size} {
    font-size: $size;
  }
}

$sizes: [8px, 12px, 2rem];

@include apply-to-all(meta.get-mixin⏎
("font-class"), $sizes);
```

CSS（コンパイル後）
```
.font-8px {
  font-size: 8px;
}
.font-12px {
  font-size: 12px;
}
.font-2rem {
  font-size: 2rem;
}
```

meta.load-css($url, [$with])

指定したURLのCSSモジュールを読み込み、ミックスインの内容として含めます。

Sass（_code.scss）
```
$border-contrast: false !default;

code {
  color: #d2e1dd;
  @if $border-contrast {
    border-color: #dadbdf;
  }
}
```

Sass（style.scss）
```
@use "sass:meta";

body.dark {
  @include meta.load-css("_code", ⏎
$with: ("border-contrast": true));
}
```

CSS（コンパイル後）
```
body.dark code {
  color: #d2e1dd;
  border-color: #dadbdf;
}
```

meta.accepts-content($mixin)

指定されたミックスインが@contentブロックを受け取れるかどうかを返します。

Sass
```
@mixin hover {
  @media (any-hover: hover) {
    @content;
  }
}
@mixin hover2 {
  @media (any-hover: hover) {
    display: block;
  }
}

.example {
  property: meta.accepts-content(meta.⏎
get-mixin("hover"));
  property: meta.accepts-content(meta.⏎
get-mixin("hover2"));
}
```

CSS（コンパイル後）

```
.example {
  property: true;
  property: false;
}
```

meta.calc-args($calc)

指定された計算の引数を返します。

Sass

```
.example {
  property: meta.calc-args(calc(100px +⏎
10%));
  property: meta.calc-args(clamp(50px, ⏎
var(--width), 1000px));
}
```

CSS（コンパイル後）

```
.example {
  property: 100px + 10%;
  property: 50px, var(--width), 1000px;
}
```

meta.calc-name($calc)

指定された計算の名前を返します。

Sass

```
.example {
  property: meta.calc-name(calc(100px ⏎
+ 10%));
  property: meta.calc-name(calc(100px ⏎
+ var(--margin)));
  property: meta.calc-name(clamp(50px,⏎
var(--width), 1000px));
}
```

CSS（コンパイル後）

```
.example {
  property: "calc";
  property: "calc";
  property: "clamp";
}
```

meta.call($function, $args...)

関数を動的に呼び出します。第1引数に関数名、第2引数以降に値を指定し処理した値を返します。

Sass

```
@function add($a, $b) {
  @return $a + $b;
}

$add-function: meta.get-function(add);
$result: meta.call($add-function, 10,⏎
20);

.example {
  font-size: $result + px;
}
```

CSS（コンパイル後）

```
.example {
  font-size: 30px;
}
```

meta.content-exists()

ミックスインに@contentブロックが渡されたかどうかを真偽値で返します。

Sass

```
@mixin test {
  property: #{meta.content-exists()};
  @content;
}
.example {
  @include test {
    margin: 20px;
  }
}
```

CSS（コンパイル後）

```
.example {
  property: true;
  margin: 20px;
}
```

meta.feature-exists($feature)

使用しているSassのバージョンがCSSの新機能・新構文に対応しているかどうかを真偽値で返します。なお、この関数はDart Sass 1.78.0時点で非推奨になっており、Dart Sass 2.0.0で削除予定です。

Sass

```scss
.example {
  property: meta.feature-exists("at-error");
  property: meta.feature-exists("unrecognized");
  property: meta.feature-exists("customproperty");
}
```

CSS（コンパイル後）

```css
.example {
  property: true;
  property: false;
  property: false;
}
```

meta.function-exists($name, [$module])

指定した名前の関数が存在するかどうかを真偽値で返します。

Sass

```scss
.example {
  property: meta.function-exists(mix);
  property: meta.function-exists(map-get);
  property: meta.function-exists(example);
}

@function example() {
  @return 'example';
}
.example2 {
  property: meta.function-exists(example);
}
```

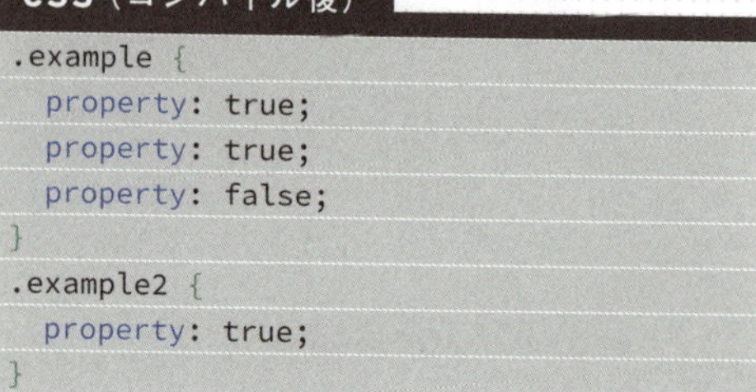

CSS（コンパイル後）

```css
.example {
  property: true;
  property: true;
  property: false;
}
.example2 {
  property: true;
}
```

meta.get-function($name, [$css], [$module])

指定された名前の関数を検索し、Function型で返します。見つからない場合はエラーになります。主にmeta.call()関数の第1引数で使用します。

Sass

```scss
$fn1: "lighten";
$fn2: "darken";

.example {
  property: meta.call(meta.get-function($fn1), #777, 25%);
  property: meta.call(meta.get-function($fn2), #777, 25%);
}
```

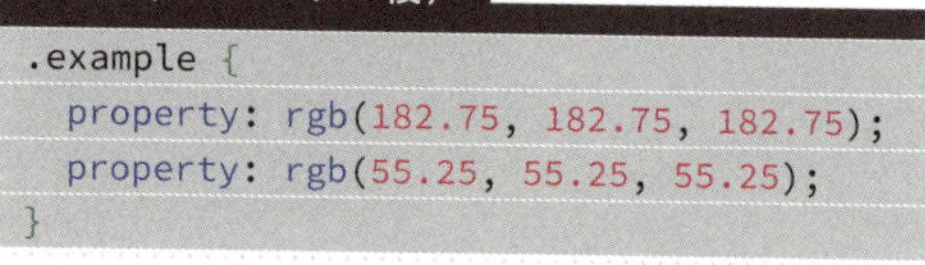

CSS（コンパイル後）

```css
.example {
  property: rgb(182.75, 182.75, 182.75);
  property: rgb(55.25, 55.25, 55.25);
}
```

meta.get-mixin($name, [$module])

指定された名前のミックスインの値を返します。

Sass

```scss
@mixin example-mixin($color) {
  color: $color;
}
$example-mixin: meta.get-mixin('example-mixin');

.example {
  @include meta.apply($example-mixin, blue);
}
```

CSS（コンパイル後）

```
.example {
  color: blue;
}
```

meta.global-variable-exists($name, [$module])

グローバルスコープに指定した名前の変数が存在するかどうかを真偽値で返します。その際、$（ダラー）は付けずに指定します。

Sass

```
$value: #00f;

.example {
  $test: #ff0;
  property: meta.global-variable-exists⏎
("test");
  property: meta.global-variable-exists⏎
("value");
}
```

CSS（コンパイル後）

```
.example {
  property: false;
  property: true;
}
```

meta.inspect($value)

デバッグ用の関数です。コンパイルエラーになってしまう値や、出力されなかったnullなどの値を文字列で返します。

Sass

```
.example {
  $var: 1px null;
  property: $var;
  property: meta.inspect($var);

  $var: ();
  property: meta.inspect($var);
}
```

CSS（コンパイル後）

```
.example {
  property: 1px;
  property: 1px null;
  property: ();
}
```

meta.keywords($args)

ミックスインまたは関数に渡されたキーワードの引数をマップを生成して返します。

Sass

```
@mixin syntax-colors($args...) {
  @each $name, $color in meta.keywords⏎
($args) {
    pre span.stx-#{$name} {
      color: $color;
    }
  }
}

@include syntax-colors(
  $string: #080,
  $comment: #800,
)
```

CSS（コンパイル後）

```
pre span.stx-string {
  color: #080;
}
pre span.stx-comment {
  color: #800;
}
```

meta.mixin-exists($name, [$module])

指定した名前のミックスインが存在するかどうかを真偽値で返します。

Sass

```
@mixin mixinblue() {
  color: blue;
}

.example {
  property: meta.mixin-exists(mixinblue);
  property: meta.mixin-exists(mixinred);
}
```

CSS（コンパイル後）

```
.example {
  property: true;
  property: false;
}
```

meta.module-functions($module)

モジュール内のすべての関数をマップとして返します。

Sass（_functions.scss）

```
@function pow($base, $exponent) {
  $result: 1;
  @for $_ from 1 through $exponent {
    $result: $result * $base;
  }
  @return $result;
}
```

Sass（style.scss）

```
@use "sass:map";
@use "sass:meta";
@use "_functions";

@debug meta.module-functions
("functions");
@debug meta.call(map.get(meta.module-
functions("functions"), "pow"), 3, 4);
```

コマンド

```
Debug: ("pow": get-function("pow"))
Debug: 81
```

meta.module-mixins($module)

モジュール内のすべてのミックスインをマップとして返します。

Sass（_mixins.scss）

```
@mixin stretch() {
  display: flex;
  flex-direction: row;
}
```

Sass（style.scss）

```
@use "sass:map";
@use "sass:meta";
@use "_mixins";

@debug meta.module-mixins("mixins");
.header {
  @include meta.apply(map.get(meta.
module-mixins("mixins"), "stretch"));
}
```

コマンド

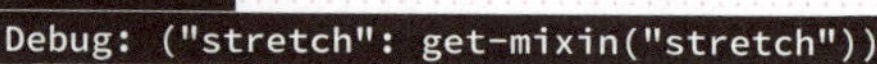

```
Debug: ("stretch": get-mixin("stretch"))
```

CSS（コンパイル後）

```
.header {
  display: flex;
  flex-direction: row;
}
```

meta.module-variables($module)

モジュール内のすべての変数をマップとして取得して返します。

Sass（_variables.scss）

```
$hopbush: #c69;
$midnight-blue: #036;
$wafer: #e1d7d2;
```

Sass（style.scss）

```
@use "sass:meta";
@use "_variables";

@debug meta.module-variables
("variables");
```

コマンド

```
Debug: ("hopbush": #c69, "midnight-blue": #036, "wafer": #e1d7d2)
```

meta.type-of($value)

変数のデータタイプを返します。

Sass

```
.example {
  property: meta.type-of(white);
  property: meta.type-of("こんにちは");
  property: meta.type-of(null);
  property: meta.type-of(5px);
  property: meta.type-of(false);
  property: meta.type-of(foo bar);
}
```

CSS（コンパイル後）

```
.example {
  property: color;
  property: string;
  property: null;
  property: number;
  property: bool;
  property: list;
}
```

meta.variable-exists($name)

現在のスコープに指定した名前の変数が存在するかどうかを真偽値で返します。その際、$（ダラー）は付けずに指定します。

Sass

```
.example1 {
  $test: #ff0;
  property: meta.variable-exists("test");
  property: meta.variable-exists("value");
}
.example2 {
  property: meta.variable-exists("test");
}
```

CSS（コンパイル後）

```
.example1 {
  property: true;
  property: false;
}
.example2 {
  property: false;
}
```

セレクタを操作する関数 (sass:selector)

sass:selectorモジュールを事前に読み込みます。

Sass

```
@use 'sass:selector';
```

selector.is-superselector($super, $sub)

第1引数が第2引数の親要素（直上の要素）か判定し真偽値で返します。

Sass

```
.example {
  property: selector.is-superselector("#main", "#main .block .item");
  property: selector.is-superselector(".item", "#main .block .item");
  property: selector.is-superselector(".block", "#main .block .item");
  property: selector.is-superselector(".block .item", "#main .block .item");
}
```

CSS（コンパイル後）

```
.example {
  property: false;
  property: true;
  property: false;
  property: true;
}
```

selector.append($selectors...)

指定したセレクタ名を連結して返します。

Sass

```
$selector: selector.append("#main", ".block", ".item");

#{$selector} {
  margin: 0;
}
```

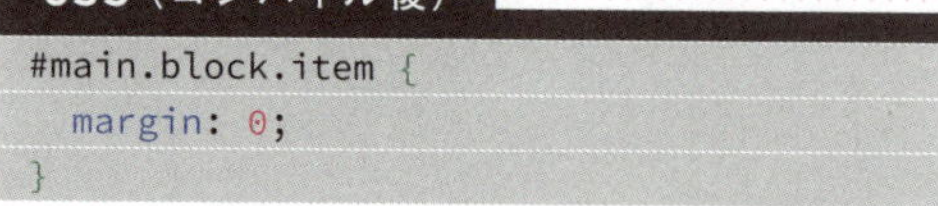

CSS（コンパイル後）

```
#main.block.item {
  margin: 0;
}
```

selector.extend($selector, $extendee, $extender)

指定したセレクタをエクステンドします。

Sass

```
$selector1: selector.extend(".item .text", ".text", ".image");
$selector2: selector.extend("#main .block .element", ".block", ".item");

#{$selector1} {
  margin: 20px;
}
#{$selector2} {
  margin: 20px;
}
```

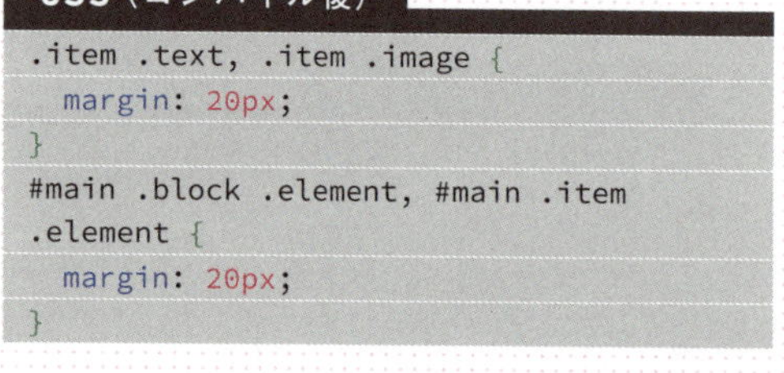

CSS（コンパイル後）

```
.item .text, .item .image {
  margin: 20px;
}
#main .block .element, #main .item
.element {
  margin: 20px;
}
```

selector.nest($selectors...)

指定したセレクタ名を入れ子（子孫セレクタ）にして返します。

Sass

```
$selector: selector.nest("#main", ".block", ".item");

#{$selector} {
  margin: 0;
}
```

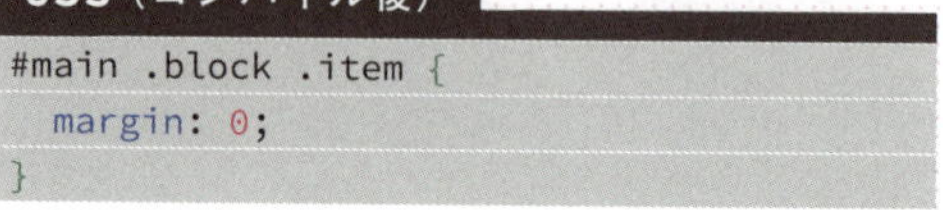

CSS（コンパイル後）

```
#main .block .item {
  margin: 0;
}
```

selector.parse($selector)

文字列で受け取った値をセレクタで使えるリストにして返します。

Sass

```
#{selector.parse(".block,.item,.item .block,.element")} {
  margin: 20px;
}
```

CSS（コンパイル後）

```
.block, .item, .item .block, .element {
  margin: 20px;
}
```

selector.replace($selector, $original, $replacement)

指定したセレクタを置換して返します。

Sass

```scss
$selector1: selector.replace(".item .text", ".text", ".image");
$selector2: selector.replace("#main .block .element", ".block", ".item");

#{$selector1} {
  margin: 20px;
}
#{$selector2} {
  margin: 20px;
}
```

CSS（コンパイル後）

```css
.item .image {
  margin: 20px;
}
#main .item .element {
  margin: 20px;
}
```

selector.unify($selector1, $selector2)

2つのセレクタがつなげられる場合はつなげて、一致するセレクタは1つに統合して返します。IDセレクタなどつなげられないセレクタの場合はnullを返します。

Sass

```scss
@use "sass:selector";
@use "sass:meta";

$selector1: selector.unify(".text", ".image");
$selector2: selector.unify("#main .block .element", ".block");
$selector3: selector.unify(".a.b.c", ".b.c");
$selector4: selector.unify("#main", "#side");

#{$selector1} { margin: 20px; }
#{$selector2} { margin: 20px; }
#{$selector3} { margin: 20px; }
.selector4 {
  property: meta.type-of($selector4);
}
```

CSS（コンパイル後）

```css
.text.image {
  margin: 20px;
}
#main .block .element.block {
  margin: 20px;
}
.a.b.c {
  margin: 20px;
}
.selector4 {
  property: null;
}
```

selector.simple-selectors($selector)

連結されたセレクタを分解、グルーピングして返します。

Sass

```scss
#{selector.simple-selectors(".item.list.block")} {
  margin: 0;
}
```

CSS（コンパイル後）

```css
.item, .list, .block {
  margin: 0;
}
```

文字列を操作する関数 (sass:string)

sass:stringモジュールを事前に読み込みます。

Sass
```
@use 'sass:string';
```

string.quote($string)

文字列にクォーテーションを追加します。

Sass
```
.example::after {
  content: string.quote(impress);
}
```

CSS（コンパイル後）

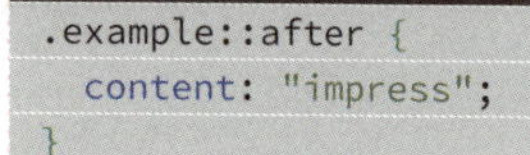

```
.example::after {
  content: "impress";
}
```

string.index($string, $substring)

指定した文字が何番目にあるかを返します。指定した文字が存在しない場合はnullが返されます。

Sass
```
.example {
  property: string.index("abcdef", "f");
  property: string.index("吾輩は猫である", "猫");
  property: inspect(string.index("Sassの教科書", "C"));
  property: string.index("Sassの教科書", "ss");
}
```

CSS（コンパイル後）
```
.example {
  property: 6;
  property: 4;
  property: null;
  property: 3;
}
```

string.insert($string, $insert, $index)

文字列の指定した場所に文字を挿入します。

Sass
```
.example {
  property: string.insert("abcd", "X", 1);
  property: string.insert("あいえお", "う", 3);
}
```

CSS（コンパイル後）
```
.example {
  property: "Xabcd";
  property: "あいうえお";
}
```

string.length($string)

指定した文字列の文字数を返します。

Sass
```
.example {
  property: string.length("abc123");
  property: string.length("吾輩はcatである");
}
```

CSS（コンパイル後）
```
.example {
  property: 6;
  property: 9;
}
```

string.slice($string, $start-at, $end-at: -1)

文字の場所を指定して抽出します。第2引数（$start-at）まで指定した場合は、指定した文字以降が抽出されます。第3引数まで指定した場合は、指定した文字間を抽出します。マイナス値の場合、逆から数えます。

Sass

```
.example {
  property: string.slice
("あいうえおかきくけこ", 4);
  property: string.slice("abcdef", 2, 5);
  property: string.slice("abcdef", -3);
}
```

CSS（コンパイル後）

```
.example {
  property: "えおかきくけこ";
  property: "bcde";
  property: "def";
}
```

string.split($string, $separator, $limit: null)

文字列を、指定した区切り文字で区切って、部分文字列のリストを返します。

Sass

```
.example {
  property: string.split
("あいうえお かきくけこ", " ");
  property: string.split
("Segoe-UI-Emoji", "-");
  property: string.split
("a_b_c_d_e_f", "_", $limit: 2);
}
```

CSS（コンパイル後）

```
.example {
  property: ["あい", "えお かきくけこ"];
  property: ["Segoe", "UI", "Emoji"];
  property: ["a", "b", "c_d_e_f"];
}
```

string.to-upper-case($string)

文字列を大文字に変換します。

Sass

```
.example {
  property: string.to-upper-case
("abcdef012ABC");
  property: string.to-upper-case
("Sassの教科書");
}
```

CSS（コンパイル後）

```
.example {
  property: "ABCDEF012ABC";
  property: "SASSの教科書";
}
```

string.to-lower-case($string)

文字列を小文字に変換します。

Sass

```
.example {
  property: string.to-lower-case
("abcdef012ABC");
  property: string.to-lower-case
("Sassの教科書");
}
```

CSS（コンパイル後）

```
.example {
  property: "abcdef012abc";
  property: "sassの教科書";
}
```

string.unique-id()

uから始まる固有のID（ランダムな英数字）を返します。

Sass

```
.#{string.unique-id()} {
  margin: 0;
}
##{string.unique-id()} ⏎
.example_#{string.unique-id()} {
  margin: 0;
}
```

CSS（コンパイル後）

```
.u83p75u {
  margin: 0;
}
#u83p76k .example_u83p77f {
  margin: 0;
}
```

string.unquote($string)

文字列からクォーテーションを取り除きます。

Sass

```
.example {
  background: url(string.unquote⏎
("mark.png"));
}
```

CSS（コンパイル後）

```
.example {
  background: url(mark.png);
}
```

Column

公式サイトの情報もチェックしよう

Sassの公式サイトは英語のため、少々ハードルが高く感じるかもしれません。しかし、本書で紹介しきれなかった内容やSassに関する最新情報を追いかけるには、公式サイトやGitHubのCHANGELOGが最適です。

中でも、公式サイトにある「Breaking Changes」というページは、後方互換性が無い破壊的な変更をまとめてくれています。Sassをアップデートしてエラーが出てしまった場合などにチェックすると、解決方法が見つかる可能性が高いです。

特に昨今では、CSSの進化も凄まじく、それに合わせた形でSassもアップデートが行われています。本節で紹介した関数も、非推奨になったり、追加されたりした関数が多くありました。

英語が苦手でも、機械翻訳の精度も高くなっていますし、不自然な文章になった場合はChatGPTなどのAIサービスを活用すると、より自然な日本語で翻訳してくれるので非常に読みやすくなります。

書籍だけだとどうしても情報が古くなってしまいますので、Webでの情報収集も活用して、よりSassライフを満喫しましょう。

⑦-3 Sass JavaScript API

SassにはJavaScript環境で使用できるJavaScript APIがあります。

主な機能

Sass JavaScript APIの主な機能は次の通りです。

- Sassのコンパイル
- カスタム関数の追加
- インポーターの設定
- ファイルシステムの操作

基本的な使用例

次のようにNode.jsアプリケーション内でSassの機能を直接利用することができます。

sass.js

```
const sass = require('sass');

const result = sass.compile("style.scss");
console.log(result.css);
```

上記のファイルを$ node sass.jsと実行すると、style.scssファイルをコンパイルして、コンパイル結果をコンソールに出力します。

実際に使われている場面としては、タスクランナーやエディタの拡張機能などで、このようにJavaScript APIを使用してSassファイルを処理しています。

ブラウザで直接実行する

ブラウザで直接Sassを実行することも可能です。

次のように、CDNからSassを読み込み、ChromeデベロッパーツールからJavaScript APIを実行しSassをコンパイルしてみましょう。

JavaScript

```javascript
const sass = await import
('https://jspm.dev/sass');
sass.compileString(`
  #main {
    width: 600px;
    p {
      margin: 0 0 1em;
      em {
        color: #f00;
      }
    }
    small {
      font-size: small;
    }
  }
`);
```

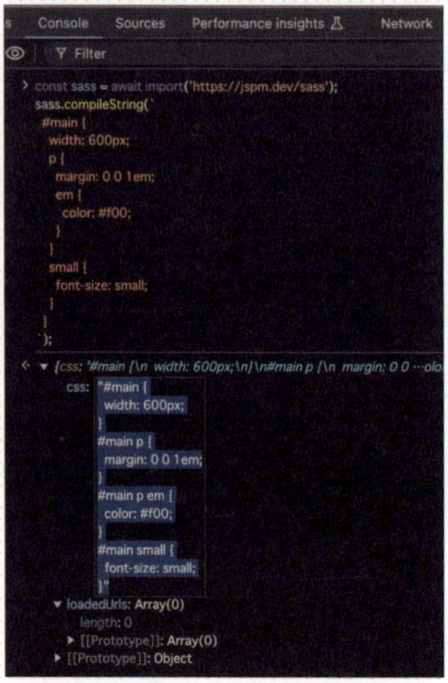

図1 Chromeデベロッパーツールのconsole出力結果

consoleに返されたオブジェクトのcssプロパティにコンパイル結果が格納されています 図1 。

1章で紹介したブラウザ上でSassを試せる「Sass: Playground[*1]」もブラウザで直接Sassをコンパイルし結果を表示・保存しています。

ヒント*1
https://sass-lang.com/playground/

Sass JavaScript APIは、普段そこまで意識して使うことはありませんが、Node.jsで自作のビルドシステム、カスタム関数を作成したり、ブラウザで直接Sassを実行したりと、機能の実装や拡張をしたい場合に使うことができます。

高度な内容ですので、本書では簡単な紹介だけでしたが、興味のある方は、公式ドキュメントを参照してください。

- **Sass: sass | JS API**

https://sass-lang.com/documentation/js-api/

付録

コマンド一覧 310
用語集 312

コマンド一覧

本書で紹介した黒い画面（WindowsではコマンドプロンプトまたはPowerShell、Macではターミナル）で使用するコマンドの一覧です。

```
node -v
```

インストールされているNode.jsのバージョンを確認します。

```
cd ファイルパス
```

ディレクトリ（フォルダ）を移動します。

```
cd
pwd
```

現在地をフルパスで表示します。

```
dir
ls
```

現在地にあるファイル、フォルダを一覧表示します。「-a」オプションを付けると隠しファイルも表示します。

```
mkdir フォルダ名
```

空のフォルダを作成します。

```
type nul > ファイル名
touch ファイル名
```

空のファイルを作成します。

```
npm init -y
```

プロジェクト開始のコマンドで、package.jsonを作成します。「-y」オプションがあると黒い画面で入力が必要な項目を省略できます。

```
npm install --save-dev パッケージ名
npm i -D パッケージ名
```

ローカル（プロジェクト）にnpmパッケージをインストールします。「--save-dev」オプションは開発に必要なパッケージの場合に付けます。package.jsonのdevDependenciesの項目にパッケージ名が追記されます。
パッケージ名を半角スペース区切りで複数指定すれば、一度に複数パッケージのインストールが可能です。

```
npm install --global パッケージ名
npm i -g パッケージ名
```

グローバルにnpmパッケージをインストールします。パッケージはシステム全体で利用可能になります。

```
npx パッケージ名
```

ローカルのパッケージを実行します。

```
npm uninstall パッケージ名
```

パッケージをアンインストールします。

Command

```
npm run スクリプト名
```

npmスクリプトを実行します。npmスクリプトとはpackage.jsonで設定するコマンドおよびシェルスクリプトのことです。

```
sass ファイル.scss
```

Sassをコンパイルし、結果を黒い画面に表示します。

```
sass ファイル.scss:ファイル.css
```

SassをCSSにコンパイルします。

```
sass --style=expanded
sass --style=compressed
```

アウトプットスタイルオプション。スタイルはexpandedとcompressedの2種類があります。

```
sass --watch
sass -w
```

Watchオプション。ファイルを監視し自動コンパイルします。

```
postcss ファイル.css --output ファイル.css
```

PostCSSを実行します。

用語集

本書を読むにあたって、知っておくと役立つキーワードを用語集としてまとめました。ぜひ活用してください。広義な用語においては、Sassの場合として説明しています。

記号

!defaultフラグ

変数をデフォルト値にするフラグです。デフォルトとは上書きされることを前提とした変数の初期値です。

!globalフラグ

ローカル変数をグローバル変数にするフラグです。グローバル変数とはドキュメントルートで宣言した、どこからでも参照できる変数のことです。

@at-root

ネストされたセレクタに指定することでルート（ネスト外）に戻すことができます。

@content

ミックスインの中に記述することで、ルールセットを渡すことができます。

@debug

実行した処理の出力を黒い画面に表示し、処理した値がどうなっているかを確認することができます。

@each

要素それぞれに対して記述した処理を実行して出力することができます。 変数名に指定する部分は、自分の好きなように指定ができ、リストの中の要素それぞれがその変数に定義されます。

@error

エラーメッセージを黒い画面に表示し、処理を停止します。

@extend

指定したセレクタのスタイルを継承することができる機能です。

@for

繰り返しの命令文の1つで、指定した開始の数値から終了の数値まで、1つずつ増やしながら繰り返して処理されます。

@forward

転送に特化したインポート方法です。主に複数段階のインポートを行いたい場合に使われる@ルールです。

@function

あらかじめ用意された関数とは別に、関数を自分で好きなように作ることができる機能です。

@if

「もし〜ならば〜を実行する」というような、「特定の条件」を元に、その後の処理を行います。@else ifや@elseと組み合わせることで条件を増やすこともできます。

@import

CSSファイルやSassファイルをインポートするのに使う、@ルールの1つです。Sassの@importは廃止予定のため、今後は@useや@forwardを使用します。

@include

ミックスインを呼び出します。

@media

メディアクエリを定義するCSSの@ルールです。Sassではネストして指定することもできます。

@mixin

スタイルの集まりを定義しておき、それを他の場所で呼び出して使うことができます。引数を指定することで、定義したミックスインの値を一部変更して使うことも可能です。

@use

別のファイルをインポートします。メンバーを名前空間付きで利用するためにも使われる@ルールです。

@warn

警告を黒い画面に表示します。

@while

@forと似たような繰り返し処理を行う命令文の1つで、条件式に当てはまる間、繰り返し処理が行われます。@forと同じことが可能ですが、@forより複雑な繰り返し処理を行うこともできます。

@ルール（ディレクティブ）

セレクタとプロパティによる指定を補うための仕組みです。

&（アンパサンド）

ネスト内で、親セレクタを参照するのに使う記号です。

.sassファイル

SASS記法で書かれたSassファイル。拡張子は「.sass」になります。

.scssファイル

SCSS記法で書かれたSassファイル。拡張子は「.scss」になります。

アルファベット

AI

本書では、ChatGPTなどのまるで人間と対話しているかのように質問した内容に回答する対話型のAIサービスのことを指しています。

AltCSS

CSSメタ言語と同様の意味で、CSSに対して機能を拡張した言語のことをいいます。

Astro

サイト・ブログなどコンテンツ駆動のWebサイト向けのオールインワンフレームワークです。Sassの導入も簡単にできます。

Autoprefixer

ベンダープレフィックスを自動付与してくれるツールです。本書ではPostCSSとGUI（Prepros）でAutoprefixerの使用方法を解説しています。

BEM

ロシアYandex社が提唱するBlock、Element、Modifierを用いたフロントエンド全般に関する方法論です。

BOM

「Byte Order Mark」の略で、テキストファイルの符号化方式の種類を判別するための数バイトのデータです。

Bootstrap

おそらく一番有名なHTML、CSS、JavaScriptフレームワーク。元々はLESSで作られていましたが、現在はSassで作られています。

calc()関数

プロパティの値を計算式で実行できるCSSの関数です。

CMS

Contents Management System（コンテンツ・マネジメント・システム）の略で、Webサイトのコンテンツ（テキスト、画像など）を簡単に作成・編集・管理できます。

CSS3

W3Cが策定しているHTML文書の見栄えを定義する仕様で、正式には「Cascading Style Sheets Level3」。CSS3からは単一の仕様ではなく機能ごとにモジュール化されています。

CSS Nesting

Sassのネストと似たような機能で、CSSをネスト（入れ子）で書けるようにする仕様です。

CSS設計

破綻しやすいCSSを、「予測しやすい」「再利用しやすい」「保守しやすい」「拡張しやすい」設計にして破綻しにくくするための方法論。現在はかなり多くの設計が提唱されていますが、中でもOOCSSやBEMが有名です。

CSSハック

特定のブラウザで表示が違う場合やバグに対応させるために、特定のブラウザのみにCSSを適用させるテクニックです。

CSSプリプロセッサ

CSSメタ言語と同様の意味で、CSSに対して機能を拡張した言語のことをいいます。

CSS変数（カスタムプロパティ）

Sassの変数と似たような機能で、好きな名前（変数名）と値を定義しておくことができます。値を呼び出すにはvar()関数を使います。

CUI

Character User Interfaceの略で、ユーザーに対する情報の表示を文字によって行い、すべての操作をキーボードを用いて行うユーザーインターフェースのことです。本書内では主に「黒い画面（WindowsではコマンドプロンプトまたはPowerShell、Macではターミナル）」のことを指しています。

Dart

Googleによって開発されたWeb向けのプログラミング言語。現在はJavaScriptへコンパイルする言語になっています。現在のSassはDartで開発されています。

Dart Sass

Dartで開発されたSassです。現在はDart Sassが主流になっており、本書もDart Sassを基準に説明しています。

EditorConfig

さまざまなエディタで統一したコーディングルールを定義できます。主要なエディタやIDEに対応しており、拡張機能をインストールするだけで使用することができます。

Git

代表的な分散型バージョン管理システム。ソースコードやファイルなどの変更履歴を記録・追跡するためのツールです。リポジトリと呼ばれるデータベースをリモートとローカルに保存するため分散型と呼びます。

GitHub（ギットハブ）

ソフトウェア開発プロジェクトのためのソーシャルコーディングサービスで、Gitバージョン管理システムを使用しています。世界中のオープンソースプロジェクトに使用されており、SassもGitHubでオープンに開発されています。

Glossary

Go

Googleによって開発されたオープンソースのプログラミング言語です。

GUI

Graphical User Interfaceの略で、表示にグラフィックを多用しマウスでの操作が可能なため、操作性に優れ視認性もいいユーザーインターフェースです。

Haml

HTML/XHTMLのメタ言語で、インデントや簡略構文によって簡潔な記述が行えます。SassはHamlから派生して開発されました。

HSL形式

色相、彩度、輝度の3つから構成される色空間。CSSではCSS3から指定することができるようになりました。

HTTPリクエスト

Webサイトを表示するための通信の仕組み。ブラウザからサーバーにデータのリクエストを送信し、それにサーバーがレスポンスをして該当データ(Webページ)が表示されます。一般的にリクエストが多いほど表示が遅いサイトとなります。

HUGO

Goで開発された静的サイトジェネレーターです。標準でSassをコンパイルする機能があり、Sassファイルを配置するだけで使えます。

IDE(統合開発環境)

Integrated Development Environmentの略で、開発に必要な機能を1つにまとめたソフトウェアです。

Laravel

PHPで開発されたWebアプリケーションフレームワークです。Sassはパッケージインストールと設定で使用可能です。

LESS

Sassをヒントに開発された、CSSプリプロセッサです。

LibSass

C/C++で開発されたSassです。Rubyに依存せずさまざまな言語でSassが使えるようにするために作られました。Ruby Sassより圧倒的にコンパイルが速いです。現在は、開発も停止しており非推奨となっています。

MindBEMding

BEMの Modifier のルールを変更した、CSS Wizardryの記事「MindBEMding」で提唱されていた命名規則です。CSS設計においては、BEMよりMindBEMdingのほうが普及しています。

Next.js

ReactベースのフルスタックWebアプリケーションフレームワークです。Sassはパッケージをインストールするだけで使えます。

npm

Node Package Manager。Node.jsをインストールすることで使えるようになるパッケージ管理マネージャ。世界で最も大きなライブラリで、npmコマンドで簡単に必要なパッケージをインストールしたり、環境の共有を行うことができます。

npm-scripts

package.jsonファイル内で定義できるスクリプトで、コマンドラインで実行するタスクを簡単に管理できます。

Node.js

JavaScriptで作られたサーバーサイド環境。イベントループモデルとノンブロッキングI/Oの使用により、大量の処理を省メモリで対応できます。現在のモダンフロントエンド開発においてなくてはならない存在です。

node-sass

node-sassは、LibSassをNode.jsで動作できるようにしたものです。npmでインストールすることができます。

null

データタイプの1つで、空の値を意味しています。

Nuxt

Vue.jsベースのオープンソースWebアプリケーションフレームワークです。Sassはパッケージインストールと設定をすれば使用可能です。

package.json

Node.jsプロジェクトの環境設定ファイルです。プロジェクト情報やパッケージの情報、スクリプトなどが書かれており、このファイルで開発環境を共有することができます。

PostCSS

PostCSSは、Node.js製のCSSの変換ツールです。プラグインを組み合わせることで、さまざまな処理を行うことができます。Sassで使用することもできます。

PowerShell(パワーシェル)

Windowsの管理タスクを効率的に実行するための強力なツールであり、コマンドラインシェルとスクリプト言語を兼ね備えたコマンドラインインターフェース(CLI)です。

React

ユーザーインターフェース(UI)を作成するためのJavaScriptライブラリです。主に、ウェブアプリケーションで動的なコンポーネント(パーツ)を効率的に構築し、再利用できます。

RGBA形式

赤(Red)、緑(Green)、青(Blue)の3つの色を混ぜて色を再現するRGB形式に、不透明度(Alpha)が加わったもの。CSSではCSS3から指定できるようになりました。

Ruby

まつもとゆきひろ(Matz)氏により開発された手軽なオブジェクト指向プログラミングを実現するための、種々の機能を持つオブジェクト指向のスクリプト言語です。

Ruby Sass

Ruby Sassは、最初のSassであり、Sassの原点ともいえます。Rubyで実装されているため、Rubyの環境が必要でした。現在は、開発も停止しており非推奨となっています。

Sass JavaScript API

SassをJavaScript環境で使用できるJavaScript APIで、Sassのコンパイルやカスタム関数の追加などの機能があります。

SASS記法

Sassの最初に作られた記法で、セレクタの後の{~}(波括弧)の代わりにインデントで書き、値の後の;(セミコロン)は省略できるといった、非常に簡素化された記法です。Rubyの書き方に近くCSSの書式とは互換性がないため、学習コストが高めです。

Sassスクリプト

Sassで追加された、小型の機能拡張群をSassスクリプトといいます。Sassスクリプトは、変数や演算、追加機能をプロパティで利用できるようにしています。

Glossary

Sassファイル

SCSS記法とSASS記法、どちらの記法で書かれていてもSassファイルといいますが、本書では特に言及が無い限り、SCSS記法で書いた拡張子「.scss」のファイルを、Sassファイルと表記しています。

SCSS記法

Sassの記法の1つ。「Sassy CSS」の略称。SASS記法の後に開発され、構文的にCSSと互換性を持っているので学習コストも低く、SCSS記法登場後からSassの利用者が急増しました。本書でもSCSS記法で説明しています。

stylelint

CSSおよびSassのコードチェックツールです。記述のルールを設定することができます。npmでインストールすることで、エディタ、タスクランナー、テストツールなどさまざまなパターンで使うことができます。

Svelte

Webアプリケーションの構築を簡単かつ効率的に行うことができるJavaScriptフレームワークです。

SvelteKit

SvelteベースのオープンソースWebアプリケーションフレームワークです。vitePreprocessという機能があり、Sassの導入も簡単です。

var()関数

CSS変数（カスタムプロパティ）の値を呼び出す際に使用する、CSSの関数です。

Vue.js

ユーザーインターフェースを構築するためのJavaScriptフレームワークです。シンプルで使いやすく、小規模なプロジェクトから大規模なアプリケーションまで対応可能です。

Watch

ファイルを監視し、更新があると処理を行う機能です。

WCAG

Web Content Accessibility Guidelinesの略で、ウェブコンテンツのアクセシビリティを向上させるためのガイドラインです。

WordPress

世界で最も使われているCMSです。ブログや企業サイト、オンラインショップなど、さまざまなサイトを構築でき、プラグインやテーマで機能を拡張できます。

あ行

アウトプットスタイル

SassをCSSにコンパイルする際、コードフォーマットを指定することができます。expanded、compressedの2種類が用意されています。デフォルトのスタイルはexpandedです。

圧縮

改行やインデントをなくしてCSSのサイズをできるだけ軽くすること。アウトプットスタイルをcompressedに指定すると、CSSが圧縮されてコンパイルされます。

インスペクタ

データ構造を調査・確認するツール。本書ではHTML・CSSをデバッグするGoogle Chromeの「デベロッパーツール」やFirefoxの「開発ツール」を指します。

インターポレーション

変数名を #{$変数名} のように #{ } で囲って書き文字列にします。変数が参照できない場所でも使うことができるようにする機能です。

エクステンド

指定したセレクタのスタイルを継承することができる機能です。

演算

プログラムが記述された命令に基づいて計算をすること。Sassでは数式を計算する演算、値を比較する比較演算、論理演算などを指します。

親セレクタ

CSSで指定している要素の親要素のセレクタです。

か行

カプセル化

メンバーを他の部分に影響を与えないように、特定の部分を「箱」の中に閉じ込めることです。

関数

繰り返し使う処理をあらかじめ用意しておくことができる機能です。関数名を呼び出すことでその処理を実行します。また、自作の関数（@function）を作成することもできます。

規則集合

セレクタ（pなど）から始まり、}（右波括弧）で終わる、この固まりを「規則集合」と呼びます。「ルールセット」と同義語です。

黒い画面

WindowsではコマンドプロンプトやPowerShell、Macではターミナルの通称です。GUIが主流な昨今では、苦手意識や怖いといったイメージを持っている人も多いため、このような呼び方をされています。

グローバルインストール

マシン本体にインストールし、どこからでも利用できるようにするインストール方法です。

グローバル関数

Dart Sassから、関数は各モジュールを読み込んで使用する必要がありますが、グローバル関数はモジュール不要で使うことができます。

子セレクタ

親要素の直接の子要素に適用されるセレクタです。このため、孫要素以下は対象になりません。この子セレクタは、各単純セレクタ（クラスセレクタやIDセレクタ、タイプセレクタなど）を>（大なり）で区切って書きます。

コマンドプロンプト（Command Prompt）

Microsoft Windowsオペレーティングシステムで使用されるコマンドラインインターフェース（CLI）です。

コメント

Sassはコンパイルすると書き出されない1行コメントの「//」と、コンパイルされても残るCSSと同様の「/* */」コメントがあります。

コンパイラ

元のコード（原始コード）を目的のコードに変換するプログラム。Sassでは、黒い画面で行うCUIコンパイラと、マウスで操作できるGUIコンパイラがあります。

コンパイル

コンパイルとは「変換」のことで、本書ではSassをCSSに変換することをコンパイルといっています。「ビルド」と同義語です。

さ行

参照範囲(スコープ)

変数やミックスインを参照できる範囲のこと。ルールセット内で定義すれば、ルールセットの外側からは参照することができなくなります。

四則演算

足し算「+」、引き算「-」、掛け算「*」、割り算の計算をすることができます。

子孫セレクタ

「ul li」などのように、HTMLのツリー構造に沿った形で、各単純セレクタ(クラスセレクタやIDセレクタ、タイプセレクタなど)を半角スペースで区切って書くセレクタです。

条件分岐

指定した条件であれば○○、その条件でなければ○○といった処理の指定をすることができます。Sassでは @if と @else を使います。

制御構文

プログラム言語で条件分岐や繰り返しなどの処理を行ってくれる構文のこと。Sassでは条件分岐の@if、繰り返しの@for、@each、@while があります。

静的サイトジェネレーター

Static Site Generator(SSG)のことで、ウェブサイトの静的なHTMLファイルを自動的に生成するツールです。AstroやNext.js、HUGOが有名です。

セマンティック

Webページの情報をコンピューターが正しい意味として収集・解釈できるように、ソースコードで何を意味するかを意味付けすることです。

セレクタ

CSSでスタイルを指定する際に用いられるパターンマッチングの規則のことです。

宣言

ルールセット(規則集合)のプロパティと値の部分を「宣言」と呼びます。

ソースコード共有サービス

CodePenを代表とする、ソースコードを共有するWebサービス。ソースコードを公開し、他者がソースコードを修正したり、改変などをしたりすることができます。

た行

ターミナル(Terminal)

Unix系オペレーティングシステム(Linux、macOSなど)で使用されるコマンドラインインターフェース(CLI)です。

タスクランナー

タスクランナーとは、さまざまな処理(タスク)を自動化してくれるツールです。Sassのコンパイルも処理の1つとして指定できます。

データタイプ

Sassには値に関してデータの型が定義されており、DataTypes(データタイプ)と呼ばれます。Number型(数値)、Color型(色)、String型(文字列)、Boolean型(真偽)、Null型(空の値)、List型(配列)、Map型(連想配列)、Function型(関数)の8種類があります。

ディレクティブ

コンパイラに処理を命令するワード。Sassでは「@」の付くワードがディレクティブとして用意されています。

デバッグ

ソースコードのミスやバグを探して修正することです。

な行

名前空間

モジュール内のすべての変数、ミックスイン、関数に対して一意のプレフィックスを付ける仕組みです。これにより、異なるモジュール間で同じ名前の変数やミックスインが衝突するのを防ぎます。

ネスト

階層で組み合わせていく構文。入れ子構造のことです。

は行

パーシャル(Partials)

Sassファイルのファイル名の先頭に _(アンダースコア)を付けることで、CSSファイルとして出力されなくなります。この機能およびファイルを指します。

バッチファイル

Windowsのコマンドをパッケージ化してダブルクリックなどで実行できるファイル。テキストデータで簡単に作成できます。

引数

参照元からミックスインや関数に渡す値のことをいいます。ミックスインや関数はその値をもとに処理を行います。

ビルド

本書内では特に使われていませんが、SassをCSSに変換することを指します。「コンパイル」と同義語です。

プライベートメンバー

別ファイルからは参照できないメンバーのことです。変数名などを-(ハイフン)からはじめるとプライベートメンバーになります。

プレースホルダーセレクタ

エクステンド専用のセレクタです。「%」を使い、コンパイルしても参照元のルールセットは書き出されません。

フレームワーク

サイトの構造や枠組みとして使われるもの。本書ではAstroやBootstrap、Sassで作られたサイトテンプレート(雛形)などを指します。

ブレイクポイント

メディアクエリのスタイルを切り替える条件です。ウィンドウサイズの横幅や解像度で指定します。

プロパティ

CSSにおいて、あるセレクタに対して視覚表現を適用する場合に指定するスタイルの種類です。

プロンプト

ユーザーが入力する指示や質問のことです。

変数

あらかじめ好きな名前(変数名)と値を定義しておくことで、任意の場所で変数名を参照して、値を呼び出す(参照する)ことができる機能です。

ベンダープレフィックス

独自の拡張プロパティを実装したり、草案段階のCSSプロパティを先行実装する場合にブラウザベンダーが付ける接頭辞です。「-webkit-」、「-moz-」など。

ま行

マルチデバイス

PCやスマートフォン、タブレット端末などさまざまなデバイスの総称です。

ミックスイン

スタイルの集まりを定義しておき、それを他の場所で呼び出して使うことができます。引数を指定することで、定義したミックスインの値を一部変更して使うこともできます。

メディアクエリ

メディアタイプやデバイスの横幅・高さ・解像度などでスタイルシート適用範囲を制御する式です。@mediaやlink要素を使い条件を指定します。

メンバー

変数やミックスイン、関数のことをまとめてメンバーと呼びます。

ら行

リセットCSS

ブラウザのデフォルトスタイルは、各ブラウザによって異なるため、その差異を埋めるためのCSSファイルです。エリック・メイヤー氏によるリセットCSSやYUIのリセットCSSなど、さまざまなものがあります。また、Normalize.cssはリセットCSSとは異なりますが、分類上リセットCSSとして扱われることがあります。

隣接セレクタ

要素と要素が直接隣接している場合（直後の弟）に適用されるセレクタです。そのため、要素と要素の間に別の要素がある場合は対象になりません。

ルールセット

セレクタ（pなど）から始まり、}（右波括弧）で終わる、この固まりを「ルールセット」と呼びます。規則集合と同義語です。

レスポンシブWebデザイン

ワンソースのHTMLをメディアクエリで制御し、PCやスマートフォン、タブレットなどさまざまなウィンドウサイズの端末から表示した際に、それぞれの端末に適したデザインで表示させる手法です。

ローカルインストール

特定のプロジェクト（フォルダ）内でのみ使えるようにするインストール方法です。

索引

数字・記号

1行コメント …… 85, 186, 267
*（アスタリスク） …… 95, 268
@at-root …… 130, 188, 232, 271
@content …… 127, 227, 232
@debug …… 159, 273
@each …… 143, 213, 217, 272
@else …… 137
@else if …… 137
@error …… 162, 228, 273
@extend …… 110, 270
@for …… 140, 207, 209, 272
@function …… 156, 223, 273
@if …… 137, 203, 272
@import …… 108, 177, 183, 269
@include …… 118
@keyframes …… 194
@media …… 115, 131, 226
@mediaのネスト …… 77
@mixin …… 118, 270
@warn …… 160, 273
@while …… 142, 273
@ディレクティブ …… 201
_（アンダースコア） …… 88, 97, 129
__（アンダースコア2つ） …… 191
&（アンパサンド） …… 80, 188, 191, 267
!（エクスクラメーション） …… 86, 186, 268
!= …… 139
!default フラグ …… 163, 274
!global フラグ …… 164, 274
!important …… 164
!optional フラグ …… 117
[ ]（角括弧） …… 167
,（カンマ） …… 122, 167, 168
:（コロン） …… 83, 88
#{ } …… 91, 134, 205, 271
<（小なり） …… 139
<=（小なりイコール） …… 139
'（シングルクォーテーション） …… 167
/（スラッシュ） …… 96, 268
//（スラッシュ2つ） …… 85, 267
/*（スラッシュアスタリスク） …… 86
>（大なり） …… 77, 139
>=（大なりイコール） …… 139
==（イコール2つ） …… 139
"（ダブルクォーテーション） …… 136, 167, 226
$（ダラー） …… 88, 268
~（チルダ） …… 47
...（ドット3つ） …… 125
.editorconfig …… 199
.node-version …… 46
.stylelintrc …… 200
{ }（波括弧） …… 75, 118
%（パーセント） …… 47, 93, 114
-（ハイフン） …… 88, 129
--global オプション …… 57
--save-dev オプション …… 56
＋（プラス） …… 77, 93, 95, 268
( )（丸括弧） …… 120, 167

A

adjust-hue()関数 …… 282
and …… 139
asdf …… 46
Astro …… 258
Autoprefixer …… 248

B

BEM …… 82, 191
Block …… 191
Boolean型 …… 155, 167, 274
Bootstrap …… 261
Bourbon …… 262
browsersl.ist …… 251
Browserslist …… 250
Bulma …… 262

C

calc …… 205
Can I Use …… 250
cd コマンド …… 50
ChatGPT …… 233
Claude …… 242
clearfix …… 202
CodeKit …… 262, 264
CodePen …… 32
color.adjust()関数 …… 212, 216, 278
color.alpha()関数 …… 282
color.blackness()関数 …… 282
color.blue()関数 …… 282
color.change()関数 …… 278
color.channel()関数 …… 278
color.complement()関数 …… 279
color.grayscale()関数 …… 279
color.green()関数 …… 283
color.hue()関数 …… 283
color.hwb()関数 …… 283
color.ie-hex-str()関数 …… 279

color.invert()関数 …… 280
color.is-legacy()関数 …… 280
color.is-missing()関数 …… 280
color.is-powerless()関数 …… 280
color.lightness()関数 …… 283
color.mix()関数 …… 152, 281
color.red()関数 …… 283
color.same()関数 …… 281
color.saturation()関数 …… 284
color.scale()関数 …… 151, 212, 281
color.space()関数 …… 281
color.to-gamut()関数 …… 282
color.to-space()関数 …… 282
color.whiteness()関数 …… 284
color()関数 …… 275
Color型 …… 166, 274
compressed …… 64, 86, 186, 268
CSSDeck …… 32
css-declaration-sorterパッケージ …… 252
CSSコメント …… 64
CSSハック …… 232
CSSプリプロセッサ …… 14
CSSプロパティ …… 252
CSSメタ言語 …… 14
CUI …… 17, 25

D

darken()関数 …… 283
desaturate()関数 …… 283
devDependencies …… 56

E

EditorConfig …… 199
Element …… 191
expanded …… 63

F

fade-in()関数 …… 283
false …… 167
Flexbox …… 262
FLOCSS …… 201
Foundation …… 261
Function型 …… 168, 274

G

Gatsby …… 259
GitHub Copilot …… 242
GUI …… 17
GUIコンパイラ …… 67, 263

H

Haml …… 20
hsl()関数 …… 275
hsla()関数 …… 276
HUGO …… 260
hwb()関数 …… 276

I

IDE …… 25
IDセレクタ …… 113
IE11 …… 232
if()関数 …… 276

J

jsFiddle …… 32
JSON …… 200

L

lab()関数 …… 276
Laravel …… 260
lch()関数 …… 277
LESS …… 261
LibSass …… 21, 177, 275
lighten()関数 …… 283
list.append()関数 …… 284
list.index()関数 …… 284
list.is-bracketed()関数 …… 285
list.join()関数 …… 285
list.length()関数 …… 285
list.nth()関数 …… 154, 214, 218, 286
list.separator()関数 …… 285
list.set-nth()関数 …… 286
list.slash()関数 …… 286
list.zip()関数 …… 286
List型 …… 167, 274

M

map.deep-merge()関数 …… 287
map.deep-remove()関数 …… 287
map.get()関数 …… 154, 222, 227, 287
map.has-key()関数 …… 155, 229, 288
map.keys()関数 …… 155, 288
map.merge()関数 …… 155, 288

map.remove()関数 155, 288
map.set()関数 289
map.values()関数 155, 289
Map型 154, 168, 217, 222, 226, 274, 287
math.$e 289
math.$epsilon 289
math.$max-number 290
math.$max-safe-integer 290
math.$min-number 290
math.$min-safe-integer 290
math.$pi 290
math.abs()関数 148, 292
math.acos()関数 293
math.asin()関数 293
math.atan()関数 294
math.atan2()関数 294
math.ceil()関数 149, 290
math.clamp()関数 291
math.compatible()関数 294
math.cos()関数 293
math.div()関数 295
math.floor()関数 149, 291
math.hypot()関数 292
math.is-unitless()関数 161, 294
math.log()関数 292
math.max()関数 291
math.min()関数 291
math.percentage()関数 295
math.pow()関数 292
math.random()関数 295
math.round()関数 148, 291
math.sin()関数 293
math.sqrt()関数 292
math.tan()関数 293
math.unit()関数 295
meta.accepts-content()関数 296
meta.apply()関数 296
meta.calc-args()関数 297
meta.calc-name()関数 297
meta.call()関数 297
meta.content-exists()関数 297
meta.feature-exists()関数 298
meta.function-exists()関数 156, 298
meta.get-function()関数 168, 298
meta.get-mixin()関数 298
meta.global-variable-exists()関数 299
meta.inspect()関数 299
meta.keywords()関数 155, 299
meta.load-css()関数 296
meta.mixin-exists()関数 300
meta.module-functions()関数 300
meta.module-mixins()関数 300
meta.module-variables()関数 300
meta.type-of()関数 168, 301
meta.variable-exists()関数 301
Metro UI 262
MindBEMding 82, 192
Modifier 191

N

Next.js 258
Node.js 17, 23
Node.jsのインストール 45
Node.jsのバージョン 46, 49
not 139
npm 44, 50, 200
npm installコマンド 56
null 203
Null型 167, 274
Number型 166, 274
Nuxt 259
nvm 46

O

oklab()関数 277
oklch()関数 277
opacify()関数 283
or 139

P

package.json 46
package.jsonの作成 54
PostCSS 243
PostCSS Sort Media Queriesプラグイン 253
Prepros 67, 262, 263
Pug 190

R

rem 223
rgb()関数 150, 277
rgba()関数 278
Ruby on Rails 190

S

Sass 12
Sass: Playground 28
SASS記法 15, 189

Sassフレームワーク……261
saturate()関数……283
SCSS記法……15, 21
selector.append()関数……302
selector.extend()関数……302
selector.is-superselector()関数……301
selector.nest()関数……302
selector.parse()関数……302
selector.replace()関数……303
selector.simple-selectors()関数……303
selector.unify()関数……303
Slim……190
SNSアイコン……217
string.index()関数……304
string.insert()関数……304
string.length()関数……304
string.quote()関数……304
string.slice()関数……305
string.split()関数……305
string.to-lower-case()関数……305
string.to-upper-case()関数……305
string.unique-id()関数……306
string.unquote()関数……124, 306
String型……167, 226, 274
stylelint……199
stylelint-scss……201
Sublime Text……25
SvelteKit……259

T

through……140
to……140
transparentize()関数……284
true……167

U

UIkit……262

V

Vim……25
Visual Studio Code……25
Volta……46

W

Watch……65
WebStorm……25
with……133
without……132

Z

z-index……222

あ行

アウトプットスタイル……40, 63
アクセシビリティ……261
アニメーション……194
アンクォート……136
色の演算……96
インターポレーション……91, 134, 205, 271
インデント……172
インポート……88, 98
エクステンド……110, 195, 270
演算……92, 135, 268
演算子……95
親セレクタの参照……80, 267

か行

可変長引数……123, 155
カラーネーム……150, 166
カレントフォルダ……50
関数……145, 273
関数の定義……156, 273
キー……154, 228
擬似クラス……113
擬似要素……113
グラデーション……215
繰り返し処理……140
黒い画面……23, 44
グローバルインストール……56
グローバル変数……164, 274
コーディングルール……199
子セレクタ……76
コマンドプロンプト……23, 48
コマンドライン……159
コマンドを入力……49
コメント……85, 186, 241
コンテントブロック……127
コンパイル……17, 58

さ行

参照……87
四捨五入……148
子孫セレクタ……74
ショートハンド……83, 267

条件式……139
条件分岐……137
初期値……121
真偽値……167
スコープ……89, 126, 164, 195
スタイルの継承……110
制御構文……137, 272
絶対値……148
絶対パス……52
セレクタ……173, 301
ゼロパディング……210
宣言……87
ソースコード共有サービス……32
ソースマップ……39, 62, 69
相対パス……51
属性セレクタ……113

た行

ターミナル……23, 47
代入……87
タイプセレクタ……113
多次元配列……167, 213, 218
単位……161, 295
データタイプ……166, 274, 301
定義……87
テキストエディタ……25
テキストを結合……95
デバッグ……159
デフォルト値……163, 274

な行

並び順……253
ネイティブ関数……156
ネスト……74, 172, 266

は行

パーシャル……97, 175, 188
背景……213
配列……143
パッケージ管理マネージャ……44
比較演算子……139
引数……120
引数の初期値……121, 158
肥大化……173
ビルド……17
ファイル分割……175
ブレイクポイント……226
プレースホルダーセレクタ……114
プロパティのネスト……83, 267
プロンプト……233
変数……87, 184, 268
ベンダープレフィックス……204, 248
補完……134
ポストプロセッサ……244
ボックスレイアウト……204

ま行

マルチバイト文字……88
ミックスイン……118, 202, 238, 270
メタ言語……14
メディアクエリ……77, 131, 226, 228, 253
文字列……124
モバイルファースト……261

や行

ユーザーホーム……47
余白調整用のclass……207

ら行

リスト……124, 143, 154, 224, 284
リストマーカー……209
リンクカラー……211
隣接セレクタ……76
ルート……130, 194
ルールセット……80, 89
レスポンシブWebデザイン……20, 116, 226
連結セレクタ……113
連想配列……168
連番……209
ローカルインストール……56
論理演算子……139

読者アンケートにご協力ください

URL：https://book.impress.co.jp/books/1124101084

このたびは弊社書籍をご購入いただき、ありがとうございます。本書は Web サイトにおいて皆様のご意見・ご感想を承っております。１人でも多くの読者の皆様の声をお聞きして、今後の商品企画・制作に生かしていきたいと考えています。
気になったことやお気に召さなかった点、また役に立った点など、率直なご意見・ご感想をお聞かせいただければありがたく存じます。
お手数ですが上記 URL より右の要領で読者アンケートにお答えください。

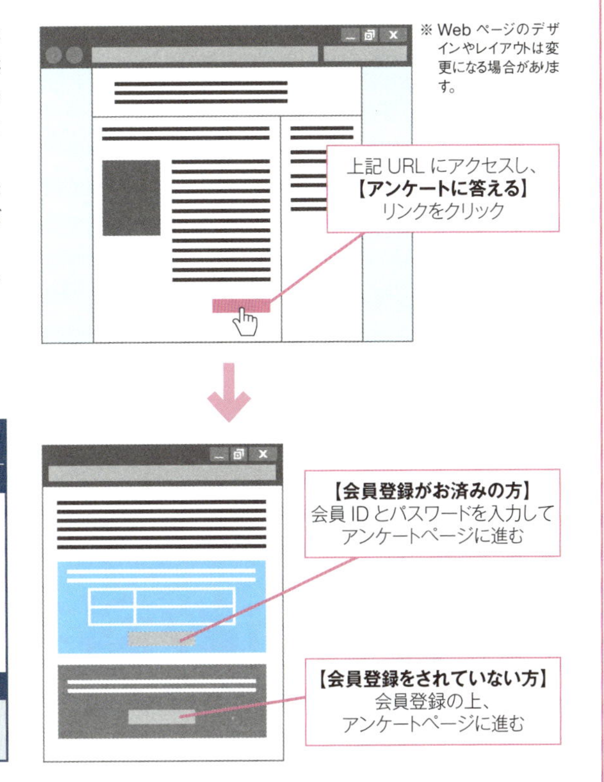

本書のご感想をぜひお寄せください

https://book.impress.co.jp/books/1124101084

「アンケートに答える」をクリックしてアンケートにご協力ください。アンケート回答者の中から、抽選で**図書カード（1,000円分）**などを毎月プレゼント。当選者の発表は賞品の発送をもって代えさせていただきます。はじめての方は、「CLUB　Impress」へご登録（無料）いただく必要があります。
※プレゼントの賞品は変更になる場合があります。

アンケート回答、レビュー投稿でプレゼントが当たる!

読者登録サービス　CLUB Impress　登録カンタン 費用も無料!

STAFF

ブックデザイン	原　大輔（SLOW inc.）
ＤＴＰ制作	松澤維恋（リブロワークス）
校正	聚珍社
デザイン制作室	今津幸弘
	鈴木　薫
編集	大津雄一郎（リブロワークス）
編集長	柳沼俊宏

■商品に関する問い合わせ先
このたびは弊社商品をご購入いただきありがとうございます。本書の内容などに関するお問い合わせは、下記のURLまたは二次元バーコードにある問い合わせフォームからお送りください。

https://book.impress.co.jp/info/

上記フォームがご利用いただけない場合のメールでの問い合わせ先
info@impress.co.jp

※お問い合わせの際は、書名、ISBN、お名前、お電話番号、メールアドレスに加えて、「該当するページ」と「具体的なご質問内容」「お使いの動作環境」を必ずご明記ください。なお、本書の範囲を超えるご質問にはお答えできないのでご了承ください。

- ●電話やFAXでのご質問には対応しておりません。また、封書でのお問い合わせは回答までに日数をいただく場合があります。あらかじめご了承ください。
- ●インプレスブックスの本書情報ページ https://book.impress.co.jp/books/1124101084 では、本書のサポート情報や正誤表・訂正情報などを提供しています。あわせてご確認ください。
- ●本書の奥付に記載されている初版発行日から3年が経過した場合、もしくは本書で紹介している製品やサービスについて提供会社によるサポートが終了した場合はご質問にお答えできない場合があります。

■落丁・乱丁本などの問い合わせ先
FAX 03-6837-5023
service@impress.co.jp
※古書店で購入された商品はお取り替えできません。

Web制作者のためのSassの教科書 改訂3版

Webデザインの現場で必須のCSSプリプロセッサ

2024年12月11日 初版発行

著 者 平澤 隆(Latele)、森田 壮

発行人 高橋隆志

編集人 藤井貴志

発行所 株式会社インプレス
〒101-0051 東京都千代田区神田神保町一丁目105番地
ホームページ https://book.impress.co.jp/

印刷所 シナノ書籍印刷株式会社

ISBN 978-4-295-02074-5 C3055
Printed in Japan